세계를
바꾼
**20**가지
공학기술

**발간에 부쳐** | 21세기로 접어들면서 인류는 유사 이래 그 어느 때보다도 격렬한 기술 발전을 경험하고 있습니다. 공학기술은 인류의 미래에 대해 무한한 가능성을 열어주고 있지만, 핵폭탄, 환경오염에 따른 생태 파괴, 합성물질의 위협에서 보는 바와 같이 자칫 인류의 생존을 위협할 수도 있습니다.

"공학과의 새로운 만남" 시리즈는 우리의 생활 곳곳에서 숨쉬고 살아 있는 공학의 실제 모습을 담고자 기획하였습니다. 실제 우리의 삶에 가장 밀접하게 존재함에도 불구하고 낯설고 멀게만 느껴지던 공학을 대중들이 편안하고 가깝게 느끼도록 해보자는 것입니다.

"공학과의 새로운 만남" 시리즈는 해동전자기술진흥재단(대표 김정식 이사장)의 지원을 받아 한국공학한림원과 글램북스가 발간합니다.

# 세계를
# 바꾼
# 20가지
# 공학기술

이인식 외 지음

글램북스

## 책머리에

우리는 과학기술이 고도로 발달된 시대에 살고 있지만 공학기술이 무엇이며 엔지니어(공학기술자)가 어떤 일을 하고 있는지에 대해 잘 모르고 지낸다.

국어사전에 따르면 공학은 '공업에 이바지할 것을 목적으로 자연과학적 수법을 써서 신제품과 신기술을 연구하는 학문'이다. 공학의 핵심은 예전에는 없던 무엇인가를 새롭게 만드는 일이다. 이를테면 더 높은 건물을 짓고, 더 빠른 비행기를 만들고, 더 작은 반도체 칩을 설계하는 것처럼 이 세계를 새로운 모습으로 바꾸는 것이 공학기술이다. 요컨대 공학이 다루는 대상은 원래부터 이 세상에 존재하는 것이 아니라 엔지니어 자신이 꿈꾸는 세상이다.

이런 맥락에서 공학의 역사는 문명의 역사라 할 수 있다. 문명의 역사는 창의적인 엔지니어들에 의해 씌어졌다고 해도 과언이 아니다. 가령 바퀴가 발명되지 않았더라면 인류의 문명은 계속 발전할 수 없었을 테니까.

이처럼 공학기술이 인류사회의 발전에 결정적 역할을 했음에도 불구하고 공학의 중요성을 제대로 이해하지 못하는 사람들이 적지 않다. 특히 과학과 공학을 뭉뚱그려 '과학기술'이라고 부르기 때문에 공학기술의 중요성이 간과되는 사례가 허다하다. 심지어 정부의 지원을 받는 각종 과학문화 운동에서조차 기초과학에는 역점을 두지만 공학기술은 아예 거들떠

보지도 않는다. 따라서 일반 대중들은 공학기술의 본질을 이해할 기회를 충분히 갖지 못한 실정이다.

이러한 문제의식에서 출발하여 한국공학한림원은 '공학과의 새로운 만남' 시리즈에 인류문명을 획기적으로 발전시킨 공학기술을 소개하기로 결정하였다. 이 시리즈가 시작된 2001년부터 기획위원으로 위촉받은 나는 인류 최초의 발명인 돌도끼부터 현대 산업기술의 총아인 생명공학까지 세상을 바꾼 공학기술의 핵심을 정리했으며, 이를 토대로 공학한림원 출판위원회에서 20가지를 선정하기에 이르렀다. 책의 부피 등을 고려한 나머지 함께 소개되지 못한 공학기술이 너무 많아 아쉬운 마음을 금할 길이 없다. 하지만 각 분야의 전문가들이 집필한 스무 편의 공학 에세이를 통해 공학기술의 역사를 일별하는 데는 모자람이 없을 줄로 확신한다.

바쁜 시간을 쪼개어 좋은 글을 써주신 필자 여러분께 감사의 말씀을 드린다. 또한 이 책의 발간에 도움을 주신 해동전자기술재단, 한국공학한림원, 도서출판 생각의 나무 관계자 여러분에게 감사를 드린다.

2004년 7월 10일
이인식

# CONTENTS 20

책머리에 · 이인식

009  나침반  역사를 바꾼 자석바늘의 빛나는 활약 · 최항순
025  종이제조술  질기고 오래된 종이의 역사 · 신동원
039  렌즈  우연한 발명으로 확장된 관찰의 영역 · 최경희
055  화약  문명의 이기_화약의 과거, 현재, 그리고 미래 · 이준웅
071  기계시계  해와 달의 일치를 위한 타협의 역사 · 남문현
091  인쇄술  유교문화를 꽃피운 한국의 금속활자 · 문중양
107  백신  종두법에서 DNA백신까지 · 예병일
123  철도  철도, 운수혁명을 일으키다 · 박진희
143  현수교  대륙을 잇는 다리 · 고현무
161  직조기  방적기와 방직기_면공업의 기술혁신 · 송성수

# 세계를 바꾼
# 20가지 공학기술

173  **사진**  1839년, 사진이 탄생하다 · 홍미선

199  **석유**  새로운 인식의 지평을 연 유전 · 윤봉태

215  **자동차**  만인의 꿈이 된 자동차 이야기 · 김천욱

231  **전기**  정전기에서 끌어온 전기의 상업화 · 홍성욱

247  **무선통신**  무선통신에서 전파통신으로 · 진용옥

261  **합성약**  인류가 마법의 탄환을 발견하다 · 황상익

277  **제트엔진과 로켓**  동력비행 100년의 역사와 항공우주엔진 · 이동호

293  **핵폭탄**  원자핵 속에 내재된 에너지의 비밀 · 박창규

309  **에니악**  에니악, 1946_세계 최초의 디지털컴퓨터 · 이인식

327  **중합효소연쇄반응**  내 손 안에 있는 인간 게놈 · 김남순

# 나침반

자성磁性이 발견한 방향

B.C. 1200 compass

최항순  hschoi@snu.ac.kr

서울대학교 조선공학과를 졸업하고, 독일 뮌헨 공대에서 박사학위를 받았다. 서울대학교 조선해양공학과 교수로 재직하면서 해양구조물과 해양장비에 대한 강의와 연구를 하였다. 대한민국학술원 회원인 그의 저서로 『문화유산에 숨겨진 과학기술』(공저), 『글로벌정보사회의 전개와 대응』 등이 있다.

# 역사를 바꾼 자석바늘의 빛나는 활약

### 여행의 동반자

나침반은 동서남북의 방위를 알려주는 간단한 기구로 주위에서 흔히 볼 수 있는 물건이다. 등산을 갈 때, 특히 여러 곳의 정해진 지점을 통과해야 하는 오리엔티어링을 즐기려 할 때 우리는 지도와 함께 반드시 나침반을 지참한다.

내비게이션이 출현하기 전에는 자동차에 나침반을 장착하여 운행 중 방위에 대한 정보를 바로 얻을 수 있었다. 즉, 자동차로 여행을 할 때, 보통은 미리 지도를 보고 목적지의 위치가 어디인지, 어느 방향으로 가야 하는지, 또한 얼마를 달려야 하는지를 대략 계산하여 숙지한 다음 출발한다. 그러나 처음 가는 도로를 한참 달리다 보면 방향을 잃을 수 있다.

해가 떠 있는 낮 동안에는 해의 위치를 보고 대략적인 향방을 잡을 수 있고, 구름이 없는 청명한 밤에는 북두칠성과 카시오페아 등 별자리를 짚어가며 방향을 짐작할 수 있다. 그러나 이렇지 않은 경우, 지형을 알 수 없는 곳에서는 방향을 잡기가 쉽지 않다. 이럴 때 나침반이 있으면 헤매지 않고 목적지에 쉽게 도달할 수 있을 것이다.

그런데 우리 주위에서 흔히 볼 수 있는 보통의 나침반을 가만히 들여다보면 방위의 정확도가 그다지 높지 않다. 한 자리에 서서 주위에 보이는 움직이지 않는 대상물 두 개를 골라 하나의 대상물을 기준으로 잡고 다른 대상물의 방위를 나침반으로 알아보자. 한 번의 측정이 끝난 다음 나침반을 흔들어 다시 측정해보면 나침반이 가리키는 방위는 바로 전에 읽었던 값과 똑같지 않을 수 있다. 이상하게 생각하여 이 실험을 몇 번 되풀이해 보아도 역시 계측되는 값은 매번 조금씩 다르게 나타날 수 있다. 이로부터 우리는 나침반의 정확도가 그리 높지 않다는 사실을 알게 된다.

나침반이란 바늘 모양으로 만든 자석을 나침반 가운데에 세운 지주에 마찰이 최소가 되게 연결하여 바늘이 자유롭게 회전할 수 있게 만든 기구로 나침반의 바닥에는 동서남북의 방위가 표시되어 있다. 자석은 우리 주위에서 흔히 구할 수 있다. 요즈음 메모지를 자석으로 철판 벽에 붙여놓은 모습을 쉽게 볼 수 있는데, 특히 기억해야 할 생활정보가 많은 주부들은 여러 장의 메모지를 자석으로 냉장고에 붙여놓는다. 식구 중에 맥주를 좋아하는 사람이라도 있으면 자석이 달린 병따개가 냉장고 벽의 한 자리를 차지한다.

자석이란 철을 끌어당기며 주위에 자기장을 만들 수 있는 물질을 말한다. 모든 물질은 정도의 차이는 있지만 일정량의 자성을 지니고 있는데, 그 중에서 특히 철, 니켈, 코발트가 강한 자성을 지니고 있다. 철은 지구에 다량으로 부존하고 있어 값이 싸고 강성이 좋아 금속제품의 재료로 널리 쓰인다. 자석은 자성을 지닌 철, 자철광으로 만든다. 자석은 철을 끌어당기는 성질 때문에 철 성분이 들어간 금속제품에 가까이 가면 짝 달라붙는다.

요즘엔 문구점에서 여러 가지 모양과 크기의 자석을 쉽게 구입할 수 있지만, 그렇지 못했던 옛날에는 못을 바위에 문질러서 자석못을 만들었다. 심지어는 전차나 기차의 선로 위에 못을 올려놓고 전차나 기차가 지나간 다음 급히 달려가 튕겨나간 못을 찾는 위험을 무릅쓰면서 자석못을 만들기도 했다. 나이가 지긋한 사람들은 철제품에 이런 식으로 충격을 가해 철의 결정구조가 순간적으로 바뀌면서 자기화된 자석못을 갖고 놀았던 어린 시절의 기억을 지니고 있을 것이다.

자석의 모양이 병따개처럼 둥글지 않고 기다란 경우에는 자석의 끝이 각각 남과 북의 극을 갖게 된다. 그래서 기다란 자석 두 개를 서로 가까이 할 때, 극이 다르면 서로 끌어당기고, 극이 같으면 서로 밀어내는 현상을 우리는 어려서부터 많이 보았다. 따라서 나침반에 들어 있는 바늘자석이 항상 남북 방향을 가리키는 현상으로부터 우리는 역으로 지구의 양극이 남북의 자성을 지니고 있다는 사실을 추론해낼 수 있다. 즉, 북극은 자석의 남극에 해당하고, 반대로 남극은 자석의 북극에 해당하는 것이다.

### 나침반의 도래

지구의 자성은 시간과 위치에 따라 변하지만 평균적으로 0.5가우스로 매우 미약한 양이다. 이를 이해하기 위해 자성의 단위를 살펴볼 필요가 있다. 보통 테슬라와 가우스를 사용하는데, 1테슬라는 1만 가우스에 해당한다. 또한 지구 자성의 극은 지리적 남북극과는 11도의 차이를 보인다. 이는 1600년 길버트 경이 처음 과학적으로 입증하여 엘리자베스 1세 여왕 앞에서 설명했는데, 지구의 자성은 지난 1억 7천만 년 동안 300번이나 바뀌었다고 전해진다. 그렇지만 지구의 방위를 측정하기 위해서 인류역사상

▲ 한대사남 漢代司南
자반에 방위가 표시되어 있는데, 자반 중앙에 놓은 국자 모양의 자석이 방향을 표시했다.

## 테슬라와 가우스

자기장의 세기를 평가할 때 흔히 쓰는 단위는 가우스(G)와 테슬라(T)이며, 1T는 10,000G에 해당한다. G는 독일 수학자 카를 프리드리히 가우스(1777~1855), T는 세르비아계 미국인 과학자 니콜라 테슬라(1856~1943)의 이름에서 각각 유래한다. 500A가 흐르는 전선으로부터 1m 떨어진 지점에 형성된 자기장을 1G로 정의하며, 1mG = 0.1mT = 80mA/m이다. 가우스(G)는 주로 미국 등지에서 사용하는 반면에 테슬라(T)는 주로 유럽 등지에서 사용한다. 지구 자기장은 0.3~0.6G 정도이다. 일상생활에서 사용되는 자석 중 가장 강력한 스피커에 있는 자석이 300~500G이며, MR(자기공명영상장치) 기기에서는 초전도체 자석에 의한 15,000G(1.5T) 내지 30,000G(3.0T) 정도의 자기장을 이용하기도 한다.

나침반을 처음 사용한 사람은 중국인임에 틀림없다.

나침반이 처음 언급된 문헌은 기원전 4세기에 저술된 『귀곡자鬼谷子』로 알려져 있다. 원전이 망실되고 다만 다른 문헌에 언급되어 전해 내려올 뿐이어서 이를 접어두면, 기원 후 83년에 저술된 『논형論衡』이 가장 오래된 문헌이라 할 수 있다. 이 책에는 나침반을 '사남司南'이라 부르면서 사남의 형태는 '북두를 닮은 구기 모양'을 취하고 있다 하였다. 이렇게 묘사된 사남은 유명한 한대사남漢代司浦의 국자 모양과 일치한다. 즉, 한대사남의 자반에는 방위가 표시되어 있고, 자반 가운데에 국자 모양의 자석이 놓여 있다. 그런데 이 자반의 방위는 낙랑에서 출토된 지반을 보고 복원하였다 하여 나침반이 한반도에서 도래되었다는 주장의 한 가지 근거가 되고 있다.

한편 지남거指南車는 중국의 고대 기록에 자주 등장하는데, 이는 방향을 표시하는 수레를 의미한다. 진서晉書에서는 지남거를 이렇게 설명하고 있다.

'사남거는 일명 지남거인데, 네 필의 말이 끌고, 그 아래 모양은 3층의 누각과 같다. 네 모퉁이에 금룡이 깃을 물로 지지하고 나무를 깎아 선인을 만들어 깃옷을 입혀서 수레 위에 세웠는데, 수레가 비록 회전하더라도 그 손은 항상 남쪽을 가리키며, 임

금의 수레가 행차할 때에도 선도하는 수레가 되었다.'

우리가 즐겨 읽는 삼국지에도 지남거가 나오는 장면이 묘사되어 있다. 즉, 제갈공명은 전장에 나갈 때 이 지남거를 대동하여 양국의 군사와 말발굽 때문에 삼십리에 걸쳐 하늘이 먼지에 덮여서 방향을 종잡을 수 없을 때에도 지남거를 이용하여 방위를 정확하게 파악함으로써 신출귀몰한 작전을 성공적으로 지휘할 수 있었다는 대목이다. 송대宋代에 내려오면 지남거의 작동 원리를 설명하는 문헌들이 자주 등장하는데, 이 문헌들에 의하면 지남거는 양 바퀴가 회전을 달리하더라도 차동장치에 의하여 수레 위 선인의 방향을 항상 남쪽으로 유지할 수 있었다 한다. 즉, 오늘날 나침반의 기능을 한 단계 높인 자이로스코프gyroscope의 원리가 이용되었다는 것이다.

나침반은 위에서 지적한 바와 같이 정확도가 떨어지고 움직이는 물체의 가속에 민감한 반응을 보인다. 철 성분을 지닌 물체 근처에서는 크게 영향을 받고, 특히 시간이 지남에 따라 오차가 누적되는 문제점이 있다. 선박의 경우 중세의 목선에는 나침반이 매우 유용하게 사용되었지만 철선이 나타나면서 철 성분에 영향을 받는 나침반은 그대로 사용할 수 없게 되었다. 또한 이동 속도가 빨라 순간적으로 정확한 방위가 필요한 항공기에는 이동체의 가속에 영향을 받지 않는 정밀도가 높은 나침반이 필요하게 되었다.

이러한 필요에 따라 자이로스코프가 발명되었다. 1850년대에 프랑스의 과학자 푸코가 모든 방향으로 회전이 자유로운 바퀴를 김벌 링에 설치

**지남차 指南車**
고대 중국의 주나라 때 만들어진 방향을 가리키는 수레이다. 자석을 이용하여 남북을 가리키게 한 장치라고 생각된 적이 있으나, 현재는 자석과는 아무런 관계가 없으며 톱니바퀴 장치에 의하여 차 위에 수직으로 세운 목제인형이 늘 일정한 방향만을 가리키게 한 장치라는 설이 유력하다. 『송사宋史』〈여복지輿服志〉에 그 구조에 관한 상세한 기록이 있어 그것에 의해 지남차가 복원되었다.

**자이로스코프 gyroscope**
회전체의 역학적인 운동을 관찰하는 실험기구. '회전의回轉儀'라고도 한다. 팽이를 둥근 바퀴로 이중 또는 삼중으로 지지하고 어느 방향으로나 회전할 수 있도록 장치한 것이다. 중심축을 지름의 둘레를 회전하도록 외력을 가하면 세차운동歲差運動이 일어나고 외력에 대해서는 관성 저항으로 볼 수 있는 짝힘偶力을 가지게 된다. 로켓의 관성유도장치의 자이로스코프, 나침반에 이 원리를 응용한 자이로컴퍼스, 선박의 안전장치로서의 자이로안정기 등 이용범위가 넓다.

하고, 실험적으로 입증한 다음 이를 자이로스코프라 부른 데에서 연유한다. 그 후 많은 공학자들이 여러 가지 형태의 자이로스코프를 개발하였는데, 오늘날에 쓰이는 실용적인 자이로스코프는 1911년 스페리Sperry Gyroscope가 창안한 제품에 기반한다.

나침반에 대한 기록이 이렇게 풍성한 반면 이 글에서 우리가 주된 관심을 갖는 항해용 나침반에 대한 기록은 비교적 드물고, 특히 그 시기가 11세기로 껑충 뛰어 넘어온다. 중국에서 사용되었던 항해용 나침반에 대해서는 11세기 말 송나라 심괄沈括이 저술한 『몽계필담夢溪筆譚』에 집약되어 있다. 이 책에 의하면 바늘자석을 물이나 손톱 또는 주발 위에 올려놓는 등 여러 가지로 사용할 수 있지만, 그 중에서도 바늘을 문질러 실에 매달면 비록 정남은 아니지만 약간 동쪽으로 치우친 남쪽을 향하므로 가장 쉽게 남향을 알 수 있다고 기술되어 있다. 이어서 12세기 초에 저술된 『평주가담萍州可談』에는 항해에 대한 설명으로 "밤에는 별을 관측하고 낮에는 해를 관측하되, 흐린 날에는 지남침을 사용한다."라 기술하고 있어 '침경항법'을 뒷받침하고 있다.

그런데 여기서 우리는 '항해용 나침반은 어째서 11세기에 와서야 사용하게 되었는지 의문을 제기할 수밖에 없다. 나침반은 육지보다는 오히려 망망대해에서 더 절실하게 필요했는데, 육지에서 사용한 시기보다 1천 년 뒤에야 바다에서 사용되었다는 것은 쉽사리 납득하기 어렵기 때문이다.

상식적으로 보아 나침반은 이 기록보다 훨씬 전부터 항해용으로 사용되었을 것으로 믿어진다. 전술한 바와 같이 중국인과 아라비아인들은 이미 당나라 때부터 광동지방으로부터 말라카해협을 지나 인도양을 항해하였다는 기록들이 남아 있기 때문이다. 이들이 비록 연안을 따라 지문항해를 했다 하더라도 나침반 없이 장거리 항해를 했다고는 믿기 어렵다. 항해

▲항해용 나침반
아랍의 선원이 자침을 항해에 이용하는 기술을 유럽에 전달하였고, 이를 계기로 전세계에 보급되었다.

용 나침반에 대한 문헌이 이렇게 늦게 나타난 원인 중 하나는 중국도 우리나라와 같이 대륙문화가 지배적이고, 해양활동을 직접 경험한 지식인층이 거의 없어 항해에 대한 기록이 드물었기 때문으로 보인다. 이는 대륙문화가 지배한 동양역사의 일반적인 특성이다. 믿기 어렵지만 문헌에 의하면 나침반은 공식적으론 11세기 후반, 중국에서 항해용으로 사용하기 시작했다는 기록을 받아들일 수밖에 없다.

그 후 12세기에 들어와서는 항해용 나침반에 대한 기록을 비교적 자주 접하게 된다. 한 가지 예로 우리 한선韓船에 대한 자세한 묘사가 있는 『고려도경高麗圖經』을 들 수 있다. 이 책은 남송사람 서긍이 고려 인종 원년(1123년)에 고려를 다녀와 저술한 책인데, 항해 기록을 적은 제34해도 편에 이런 대목이 있다. "만약 날이 어두우면 지남부침指南浮針을 이용한다." 지남부침에 대한 자세한 기술이 없어 정확히 알 수 없지만 앞에서 인용한 『몽계필담』에서도 그 사용법이 언급된 것으로 보아 항해용으로 이미 널리 사용되었던 기구로 보인다. 아마도 항해하는 선박 위에서는 수평 맞추기가 어렵기 때문에 물을 채운 용기에 자석바늘을 놓아 남북을 파악하지 않았을까 추측해본다.

## 항해의 중요성

위에서 설명한 바와 같이 중국인은 일찍부터 중국 고유 선박 중 하나인 정크선을 타고 광동에서 복건성을 지나 산동반도에 이르는 중국 연안은 물론 동남아를 돌아 페르시아만까지 항해하면서 교역하였다. 이에 대하여 동양사학자인 전 주일대사 라이샤워 박사는 서양의 십자군이 오스만 터키에 막혀 페르시아만까지 진출하지 못하고 있을 때 페르시아만에서 중국 연안까지는 주로 아라비아와 중국 상인들이 해상로를 지배하였고, 장보고 대사는 그 틈새인 중국과 한국 그리고 일본을 잇는 동중국해를 지배하였다며, 그를 해상 무역왕(sea trade prince)으로 높게 평가하였다. 장보고 대사의 교역선은 지금의 완도인 청해진을 중심으로 중국의 산동반도와 일본 규슈의 하카다(지금의 후쿠오카)를 잇는 해양 교역로를 이용하였는데, 장보고 선단은 당시 중국의 수도 장안에 이르는 출발점인 양주에서 중국인은 물론 아라비아 상인과 국제 교역을 하였다. 따라서 자연스럽게 나침반을 접하고, 교역선의 운항에 활용하였을 것으로 보인다. 이러한 중국의 항해는 1403년에 시작하여 1433년까지 일곱 차례에 걸친 '정화鄭和의 대항해'로 정점에 이른다.

중국에서 처음 만들어진 나침반은 자연스럽게 페르시아만으로 전파되었고, 이어 서양으로 전해져 14세기 초에는 이탈리아에서 나침반을 제작하기 시작하였다. 서양은 나침반을 이용하여 15세기와 16세기에 대항해 시대를 열었는데, 특히 15세기 말에서 16세기 초에 이루어진 대탐험은 세계의 역사를 바꾸는 계기가 되었다.

　예를 들어 1492년 콜럼버스가 아메리카 대륙을 발견했을 때, 그가 타고 간 산타마리아 호는 돛이 세 개인 캐랙선으로 적재량이 대략 100톤 정도로 알려져 있다. 그 뒤 7년 후에는 산타마리아호와 같은 선형이지만 배수량이 200톤에 이르는 대형 캐랙선 가브리엘호를 타고 바스코 다 가마가 인도양 항로를 개척함으로써 서양이 본격적으로 동양을 지배하는 길을 열었다. 한편 마젤란은 트리니다드를 모선으로 1519년에 출항하여 3년간 세계를 일주하는 대기록을 세웠다. 이러한 배경을 바탕으로 17세기에 들어오면 서양 범선들은 탐험선과는 달리 700톤이 넘는 대형선을 발전하여 본격적으로 동양에서 물자를 나르기 시작하였다. 서양은 이를 통하여 부를 축적하고 군사력을 강화하여 국력을 왕성히 하였으며, 끝내는 동양을 그들의 식민지로 지배함으로써 지난 중세와 근세 그리고 현대에 걸쳐 세계를 지배할 수 있었다. 그래서 일찍이 프랜시스 베이컨은 인류의 3대 발명품으로 문헌 공급을 위한 '인쇄술'과 전쟁용 '화약', 그리고 항해용 '나침반'을 꼽았다.

　항해의 중요성은 역사상 인류에 가장 큰 영향을 미친 것으로 간주되는 실크로드와 운송 용량과 비교함으로써 극명해진다. 실크로드를 다니는 낙타 한 마리가 실어 나르는 화물의 무게는 대략 200킬로그램으로 알려져 있는데, 17세기 서양 화물선의 적재 하중은 대략 700톤 정도이다. 따라서 배 한 척이 실어 나르는 화물은 낙타 3,500마리가 실어 나르는 물량과 맞

먹는다. 낙타 백 마리 이상을 끌고 가는 대상조차 상상하기 어려우니 이 비교의 의미에 대하여 굳이 따로 언급할 필요는 없을 것이다.

마지막으로 한 가지 지적하고 넘어가야 할 점은 나침반이란 이름의 유래에 대한 쟁점이다. 나침반을 한자로 쓰면 '羅針盤'이 되는데, 첫 자인 羅를 제외한 針盤은 바로 이해할 수 있다. 왜냐면 針은 바늘을 그리고 盤은 음식을 올려놓는 쟁반 또는 물건을 올려놓는 제구를 의미하기 때문이다. 그런데 왜 이들 글자 앞에 羅자가 붙었는지 알 수가 없다. 국어사전이나 역사서를 찾아보아도 이에 대한 답을 얻을 수 없다. 일설에 의하면 나침반은 지금까지 알려진 바와는 달리 고려 때 송나라에서 들어온 것이 아니라, 신라 시대 때 한반도에서 만들어진 것이라는 주장이다. 이 설에 의하면 처음에는 신라침반新羅針盤이라 부르다가 줄여서 나침반이 되었다는 것이다. 한편 중국에서는 위에서 여러 차례 설명한 바와 같이 나침반을 지남침指南針이라 부르는데, 중국어로 지남은 방위를 의미하므로 지남침의 뜻은 자명하다. 만약 나침반이 지금까지 알려진 것처럼 중국에서 들어왔다면 지남침 또는 사남침으로 불렸을 가능성이 높은데, 왜 '羅' 자가 붙었는지 궁금하다.

이렇게 세상을 바꾼 나침반의 오늘날 모습은 옛 영광을 잃고 초라해 보인다. 가장 큰 이유는 전자통신기술의 발달로 위성에서 발진하는 시간과 3차원 위치정보를 지구상의 모든 곳에서 보다 정확하게 파악할 수 있게 되었기 때문이다. 미국이 운영하는 GPS가 대표적이며, 러시아의 GLONASS와 유럽연합의 GALILEO도 범세계적 서비스를 표방하고 있다. 바다에서는 INMARSAT이 GPS와 GLONASS를 모두 활용하여 항해용 맞춤정보를 제공하고 있다.

요즘 우리 주위에서 휴대폰 크기만 한 GPS수신기를 들고 다니는 사

▲현대의 전자나침반
지자기센서를 이용하여 전자적으로 방향을 표시하는 시스템으로 0.1도부터 359.9도까지 0.1도 분해능으로 더욱 정밀하게 방위각을 표시한다.

람들을 볼 수 있다. 미국이 군사적 목적으로 운영하기 시작한 GPS는 적도 위 20,200킬로미터 상공을 지나는 여섯 개의 궤도상에 각 궤도마다 최소 네 개의 위성을 배치하였다. 지구상 대부분의 지역에서는 최소한 여덟 개의 위성으로부터 보내지는 주파수 1227.6㎒의 신호를 받을 수 있다.

GPS는 미군과 미국정부가 허용하는 특정인만 사용할 수 있는 신호체계와 모든 사람에게 개방된 일반용 신호체계로 나누어져 있다. 일반용 신호의 경우 의도적 잡음으로 인하여 위치 측정의 오차가 매우 컸는데, 2000년 5월부터는 이 잡음을 제거하여 오차가 20미터 이내로 크게 줄었다. 게다가 최근엔 위치 오차를 한층 더 줄이기 위해 교정용 기지의 정보를 이용하는 DGPS기법이 일반적으로 사용되어 위치 오차를 1미터까지 줄일 수 있게 되었다.

    나침반은 앞으로도 계속 사용되겠지만 그 용도는 매우 제한적일 수밖에 없을 것이다. 나침반의 사용은 GPS를 사용할 수 없는 환경, 즉 깊은 물 속 같은 곳에서 사용될 것이다. 예를 들어 잠수정의 경우 잠수함같이 규모가 큰 잠수체에는 정밀도가 높은 자이로스코프를 사용할 것이며, 보통의 나침반은 비교적 크기가 작은 잠수정의 항법기기로 계속 사용될 것으로 전망된다.

## 참고문헌

- 김재근, 『배의 역사』, 평화당(1980)
- 김재근, 『한국선박사연구』, 서울대학교 출판부(1984)
- 최근식, 「장보고 무역선과 항해기술 연구 -신라선 운항을 중심으로」 고려대학교 박사학위 논문(2002)
- 徐兢, 『高麗圖經』, 서울아세아문화사(1972)
- 孫光折, 『中國古代航海史』, 해양출판사(1989)
- Bray, D., *Dynamic Positioning*, OPL(1995)
- Everett, H.R., *Sensors for Mobile Robots*, AK Peters(1995)
- Reischauer, E.O., *Ennin's Travels in T'ang China*, Ronald Press, New York(1955)

## 참고사이트

- http://www.myhome.naver.com
- http://www.scoutkb.or.kr
- http://www.user.chol.com
- http://www.sample.co.kr
- http://www.sciencetop.co.kr

# 종이제조술

### 문명을 전파한 문화의 전수자

105 paper

신동원 newsdw@kaist.ac.kr

서울대학교 농대를 졸업하고 같은 대학교에서 한국 과학사 연구로 박사 학위를 취득했다. 영국 케임브리지 니덤 동아시아 과학사 연구소 객원 연구원을 지냈으며, 현재는 카이스트 인문사회과학과 교수로 재직하며 학생들에게 '한국 과학사'를 가르친다. 계간지 『과학사상』과 『역사비평』에서 각각 편집주간과 편집위원으로 일한 적이 있고, 현재 문화재전문위원, 카이스트 한국과학문명사연구소 소장을 맡고 있다. 저서로는 『카이스트 학생들과 함께 풀어보는 우리 과학의 수수께끼 1·2』, 『한 권으로 읽는 동의보감』(공저), 『조선사람의 생로병사』, 『조선사람 허준』, 『호열자, 조선을 습격하다』, 『의학 오디세이』(공저), 『한국 과학사 이야기 1·2·3』, 『사람을 살리는 책 동의보감』 등이 있다.

# 질기고 오래된 종이의 역사

## 종이 없는 문명을 상상할 수 있을까

 무엇보다도 얇으면서 가볍다. 또 적당히 질기며 오래 간다. 게다가 대량 생산이 가능하다. 하잘 것 없이 보이는 종이가 인류문명의 형성에 단단히 한몫을 한 것은 이런 특징 때문이다. 낱장의 종이는 별것 아니지만, 역사상 종이라는 물질과 당당히 경쟁할 적수가 없었다. 현재도 그러하며 상당히 오랜 미래까지도 그러하리라.

 종이 없는 세상을 상상해본다. 우선 내 연구실을 가득 메우고 있는 많은 책자가 사라진다. 벽에 걸려 있는 달력이 사라지고 복제품 명화와 사진이 사라진다. 전자제품을 포장해온 박스가 사라지고 연구작업물을 검토하기 위한 프린터 용지도 사라진다. 벽지와 장판, 창호지도 사라진다. 코를 풀 때 쓰던 티슈가 사라지고 용변 후 사용하던 화장지도 사라진다.

 물론 그것이 없다 해도 대신 사용할 것이 없지는 않다. 책은 종이 대신에 점토판이나 대나무, 비단을 사용할 수 있으며 심지어는 컴퓨터의 화

> **종이발명 이전의 기록매체**
>
> 종이가 발명 되기 전에 사람들은 돌, 나무, 금속, 그리고 동물의 뼈나 가죽을 이용하여 문자 등을 기록하였다. 그중에서도 종이와 가장 비슷한 형태의 기록매체로서는 기원전 3000년경에 고대 이집트사람들이 나일강 유역에서 자라는 수초인 파피루스의 잎을 말려 물에 불린 다음 얇게 잘라 가지런히 붙혀서 사용한 것이 종이와 가장 비슷한 기록매체였다.

면이 이를 대신할 수 있다. 종이박스 대신 플라스틱 제품을 이용하면 된다. 또 달력, 명화, 사진 또한 액정화면을 이용할 수 있다. 벽지와 장판, 창호지 따위는 쓰지 않아도 되며 각종 화학제품으로 이를 대신할 수 있다. 티슈 대신 넓적한 나뭇잎을 이용할 수도 있고 비데 변기와 물을 사용할 수도 있다. 이런 대용품은 실제로 이용되었고, 또 현재 이용되고 있으며, 미래에는 그 영역이 더 넓어질 수도 있지만 그것은 상당한 불편이 예상된다.

종이 없는 세상이 허전하게 느껴지는 것은 무슨 까닭인가. 우리가 오랜 종이 문명의 시대에 알맞게 적응해왔기 때문이다. 종이 없는 문명의 역사는 결코 상상할 수 없다. 문명의 확대과정은 정보의 기록, 확산, 공유의 증가과정이었으며, 종이는 문자의 창안, 인쇄술의 발전과 함께 그 일을 떠맡은 중추였기 때문이다.

## 종이의 탄생

종이의 탄생은 문자 기록매체의 혁신과 관련되어 있다. 문자를 기록할 매체로는 점토나 돌, 비단, 나무나 대나무, 동물의 껍질 등이 있었지만 그것들은 각기 부피, 경제성, 안정성, 대량 생산 가능성, 이동성 등의 한두 측면에서 문제점을 지닌 것이었다. 이들에 대한 대안의 하나로 풀을 이용하는 방법이 모색되었다.

그중 하나가 고대 이집트의 '파피루스papyrus'이다. 파피루스는 약 4,000여 년 전 이집트의 나일강변에서 자생하던 높이 약 2.5미터 정도의 수초이다. 고대 이집트인들은 이 껍질을 물에 담가 불린 후 가로, 세로로 겹쳐 두들겨 굵은 삼베 모양의 기록매체를 만들었다. 파피루스는 고대 이집트에서 널리 쓰였고 그리스 로마 시대까지 이어졌지만 이후 시기의 주력 매체로 이어지지는 못했다. 이집트의 프톨레마이우스 왕조에서 파피루스의 유출을 금지했기 때문이다. 따라서 유럽에서는 그 대신 양피지를 썼다. 파피루스의 전통이 이후 더욱 확산되지는 않았지만, 파피루스는 종이를 뜻하는 단어인 '페이퍼paper'의 어원이 되었다.

▲ 파피루스

파피루스는 우리가 알고 있는 종이와는 다르다. 종이는 나무를 분쇄한 펄프를 사용한 반면, 파피루스는 파피루스라는 수초의 내피를 펼쳐 만든 것이다.

또 다른 하나의 시도는 종이의 개발이다. 종이는 파피루스처럼 식물의 섬유를 이용하는 것이지만, 단순히 식물의 내피를 가공해 만든 파피루스와는 달리 식물성 섬유를 펄프로 분해한 후, 그것을 얇게 뜨는 방식을 써서 만든 것이다. 이러한 종이제작 방식은 고대 중국에서 최초로 개발되었다.

현재 중국 고고학 발굴에 따르면, 종이의 기원은 늦어도 기원전 50~40년대 전한 시대까지 거슬러 올라간다. 하지만 그간의 통설은 '105

▲ 이집트와 주변의 여러 지역에서는 파피루스에 그림과 글자를 남겨 그들의 지식과 문화를 후손에게 남겼다.

년 환관 채륜이 나무껍질, 마麻 등을 원료로 종이를 만들어 황제에게 바쳤다' 는 기록을 근거로 후한서 『환관열전宦官列傳』에서는 기원후 105년경 후한시대의 채륜이 종이를 개발한 것으로 간주해왔다. 그러나 이는 잘못된 것이다. 현대 학자들은 이전에 존재했던 종이제작기술을 채륜이 더욱 향상시킨 것으로 평가하고 있다. 채륜 이전의 종이 용도와 채륜시대 종이 용도의 차이가 있다는 점이 제기되기도 한다. 고고 유물로 출토된 종이가 글이나 그림을 기록하는 매체라기보다는 귀중품을 싸는 포장지 구실을 한 반면 채륜시대에는 종이가 중요한 기록매체로 쓰였다는 것이다.

## 종이의 발전과 확산

105년경 중국 후한의 채륜이 품질 좋은 종이를 생산, 보급한 이후 종이의 제조기술이 향상되었다. 마麻를 중심으로 한 재료에 이어 닥나무, 뽕나무 등을 종이재료로 썼고, 가공 공정도 한결 정교해졌다. 종이의 발전은 중국의 서적 증가에 한몫했으며, 불경이나 유가경전 등의 보급에도 중요한 구실을 했다.

중국에서 발명된 제지술은 다른 지역으로 전파되었다. 한국과 일본은 물론, 서방으로도 전파되었다. 종이제조술이 서방에 전파된 것은 8세기 무렵으로, 서西 투르키스탄 지방까지 세력을 미쳤던 이슬람 아바스 왕조의 내부 싸움에 당나라가 개입한 것이 계기가 되었다. 종이 자체는 이 보다 훨씬 빨리 실크로드를 통해서 전파되었지만, 제지술은 전쟁에서 패한 당나라 포로중 제지기술자를 통해 전수되었다. 이로 인해 가장 먼저 사마르칸트에 제지공장이 설립되어 이곳이 이슬람 제지의 중심이 되었다. 이후 시리아의 다마스쿠스에도 공장이 세워졌는데, 이곳에서는 유럽에 종이를 수출했다. 이슬람 세력의 확장과 함께 제지술도 인근 지역으로 전파되었고, 유럽에까지 손길을 미치게 되었다.

제지술은 10세기에 이집트, 1세기에 스페인 등 유럽, 12세기에 지중해 연안 그리스와 이탈리아에 전파

**종이의 전파**

양피지를 사용하던 중동이나 유럽에는 747년, 당시 종이를 만들 줄 알았던 중국병사가 포로로 잡히면서 그 기술이 전해지게 되었다. 그 후 아라비아인들이 독자적인 제지술을 개발했고, 유럽에서는 12세기 중엽에 스페인에 들어와 있던 회교도들이 종이를 만들어 전파시켰으며, 그것이 이탈리아로 건너가서 1276년 파브리아노에 처음으로 제지공장이 설립된 것으로 알려지고 있다. 우리나라에는 3세기경에 처음으로 종이가 들어오게 되었고 주로 닥나무를 이용해 만들어졌다.

되었다. 14세기 말 독일의 뉘른베르크에 처음으로 제지공장이 세워지면서 마침내 유럽 전역에 퍼져나가게 되었다. 특히 14세기에 독일·프랑스·영국의 금속활자인쇄술과 맞물려 유럽의 종이는 지식 전달매체로서 톡톡한 몫을 하게 되었다.

17세기 이후 유럽에서는 종이의 대량 생산이 이루어졌다. 17세기 후반 네덜란드에서 홀랜더라는 두드려 펼치는 기계인 '고해기叩解機'가 발명되어 이후 200년간 제지공업을 이끌었다. 1789년에는 프랑스의 로베르가 연속하여 종이를 뜰 수 있는 기계를 발명했는데, 이는 오늘날의 '장망초지기長網抄紙機'의 원형이다. 이어서 영국의 던킨이 이를 개량하고, 포드리니어 형제가 특허를 산 뒤 한층 개량되어, 1807년에는 현재의 그것과 거의 가까운 형태가 되었다. 한편 1809년에는 영국의 디킨슨이 '환망초지기丸網抄紙機'를 발명하여 두꺼운 판지를 뜨는 데 이용하게 되었다. 이처럼 잇따른 초지기의 발명으로 대량 생산이 시작되자 원료인 마조각·면넝마 등이 부족하여 싼 가격에 대량으로 구할 수 있는 원료가 탐구되기에 이르렀다. 그리하여 1844년 쇄목펄프, 1862년에 아황산펄프, 1884년 크라프트펄프 등의 제법이 등장했으며 대량 생산의 가능성을 열었다.

중국에서 처음 만든 종이가 서양에 전해지면서 제지 방법이나 원료가 달라지고 발전하여 현재의 양지(서양종이)로 변했다. 이러한 양지제지법은 기계화되면서 발전하여 다시 종이의 원조인 동양에 전해졌다. 중국에서는 1800년 초, 일본에는 1872년에 제지소가 세워졌다. 한국에서는 1884년 김옥균이 미국의 환망초지기 한 대를 구입하면서 근대 제지술을 도입했고, 1901년 3월에 최초의 근대 제지소가 설립되었으며, 1913년 조선지료제조소가 설립되어 대량 생산의 길을 열었다.

1995년도 전세계 종이 생산량은 2억 7,780만 톤에 달했다. 1996년도 한국의 경우 768만 7,000톤의 규모를 보였고, 그 종이는 수십억 인간의 지식적 삶과 일상적 삶에 봉사하고 있다.

## 한지의 전통

'종이'라는 한국말이 종이의 국내 수입과 관련되어 있다고 주장하는 학자가 있다. 즉 종이의 어원을 살펴보면, '조비→조해→종이'로 변화했는데, 여기서 조비란 닥나무를 뜻하는 저피楮皮를 의미한다는 것이다. 한편 저楮의 중국말 음이 기원전 2세기부터 기원후 2세기 사이에 '닥'과 비슷하게 읽혀졌으며, 이때부터 닥나무로 만드는 제지술이 중국으로부터 국내에 수입되었을 것이라 추론한다.

다른 학자들은 각기 다른 근거를 가지고 3세기, 4세기 또는 6세기말~7세기 이전을 주장하고 있다. 하지만 국내 제지술 도입의 하한선은 610년 이후가 되지는 않는다. 610년 고구려 승려인 담징이 일본에 종이를 전해주었다는 기록이 『일본서기』에 명시되어 있기 때문이다. 현존하는 가장 오래된 한국종이는 현재 국립경주박물관에 소장되어 있는 '범한다라니梵漢陀羅尼'로 알려져 있다. 이런 사실로 미루어 볼 때, 한국제지술은 4~7세기 초에 중국에서 도입되었다고 추정할 수 있으며, 좀더 좁게는 4, 5세기경이라 말할 수 있다.

▼한지의 원료인 닥나무 껍질
닥나무는 종이의 으뜸 재료이다. 성숙한 닥나무를 푹 찐 후 분쇄하고, 분쇄된 것을 다시 얇게 떠서 종이를 만든다.

▲한지공예품
한지의 가장 큰 수요는 종이였다. 또한 질긴 한지의 속성 때문에 부채나 우산 등 공예품에도 널리 이용되어 왔다.

전래 초기부터 삼국시대까지는 중국제지술의 모방 단계였다. 섬유를 두드려서 만들었으며, 주원료는 '마'와 '닥'이었다. 당나라 때 문헌에서 '한국종이가 마치 비단과 같아서 견지繭紙라고 부른다'라고 한 것으로 보아 이 시기에 이미 한국의 기호에 맞는 독자적인 종이제조법이 자리잡았음을 알 수 있다.

고려시대는 앞 시대 기술의 발전기였다. 기술 자체가 크게 혁신되지는 않았지만, 더욱 좋은 종이를 만들기 위해 다양한 원료를 사용했다. 이때는 불경을 필사하는 데 필요한 두꺼운 종이를 많이 만들었다.

조선시대는 한지제지술의 완성기이다. 관영 제지공장이라 할 수 있는 조지소造紙所가 1415년(태종 15년)에 설립되어 조선 후기까지 지속되었다. 조선에는 종이의 규격을 통일시키고 원료를 다양화했으며 기술을 발전시켰다. 닥이 아닌 율무·버드나무·소나무·창포 등을 사용했으며, 중국과 일본으로부터 기술을 도입하기도 했다. 가공기술이 매우 발전하여 여러 가지 형태의 종이를 제작했으나 임진왜란 이후 기술자와 원료의 부족으로 커다란 발전이 없었다. 근대 이후 서양종이에 밀려 차츰 사양길을 걸었다.

한국종이(한지)는 신라의 백추지에서, 고려의 만지, 조선의 견지, 경면지 등으로 그 맥을 이어왔으며 품질 면에서는 시대에 따라 큰 변함이 없었다. 조선 초까지의 종이는 일반적으로 질기고 광택이 있으며 희고 두꺼운 후지厚紙의 특징을 지녔다. 이는 이웃 중국이나 일본의 종이와 구별되는 요인이다. 다른 한 특징은 원료를 잘게 갈지 않고 두들기기만 하여 지료紙料를 펴고 그것을 직접 발로 떠서 만들었기 때문에 지면에 결이 생기고 일정하지 못한 반면에 매우 질기다.

한지는 전통적으로 책을 만드는 가장 중요한 재료로 쓰였다. 이와 함께 각종 관공문서·창호지·종이꽃·종이돈, 그림 그리는 재료로도 쓰였다. 이와 함께 한지의 질긴 특성으로 해서 부채, 우산 등에도 사용되었으며, 종이를 꼬아 생활용이나 장식품을 만드는 지승공예紙繩工藝 분야를 열기도 했다. 한지는 기계종이보다 50배나 긴 생명력을 갖추고 있기 때문에 미술작품용으로 주목을 끌고 있다.

## 제지술의 미래

몇 해 전에는 전자책(E-book)이 나오면서, 종이책의 퇴출을 예상하기도 했다. 그러나 전자책은 기대했던 것만큼의 성과를 내지 못했다. 오히려 그 정반대의 현상이 예측된다. 컴퓨터 화면에만 문자가 뜨는 것 대신에 화면을 종이처럼 바꾸려는 시도가 나왔다.

전자종이는 한마디로 종이책, 종이신문, 종이잡지의 '그 느낌 그대로'를 전자장치에 구현하는 것을 목표로 하며, 얇은 전자종이 한 장을 들고 다니다 휴대형 정보기기에 이어 신문이나 책, 서류를 내려 받아볼 수 있으며, 책처럼 누워서도 볼 수 있는 편리성을

▼e-book
최근 전자공학의 발달로 그간 지식 전수를 군림해왔던 종이책의 독점이 무너졌다. 종이 없이도 모니터를 통해서 지식 내용을 읽을 수 있기 때문이다.

갖추자는 것이다. 이런 전자종이는 종이 소비를 획기적으로 줄여 환경에 크게 도움이 될 것이라는 기대를 받고 있다. 그럼에도 불구하고 출판계 인사들은 전자종이 역시 종이책의 문화 자체를 바꿀 정도의 영향을 끼치지 못할 것이라 예측한다. 그것이 얇고, 가볍고, 촉감이 익숙하고, 정보를 담을 뿐만 아니라 오랜 기간 동안 보존할 수 있으며, 유동성이 뛰어난 종이의 일부 특성만 갖추고 있기 때문이다.

종이의 대안으로 인식되는 컴퓨터와 모니터가 많이 보급됐지만, 그와 함께 프린터가 필수적인 존재로 같이 보급되었으며, 그것은 종이를 필요로 한다. 컴퓨터와 모니터가 발달하면서 오히려 종이 수요가 더 늘었다는 분석도 있다. 종이의 가장 큰 수요처인 종이책은 문명사적으로 인류가 종족이라는 측면에 적응하면서 오늘날까지 이르렀으며, 개인사적인 측면에서는 어렸을 때부터 익숙해져 죽을 때까지 같이하는 존재로 자리잡았기 때문에 이러한 생활방식과 문명방식의 격변이 없는 한 종이는 인류의 문명과 함께할 것이다.

종이의 역사를 보면, 소득이 증대하고 문화에 대한 욕구가 증가하면서 정보화가 진행되는 추세에 맞춰 계속 증가해왔다. 사회와 문명이 그러한 방향으로 나아가는 한 종이의 수요는 더 증대될 것이다. 그렇지만 한 가지 고려해야 할 점은 종이의 증대가 엄청난 목재의 가공을 필요로 한다는 사실이다. 그것은 삼림자원의 보존과 종이제조 공정에서 나오는 화학폐기물로 인한 오염의 방지와 관련된다. 따라서 전지구적 차원에서 환경을 훼손시키지 않으면서 문화를 유지·발전시킬 수 있는 제지정책과 제지기술의 모색이 중요한 문제로 대두되고 있다.

## 참고문헌

- 전상운, 『한국민족문화대사전』, 정신문화연구원(1993)
- 박인협, 『한메디지탈백과사전』(1998)
- 『한국브리테니카 백과사전』(1998)
- 『한국브리테니카 백과사전』(1998)
- 이승철, 『우리가 정말 알아야 할 우리 한지』, 현암사(2002)
- 「전자종이시대 열리나」, 한겨레신문(2003. 11. 11.)
- 「전자종이 뜨면 종이 진다?」, 한겨레신문(2003. 11. 11.)

## 참고사이트

- http://www.paperworld.or.kr
- http://www.papermuseum.co.kr
- http://www.hansolpaper.co.kr
- http://www.koreco.or.kr
- http://www.papersale.or.kr

# 렌즈

투명한 구면 너머로 열리는 세상

900 lens

최경희　khchoi@ewha.ac.kr

이화여자대학교 과학교육과를 졸업하고, 미국 템플 대학교 대학원 물리학과에서 이학석사를, 과학교육과에서 교육학 박사학위를 받았다. 현재 이화여자대학교에서 과학교육과 교수로 재직 중이다. 저서로 『유럽을 만난다 과학을 읽는다』, 『물리, 가볍게 뛰어넘기』, 『과학아카데미』, 『과학, 우리시대의 교양』(공저) 등이 있으며, 번역서로 『STS 무엇인가』, 『우주, 양자, 마음』, 등이 있다.

# 우연한 발명으로 확장된 관찰의 영역

건강한 성인이 육안으로 볼 수 있는 최소 크기는 머리카락 굵기의 약 10분의 1이다. 아무리 큰 물질이라도 너무 멀리 있으면 눈에 보이지 않게 된다. 인간은 눈에 보이지 않는 작은 것과 너무 멀리 있어 잘 보이지 않는 것에 대한 호기심을 해결하기 위해 많은 노력을 기울여왔다. 이러한 인간의 노력에 계기를 마련해준 것이 렌즈이다. 이러한 렌즈의 역사는 유리에서 시작된다.

## 유리에서 렌즈로

유리의 발견에 관해서는 페니키아 선원들이 음식 준비를 위해 소다 위에 냄비를 걸고 모닥불을 피우다 발견했다는 설과 이스라엘의 아이들이 수풀에 불을 질렀을 때 강한 열로 알칼리성 물질과 모래가 녹아 흘러 우연히 만들어진 유리를 인공적으로 만들어낸 것이라는 설이 있다. 그러나 페니키아인들이 유리제품을 만들기 시작한 것보다 몇 백 년 전에 만들어진 유리제품이 이집트에서 발견됨으로써, 유리제품의 제조에 숙련되어 있던 이집트로부터 그 제조 방법이 페니키아나 그 밖의 나라들에 전해졌다고 믿는 고고학자들도 있다.

고대 로마의 황제였던 네로는 경기장에서 격투를 관전할 때 에메랄드(한쪽 눈에만 끼는 최초의 단안경)를 사용하는 버릇이 있었다는 기록이 있다. 그러나 그것이 단순히 에메랄드의 초록빛이 눈을 편하게 해줘서인지 에메랄드를 잘라낸 단면이 근시안을 해결해주었기 때문인지는 알 수 없다.

고대 그리스, 인도, 이집트의 과학문화는 중세 이슬람에 전파되면서 새로운 지식과 융합되어 독특한 과학세계를 형성한 후 중세 유럽으로 역수출되었다. 당시 아라비아의 사막지대에서는 눈병이 빈번하여 사람 눈의 구조, 빛과 색에 대한 연구가 활발하게 이루어졌다. 그 결과 투명체 내에서의 굴절현상을 이해하게 되면서 물체를 확대하여 관찰하거나 노인들의 독서를 위해 크리스탈이나 유리렌즈를 사용할 수 있게 되었다.

유리제조의 기술은 아라비아의 지리적 특성에 따라 발달한 안과 지식, 광학연구와 함께 렌즈의 연구로 발전하였다. 아라비아의 광학자 이븐 알하이삼은 구면 거울 또는 포물면 거울에서 광원과 눈의 위치가 주어졌을 때, 거울 면에서 반사가 이루어지는 지점을 구하라는 '알하이삼의 문제'로 유명한데, 완벽하지는 않았지만 그는 이를 여러 경우에 대하여 풀이했다. 또한 그가 쓴 『광학의 서 Optical Thesaurus』에는 태양을 직접 바라보지 않고도 일식을 관찰할 수 있는 방법이 적혀 있는데, 어두운 방 창에 구멍을 뚫어 반대편 벽에 비친 태양의 상을 관찰하는 것으로 바늘구멍사진기와 같은 원리이다(오늘날 '카메라'의 명칭은 그의 일식 관찰방식인 '어두운 방'을 뜻하는 '카메라 옵스큐라Camera obscura'에서 유래되었다). 또 유리조각의 구면, 즉 평면 볼록렌즈가 사물을 확대시킨다는 사실을 관찰했다고 기록되어 있다.

## 렌즈의 원리와 특성

전자기파가 유리나 투명물질 같은 '매질'을 통과하게 되면 파동의 진행속도가 달라지기 때문에 굴절하게 된다. 광학렌즈는 빛이 렌즈를 지나면서 굴절하게 되는 원리를 이용하여 물질에서 나온 빛을 초점에 모아서 그 물질의 상을 만드는 것으로 카메라, 안경, 현미경, 망원경, 손전등 등에 사용된다.

렌즈는 양면의 형태에 따라 양볼록형, 평볼록형, 오목볼록형, 양오목형, 평오목형, 볼록오목형 등으로 나눌 수 있다. 렌즈면의 곡률에 의해 렌즈로 입사한 빛이 어느 한 점으로 수렴하거나 어느 한 점에서 발산하는데 이 점을 렌즈의 초점이라고 한다. 렌즈 속을 지나는 광선은 렌즈의 두꺼운 부분으로 굴절하기 때문에 볼록렌즈를 지난 빛은 두꺼운 가운데 쪽으로 수렴하고, 오목렌즈를 지난 빛은 가장자리 쪽으로 발산한다.

렌즈에 의한 물질의 상은 각 점으로부터 나오는 빛이 굴절한 후 다시 모인 점들의 집합이라고 볼 수 있다. 이러한 렌즈의 상은 중심 부분을 사용하면 선명하게 얻을 수 있지만, 주변부까지 사용하게 되면 렌즈를 지난 광선이 한 점에 모이지 않아 선명한 상을 얻을 수 없다. 이러한 현상을 렌즈의 수차aberration라고 한다.

## 렌즈와 안경

중세 유럽 수도원에서 아랍서적들이 수도사들에 의해 라틴어로 번역되고 있었을 때, 수도사였던 영국인 베이컨은 원시遠視를 교정할 수 있는 렌즈의 효과를 인식하고 『(대저작)Opus Majus』에서 볼록렌즈의 확대효과에 대해 서술하였다.

안경과 확대용 유리렌즈를 만드는 기술에 관한 가장 오래된 기록은 1330년에 쓰여진 『베니스 성당 참사회 법령집』에서 볼 수 있다. 기록에 의하면 유리와 수정을 제조하려는 사람들은 길드의 회원이 되어야 하며 회원이 된 사람들은 그 기술을 베니스 밖으로 누설할 수 없음을 엄격히 규제하고 있다. 이 때문에 안경의 발명이 정확히 어느 때인지 알 수는 없으나 안경이 그려진 가장 오래된 초상화는 1352년 이탈리아의 화가 모데나가 그린 〈위고 대주교의 초상화〉이다. 그림 속의 주교가 나무나 동물의 뼈 등으로 만든 안경테에, 수정이나 유리로 된 둥근 렌즈를 끼워 넣은 단안경 두 개를 대못으로 연결시킨 일명 '대못 안경'을 끼고 있는 것으로 보아 그 이전에 발명된 것이라 여겨진다.

안경은 15세기 중엽 인쇄술이 발명된 이후로 서적이 일반 대중들에게 널리 읽혀지게 되면서 급물살을 타고 보급되었다. 초기에는 노인들을 위한 원시교정 안경(볼록렌즈)이 보편적이었으나, 이후 15세기 후반 오목렌즈를 이용한 근시교정 안경 또한 이탈리아에서 발명되었다. 이후 1611년 독일의 케플러에 의해 근시현상의 이론체계가 수립되었고, 1623년 근대적인 안경이 스페인에서 보급되기 시작했다. 눈의 원시현상에 대한 이론은 1704년 영국의 뉴턴에 의해 수립되었다.

## '어두운 방' – 카메라 옵스큐라

이탈리아의 과학자인 포르타는 자신의 저서 『자연의 마법 *Magia Naturalis*』에서 카메라 옵스큐라(라틴어로 '어두운 방'이라는 뜻)의 여러 가지 재미있는 성질을 설명하였다. 역시 이탈리아의 수학자이며 물리학자인 카르다노는 1550년 카메라 옵스큐라의 구멍에 볼록렌즈를 끼우면 빛을 한군데로 모을 수 있어서 보다 밝은 상을 얻을 수 있다는 사실을 밝혀냈다. 렌즈를 부착시키는 방법은 포르타에 의해 최초로 제안되었다는 설도 있으나 카르다노의 렌즈에 관한 연구가 보다 더 구체적이었다고 할 수 있다. 이후 베네치아의 귀족 바르바로가 1568년 렌즈 앞에 조리개를 부착하여 빛의 양을 조절하는 방법을 고안하였다.

당시 벽에 비친 경치를 직접 보면서 그림을 그리는 데 주로 사용되었

▼ 카메라 옵스큐라
사각형의 방 한쪽에 작은 구멍을 뚫어 빛이 그곳을 통과하면 반대편 벽에 구멍 밖의 풍경이 역상으로 맺힌다는 원리를 응용한 것이다. 어릴 적 가지고 놀던 바늘구멍사진기 역시 이 카메라 옵스큐라를 축소한 것이다.

던 카메라 옵스큐라는 거꾸로 맺히는 상으로 인해 불편함이 있었으나, 1573년 역시 이탈리아인 단티에 의해 오목거울을 써서 상을 똑바로 맺히게 할 수 있었다.

이후 카메라 옵스큐라는 1657년 독일의 카스파르 쇼트에 의해 작은 상자 수준의 크기로 줄여졌으며, 두 개의 상자를 이어 붙여 렌즈 사이의 거리를 조정하여 초점을 맞출 수 있게 되었다. 1658년 부르츠부르크의 수도승 요한 찬이 기름종이 대신 뿌연 유리를 사용하면서, 리플렉스카메라의 원형이라고 할 만한 보다 정교한 휴대용 카메라 옵스큐라를 제작할 수 있게 되었다. 그러나 감광지나 구리판을 사용하여 실제로 사진을 찍을 수 있는 카메라는 19세기에 이르러서 영국의 폭스 톨벗과 프랑스의 니에프스와 다게르에 의해 동시에 발명되었다. 그리고 이들 간의 법적 공방이 있은 후 톨벗의 감광제기술이 더 실용적인 것으로 판명이 났다.

## 작은 것을 크게 - Microscope

최초로 확대경을 사용하여 생물을 관찰한 사람은 스위스의 박물학자이자 의사인 게스너로 알려져 있다.

최초의 복합현미경은 1590년 네덜란드 미들부르크의 안경제조업자이자 발명가였던 한스 얀센과 자카리스 얀센 부자에 의해 만들어졌는데 두 개의 렌즈가 경통의 양 끝에 달려 있어 사물을 10~30배 정도 확대할 수 있었다. 얀센 부자는 이 현미경을 이용하여 벼룩을 비롯한 작은 곤충들을 관찰하였다. 그러나 두 개의 렌즈를 사용하게 되면 배율은 높지만 색수차나 왜곡수차가 나타나, 초창기 광학기구의 제작 기술이 덜 발달된 상황에서는 복합현미경보다 높은 배율의 단일렌즈가 더 많이 사용되었다.

1660년 즈음 잉글랜드의 물리학자이며 보일의 조수로 잘 알려져 있는 훅은 초기의 복합현미경을 개선시켰다. 그가 만든 현미경은 이중의 경통으로 되어 있어 대물렌즈와 접안렌즈 사이에 또 하나의 렌즈를 장치하였다. 1665년에 발행된 훅의 현미경 관찰 화보 『미크로그라피아 Micrographia』에는 바늘끝, 면도날, 눈의 결정, 곰팡이에서 곤충에 이르기까지 사물을 관찰한 내용을 자세히 관찰하여 정밀하게 그려져 있다. 훅은 코르크의 미세한 벌집 모양의 구멍을 관찰하여 '세포 cell'라고 처음으로 명명하기도 하였다.

정규 교육을 제대로 받지 못하였음에도 당시 최고의 단순현미경을 만든 사람은 네덜란드 델프트 시청의 청소부였던 레벤후크이다. 취미 생활로 시작한 렌즈

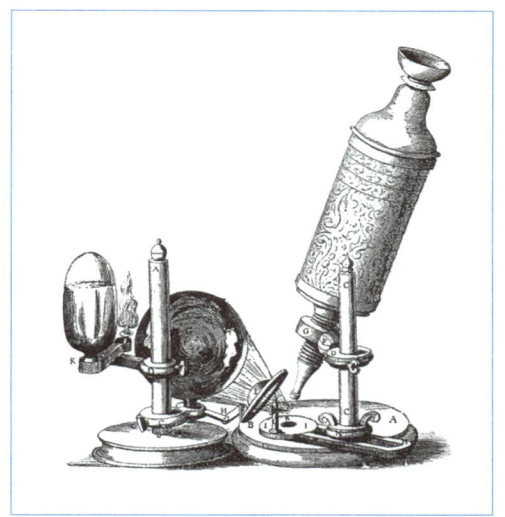

▲로버트 훅의 현미경
이중의 경통으로 되어 있어 대물렌즈와 접안렌즈 사이에 또 하나의 렌즈를 장치하였다.

▲레벤후크의 현미경
금·은·동판에 작은 렌즈 하나만을 끼워 레벤후크가 제작한 현미경. 일종의 초소형 돋보기이다.

연마기술로 유럽 최고의 기술자가 되었으며 90세를 일기로 사망하기 전까지 50여 년 동안 영국의 왕립협회와 교류하며《철학회보》를 통해 그의 발

견들을 세상에 소개하였다.

레벤후크가 만든 렌즈의 크기는 3밀리미터 정도의 작은 것들로, 자신이 제련한 금, 은, 동판에 끼워 단순현미경을 만들었는데 배율이 300배까지 되어 $10^{-6}$미터 정도 떨어진 피검체까지 관찰할 수 있었다.

그는 자신이 만든 현미경으로 벼룩, 이, 벌, 혈액의 순환, 연못에 사는 작은 생물과 치아에 서식하는 박테리아에서 식물에 이르기까지 여러 가지 생물들의 모습과 발생 등을 관찰, 기록하였다. 이러한 관찰들은 당시의 자연발생설을 뒤집는 결정적인 계기가 되었다. 최소 50배에서 최고 300배까지의 배율을 가진 그의 현미경은 왕립협회에 유품으로 기증되었으나 단순현미경에 사용된 고배율렌즈의 심각한 결함인 구면수차를 그가 어떻게 극복하였는지는 알 수 없다.

17세기를 지나면서 생물체 연구에 현미경 사용이 본격화되기 시작하여 19세기 중반에 이르러서는 새로운 현미경 연구의 시대가 시작되었다. 이탈리아의 광학자 아미시 교수에 의해 1827년 현미경 렌즈에 나타나는 왜곡된 색상을 바로잡아 주는 무색수차 현미경이 발명되었고, 1840년에는 유액투입법이 최초로 도입되어 빛의 굴절에 의한 수차를 최소화하는 데 기여하였다.

아미시의 광학이론은 독일의 유명한 광학기구 제조가인 자이스로 이어져 1878년 자이스는 무색수차렌즈를 발명하였다. 또한 자이스와 함께 연구한 물리학자 아베는 유리와 굴절계수가 같은 유액을 사용하여 아미시의 투입장치를 향상시켰다. 그 후 자이스, 아베와 함께 일하게 된 유리화학

---

**광학현미경** 光學顯微鏡

**단순현미경(單純顯微鏡)**
렌즈를 하나만 사용한 것으로 렌즈의 초점거리에 따라서 현미경의 배율이 결정된다. 루페라고도 하며 소형확대경이나 시계수리공들의 단안경이 이에 해당한다. 레벤후크의 현미경도 단순현미경이다.

**복합현미경(複合顯微鏡)**
두 개 이상의 렌즈를 조합하여 만든 현미경으로 일반적으로 '현미경'이라 하면 복합현미경을 말한다. 초점거리가 짧은 대물렌즈로 확대한 도립실상을 접안렌즈로 다시 확대하여 보다 큰 물체의 상을 얻는 원리로 대물렌즈 배율과 접안렌즈 배율의 곱이 현미경 배율이 된다.

자 쇼트에 의해 상의 색 보정을 계산한 아베의 연산을 만족시킬 수 있는 유리가공법이 고안되어, 1886년 최초로 현미경의 구면수차와 색수차를 보정한 무구면수차-무색수차 대물렌즈가 완성되었다. 이어 20세기 초반 독일의 쾰러가 그의 이름을 딴 현미경 조명 방법을 소개하여 전세계적으로 보편화되었다.

## 멀리 있는 것을 가깝게 - Telescope

망원경의 역사는 1590년 얀센 부자의 현미경 발명 이후 1608년 네덜란드 안경 제조업자인 한스 리페르셰이가 오목렌즈와 볼록렌즈를 겹쳐서 발명한 망원경을 최초로 특허 출원하면서 시작된다.

렌즈를 사용한 망원경을 굴절망원경이라고 하는데 물체에서 나온 빛을 모아주는 대물렌즈에는 볼록렌즈가, 대물렌즈의 초점에 모인 빛을 확대해주는 접안렌즈에는 볼록 또는 오목렌즈가 사용된다.

1609년 봄, 리페르셰이의 망원경 발명 소식을 뒤늦게 접한 이탈리아의 갈릴레이도 볼록렌즈와 오목렌즈를 조합하여 3배율 망원경을 만들었으며, 곧 32배율로 개량했다. 이 망원경은 1609년 후반에서 1610년 초반까지 달 표면과 은하수, 목성의 위성, 태양의 흑점, 금성의 위성, 토성의 띠 등 많은 천문학적 관측에 사용되며 최초의 천체망원경이 되었다. 이로 인해 인간의 인지적 영역은 보다 확대되었으며 고대로부터 이어져 오던 우주관에도 큰 변화를 가져오게 되었다.

굴절망원경에서 접안렌즈가 오목렌즈로 된 것을 '갈릴레이식 망원경'이라 하는데 접안렌즈를 대물렌즈 초점 앞에 두어서 똑바로 선(정립) 상을 얻을 수 있는 장점이 있지만 접안렌즈로 오목렌즈를 쓰기 때문에 시야가 좁고 배율이 낮아서 오늘날에는 소형 오페라글래스나 지상 망원경에만 사용되고 있다.

갈릴레이식 망원경의 이러한 결점을 보완한 것이 1611년 독일의 천문학자 케플러의 망원경이다. 케플러식 망원경은 접안렌즈에 볼록렌즈를 사용하기 때문에 거꾸로 된 상(도립실상)을 보게 되지만 천체를 보는 데는 별 지장이 없고 접안렌즈에서 두 개 이상의 렌즈를 조합하여 시야를 넓게 하고 상을 좋게 할 수 있는 장점이 있었고 또한 배율을 1,000배까지 올릴 수 있었다. 현대의 대부분 굴절망원경은 이러한 방식으로 만들어진다. 그러나 배율을 높이기 위해 짧은 초점거리의 접안렌즈를 사용하면 이 당시의 단(單)렌즈는 빛이 꺾이는 각도가 커지기 때문에 색수차가 심하게 나타났다. 이 때문에 배율을 높이기 위해 대물렌즈의 초점거리를 길게 하기 위한 경통의 길이를 늘리는 방법이 유행하기도 하였다.

색수차를 줄이기 위한 노력은 뜻밖의 다른 결과를 낳았는데 1668년 뉴턴의 반사망원경이 그것이다. 뉴턴은 케플러식 망원경을 연구하다 렌즈의 색수차는 없앨 수 없는 것이라 결론을 내리고 렌즈 대신 색수차를 가지지 않는 거울을 사용하여 마지막 상을 모으게 되었다. 사실 이 아이디어는 1663년 프랑스의 그레고리의 아이디어에서 뉴턴이 착안하여 만들었다고 한다. 뉴턴이 제작한 반사망원경은 구경이 불과 38밀리미터에 불과했지만 색수차가 없어 명확한 물체의 상을 얻을 수 있다는 것 때문에 많은 각광을 받았다. 하지만

**굴절망원경 屈折望遠鏡**
빛을 렌즈로 굴절시켜 물체의 상이 맺히게 하는 망원경으로 주로 가시광선 영역을 조사하기 위해 사용된다. 물체 쪽에 물체에서 나온 빛을 모으는 대물렌즈가 있고, 눈 쪽에는 대물렌즈의 초점에 모인 역전된 상(도립상)을 확대하는 구실을 하는 접안렌즈가 있다. 이러한 망원경을 천체관측용으로 최초로 사용한 사람이 갈릴레이이다. 접안렌즈가 오목렌즈로 된 것을 갈릴레이식 망원경, 볼록렌즈로 된 것을 케플러식 망원경이라고 한다.

**반사망원경 反射望遠鏡**
포물면 반사경을 사용하여 물체에서 오는 빛을 모아 접안경으로 확대하여 보는 망원경으로 뉴턴식, 카세그레인식, 그레고리식, 쿠데식 등이 있다. 반사경은 열팽창에 대한 변형이 적은 파이렉스유리가 주로 사용되는데, 표면에는 알루미늄이 진공증착되어 있다. 표면은 구면수차를 제거하기 위해 회전 포물면으로 연마된다. 그러나 코마수차와 비점수차는 제거되지 않으므로, 위치 측정과 같은 용도에는 적합하지 않다. 일반적으로 렌즈를 사용한 굴절망원경보다 시야가 넓고 밝으므로 주로 천체 관측용으로 쓰인다.

구면경을 사용하였기 때문에 구면수차의 문제를 새로이 안게 되었다. 이후 1671년 뉴턴은 주경이 15.2센티미터이고 그것의 4분의 1 크기의 금속경과 볼록렌즈를 사용한 두 번째 망원경을 만들었다. 이것이 바로 대안경의 바로 앞에서 빛을 45도로 꺾어 반사시켜 경통의 옆에서 들여다볼 수 있게 만든 뉴턴식 망원경이다.

그 이듬해인 1672년 프랑스의 과학자 카세그레인은 자신의 이름을 붙인 새로운 형식의 망원경을 제안하였다. 이것은 빛을 모으는 주경을 포물면경으로 만들고 주경에서 반사된 빛을 2차경에서 다시 반사하여 주경에 뚫린 구멍을 통해 주경 뒤쪽에서 보는 방식이다. 뉴턴은 이러한 방식을 비웃었지만 1세기 뒤에는 구면수차를 줄일 수 있다는 사실이 발견되었다.

렌즈의 색수차를 제거할 수 없다는 뉴턴의 결론 때문이었던지 굴절망원경에 대한 연구는 침체기를 가지다가 1758년 영국의 광학기기상인 J. 돌론드가 색지움렌즈를 만들어 특허를 내면서 전환기를 맞았다. 18세기 말 산업혁명 이후 공업기술의 발달로 큰 렌즈용의 광학유리의 제작이 가능해지면서 대형 색지움렌즈를 사용한 망원경이 만들어지기 시작하여 19세기 후반은 대구경의 굴절망원경이 연이어 제작되었다.

1930년에는 독일의 슈미트가 포물면경 대신 구면경을 사용하고, 구면수차를 줄이기 위해 보정판을 설치한 반사굴절망원경을 발명하여 자신의 이름을 붙였다. 최근에는 슈미트식과 카세그레인식을 결합한 슈미트-카세그레인식 망원경이 아마추어 천문가들에게 가장 인기를 끌고 있다.

망원경은 지구의 공기 흐름에 큰 영향을 받으므로 많은 망원경들이 높은 산꼭대기에 설치되어 있다. 그러나 아무리 높은 산 위라도 공기의 영향을 받기 때문에 우주에 망원경을 쏘아 올리는 계획이 진행되었다. 거대한 망원경을 우주로 쏘아 올리는 일은 아주 힘들어서 초기 우주망원경들은 대부분 광학망원경이 아닌 적외선이나 자외선망원경이었다. 최초의 자외선망원경은 1949년에 발사되었고 그 후 많은 적외선 또는 자외선망원경들이 우주의 역사나 구조를 밝히는 데 큰 도움이 되었다. 우주왕복선의 개발은 적은 비용으로 광학망원경을 우주로 쏘아 올릴 수 있는 가능성을 만들어주었고 그 결과 1990년에 허블망원경이 발사되었다.

### 전파망원경 電波望遠鏡
지구 밖의 전파원에서 방출되는 전파복사를 검출하기 위해 사용되는 전파수신기와 안테나장치로 구성된 기기이다. 전파망원경은 광학망원경처럼 렌즈를 이용하는 것이 아니기 때문에 천체의 상을 눈으로 볼 수 있는 것이 아니고, 천체로부터 날아오는 전파의 강도를 기록계에 나타내도록 안테나를 통해 전파신호를 받아들인다. 전파의 파장이 가시광보다 훨씬 더 길기 때문에 전파망원경이 광학망원경 같은 분해능을 얻기 위해서는 그 규모가 커야 하지만 전파를 발생하는 천체를 광학망원경보다 더 정확하게 측정할 수 있다. 최초의 전파망원경은 1937년 일리노이주 휘턴의 그로트 레버가 만들었으며, 가동 포물면(전파원에서 나오는 평행한 전파를 픽업안테나에 모으는 포물선 모양의 반사면)이 달린 망원경이다. 한국의 국립천문대에서도 전파천문대 건설을 계획 중에 있다.

### 터널링 효과
물리학에서 미소입자가 에너지 장벽을 뛰어넘어 고전 물리의 법칙으로는 갈 수 없을 것이라 생각되는 곳까지 뚫고나가는 현상이다. 입자가 에너지 장벽을 넘을 수 없는 데도 불구하고 입자의 파동성으로 인해 에너지 장벽 너머에 입자가 존재할 확률이 0이 아니며 실제로 입자가 발견된다. 하나의 예로 두 개의 도체를 아주 가깝게 접근시켰을 때 그 사이에 진공과 같은 에너지 벽이 있더라도 전자가 이를 뚫고 통과하는 현상을 전자터널링 효과라고 한다.

## 렌즈에서 미래로

우연한 계기로 발명된 렌즈는 인간의 눈으로는 볼 수 없는 미시세계나 거시세계의 영역까지 관찰할 수 있게 해줌으로써 인간의 사고영역을 우주의 영역으로 확장시키는 역할을 하였다. 그러나 렌즈에 기반한 현미경이나 망원경은 인간이 눈으로 볼 수 있는 가시광선의 영역에 제한될 수밖에 없었다.

현미경의 경우에는 우리 눈으로 볼 수 있는 가시광선의 영역보다 작은 세계는 관찰을 할 수 없었는데 이러한 문제는 양자역학을 도입한 전자현미경이 발명되면서 더 작은 영역까지 관찰할 수 있게 되었다. 또한 이제는 양자역학量子力學의 중요한 결과 중의 하나인 '터널링효과'를 이용하여 전자를 사용해서도 볼 수 없는 물질 표면의 원자분포까지도 관찰할 수 있게 되었다.

망원경의 경우에도 마찬가지로 광학적 한계를 갖고 있다. 별들이나 은하들은 가시광선만이 아니라 모든 파장의 빛을 내고 있고, 어떤 경우에는 가시광선을 전혀 방출하지 않는 천체들도 존재한다. 이러한 천체들은 우주의 모습을 연구하는 데 무시할 수 없는 중요한 존재들이기 때문이다. 그래서 적외선이나 자외선 또는 우주에서 오는 전파를 관측하는 망원경의 개발 필요성이 대두되었다. 그 결과 많은 적외선, 자외선 또는 전파망원경이 개발되었는데 특히 전파망원경의 개발은 우주 초기 빅뱅의 신호를 관측하는 데 많은 도움이 되었다. 이렇듯 렌즈는 우리에게 또 다른 세계를 열어주고 있다.

### 허블우주망원경

미국항공우주국과 유럽우주국이 공동으로 개발한 우주망원경으로 1990년 4월 우주왕복선 디스커버리호에 실려 지구 상공 610킬로미터 궤도에 진입하여 우주관측활동을 시작하였으며 수명은 약 15년이다. 무게 12.2톤, 주경 지름 2.4미터, 경통 길이 약 13.1미터이다. 허블이라는 이름은 우리 은하가 수많은 은하 중의 하나에 불과하고 우주가 팽창한다는 사실을 발견한 위대한 천문학자 에드윈 허블(Edwin Powell Hubble)의 이름을 따서 지어졌다. 지구상에 설치된 망원경보다 50배 이상 미세한 부분까지 관찰할 수 있으며 대기권 바깥 궤도를 돌기 때문에 천문관측을 할 때 지구대기 때문에 생기는 여러 가지 문제에 방해받지 않는다는 강점이 있다. 현재는 변형된 거울로 얻은 영상을 보정하여 정상적인 영상을 얻는 방법을 이용해 관측을 수행하고 있다.

## 참고문헌

- Hecht, Eugene, 『광학』, 斗陽社(2002)
- Newth, Eirik, 『쉽고 재미있는 : 과학의 역사』, 끌리오(1998)
- Weiss, Richard J, 『빛의 역사』, 끌리오(1999)
- Bernal, John Desmond, 『과학의 역사 : 돌도끼에서 수소폭탄까지』, 한울(1995)
- Grant, Edward., 『중세의 과학』, 민음사(1992)
- 안태인, 최지영, 『광학현미경 : 원리와 사용법』, 아카데미서적(1996)
- David S. Falk, Dieter R. Brill, David G. Stork., *Seeing the light : optics in nature, photography, color, vision, and holography*, New York : Wiley(1986)
- Kuiper, Gerard P. Middlehurst, Barbara M., *Telescopes*, University of Chicago Press(1960)

## 참고사이트

- http://www.kao.re.kr
- http://www.snuh.snu.ac.kr
- http://www.tingting.nauri.cc
- http://www.100.naver.com
- http://www.100.empas.com
- http://www.rleggat.com
- http://www.euronet.nl
- http://www.tie.jpl.nasa.gov
- http://www.wwnorton.com
- http://www.euronet.nl

# 화약

### 폭발 에너지가 발사한 음모의 역사

950

gunpowder

이준웅 dalmaioikr@kisti.re.kr

연세대학교 화학공학과를 졸업하고, 런던 대학교 임페리얼 대학에서 화학공학과 박사학위를 받았다. 국방과학연구소에서 고폭화약개발실장, 탄두·탄약개발부 부장을 역임하고 현재 한국과학기술정보연구원 전문연구위원으로 활동 중이다. 저서로 『미국의 군용화약 개론』 등이 있다.

# 문명의 이기
_화약의 과거, 현재, 그리고 미래

## 화약이란 무엇인가?

화약은 대단히 짧은 시간 동안 빠르게 팽창하는 고온, 고압의 기체를 만드는 물질을 통칭한다. 좀더 화학적인 표현을 빌리면, 화학반응에 의해 분자 내의 원자결합이 재배열되면서 많은 에너지를 빠르게 방출시킬 수 있는 물질이다. 따라서 화약이 폭발한다는 것은 이 물질이 외부의 자극을 받아 일단 반응이 시작되면 불안정했던 분자 내의 결합들이 깨어지면서 강력한 결합을 갖는 작은 분자들이 다량으로 발생하는 현상을 의미한다. 화약 중에서 가장 강력한 고폭화약은 일단 폭발하면 폭발 속도가 음속보다 훨씬 빠른 6~9km/sec, 압력은 50만 기압, 온도는 5,500°K에 이른다.

우리가 흔히 알고 있는 화약은 보통 화포나 로켓에 사용되는 추진제, 암석 발파나 군사용 탄두에 사용되는 고폭화약 및 자동차 에어백이나 불꽃 등에 사용되는 화공품 등으로 분류된다. 이를 통칭해서 화약이라고 부르기도 하는데 에너지물질이라고 부르는 것이 포괄적이며 가장 정확한 표현이라고 할 수 있다. 이러한 화약은 2,000여 년 전으로 거슬러 올라갈 만큼 역사가 길고, 따라서 우리 인류문명에 화약처럼 큰 영향을 미친 물질도 드물 것이다.

## 화약의 역사

### 중국의 화약 역사

화약과 관련된 문헌들을 종합해볼 때 화약을 발명한 사람들은 중국 사람들이라는 것이 정설로 받아들여지고 있다. 기록들을 살펴보면 화약은 다른 많은 발명품들과 마찬가지로 우연히 발견되고 이를 다루기 위한 기술이 오랜 세월 동안 많은 시행착오를 거치면서 발전되어왔다.

B.C. 200년경 중국에는 연단술練丹術이라는 것이 유행했는데, 이것은 금과 은을 불로장생약으로 생각하고 특정한 방법으로 귀금속을 만들 수 있다고 믿고 행한 기술이다. 이러한 연단술에 등장하는 물질 중에는 초석硝石, $KNO_3$ 등 지금의 흑색화약의 원료들도 포함되어 있다. 또한 고대 중국의 의학서들에도 화약과 관련된 성분들이 기록되어 있는데, 서기 200년경 화타華陀의 『신농본초경神農本草經』에도 망초芒硝가 불로장생약으로 등장한다. 이는 현재 중요한 화약 성분 중의 하나인 니트로글리세린 Nitroglycerine이 심장의 통증을 줄이는 혈관확장제로 쓰이는 것과 맥을 같이한다고 볼 수 있다. 서기 5세기경에 발간된 『신농본초경집주神農本草經集註』에도 초석이 탁월한 효능을 갖는 약으로 기록되었을 뿐만 아니라 초석을 가열할 때 발생하는 화염의 색깔에 의해 이

> **화약류와 화공품**
> 중요한 화약류로는 다이너마이트와 무연화약이 있다. 다이너마이트는 니트로글리세린 및 그 유사물을 기제로서 6퍼센트 이상 함유하는 폭파약으로서 종류가 매우 많으며, 규조토 다이너마이트나 질산나트륨과 질산암모늄을 배합한 암모니아다이너마이트 등 혼합화약에 속하는 것도 있다. 다이너마이트는 현재 공업용 화약류 중에서 가장 중요한 위치를 차지하고 있다. 무연화약은 혼합화약의 일종으로서 발사제와 로켓추진제로 사용되고 있다.

의 진위 여부를 가리는 판별법까지 소개되어 있어 초석이 화약의 산화제로서 서서히 인식되어 가는 과정을 엿볼 수 있다.

화약 조성에 대한 중국인들의 시행착오는 6세기까지 내려오다가 7세기경에 흑색화약의 주성분인 초석, 유황, 목탄의 혼합물이 강력한 연소작용을 한다는 사실을 깨닫게 됨으로서 화약을 실용화하는 여건이 성숙되었다. 화약병기가 최초로 문헌상에 나타난 것은 11세기 이후이다. 중국에서 처음 발명되어 사용된 흑색화약은 구라파에 전해져서 14세기부터 그 제조 기술이 상당한 수준에 도달했다. 철포의 발명과 함께 개량이 거듭되어 근대적 화포로 발전되고, 후에 서양인들이 동양으로 진출하는 수단으로 이용되었다.

### 화약병기
아랍지역에서 최초로 화약병기가 사용된 것은 1219년 몽고의 서방원정 때였다. 당시 몽고는 중앙아시아 지방의 호라즘을 서방 원정의 1차 공격 대상으로 정했다. 바로 이 전투에서 몽고군은 화약병기를 사용해 아랍지역에 화약무기를 전했다. 이후 몽고군이 1258년 바그다드를 침공할 때는 진천뢰가 사용됐다고 전해지고 있다. 몽고군의 침공을 계기로 아랍지역에서는 몽고군의 화기를 모방한 화약병기를 만들기 시작했다. 13~14세기경에 씌어진 아랍의 병서들에는 몽고군의 계단화창과 계단화전 등의 그림이 실려 있다.

## 유럽의 화약 역사

흑색화약이 고대 중국의 연단술에 기원을 둔다는 것은 입증된 정설이지만 일부 유럽 사람들은 이를 인정하지 않고 13세기 영국의 수도승인 로저 베이컨이 발명했다고 주장하고 있다. 유럽 최고 명문인 옥스퍼드 대학을 졸업한 베이컨은 철학, 수학, 의학 등에 조예가 깊었는데, 당시 유럽을 오랫동안 풍미하던 연금술鍊金術에 과감히 도전해서 현대과학의 기초를 확립하는 데 기여한 과학의 선구자 중 한 사람이었다. 그는 과학이 학문으로 성립하려면 연금술과 같은 허구에서 벗어나 사실 자체를 객관적으로 관찰해서 입증해야 한다고 주장하였다. 베이컨은 이 같은 인식에 기초해서 그동안 전설로만 전해오던 '그리스의 불'의 실체를 과학적으로 밝혀보기로 하고 연구에 착수하였다.

그는 여러 가지 물질을 배합하고 연소시키는 실험을 통해서 결국은 1249년에 목탄과 황의 혼합물에 초석을 가하면 연소성이 좋아지며, 초석의 함량이 증가하면 폭발적으로 연소한다는 사실을 발견하였다. '흑색화약'이라는 용어는 이때 만들어졌는데, 이는 베이컨이 사용한 목탄가루가 검은색을 띠었기 때문이다. 그는 자신의 실험결과를 난해한 방법으로 기록에 남겼는데, 1320년 독일의 슈발츠가 이 기록을 해독하여 흑색화약을 만들어서 유럽에 전파하였다.

일부 유럽 사람들이 흑색화약의 시초를 베이컨이라고 주장하기에는 중국의 풍부한 사료의 체계적인 기록을 고려하면 무리가 있다. 오히려 중국의 화약이 몽고군을 통해서 아랍을 거쳐 유럽으로 전파되었다는 '중국 화약의 유럽 전파설'이 설득력 있다. 그러나 여기서 한 가지 기억해야 할 점은 베이컨은 연금술을 부인하고 정량적인 실험을 통해서 얻은 결과를 기록으로 남겼다는 점이다. 이렇게 서양인들이 사물을 관찰한 사실들을 정량적으로 기록에 남기는 전통이 르네상스 이후 서양과 동양 과학기술의 격차를 낳게 한 요인 중의 하나라고 생각된다.

### 우리나라의 화약 역사

고려 말 최무선崔茂宣의 '화통도감火筒都監'으로부터 시작된 우리나라의 화약 역사는 과학적 마인드를 가진 최무선이라는 특출한 인재가 떠나고 나서 화약 분야의 발전이 단절된 것이 사실이다.

그런데 화통도감 이전에도 화약을 사용한 기록들이 여러 군데 발견된다. 즉, 고려 순종 9년(1104년)에 여진 정벌을 위해 설치한 11개의 별무반 중 '발화發火'라는 부대가 있었고, 인종 13년(1135년) 묘청의 난을 평정할 때에 '화구火毬'를 던져서 불살랐다는 기록 등이 있으나 실제로 여기서 사용된 화약의 핵심 원료인 염초焰硝를 전량 중국으로부터 수입한 처지였기 때문에 우리 화약이라고 보기는 어렵다.

역사적인 관점에서 볼 때 진정한 우리나라의 화약은 최무선과 화통도감이 알파요, 오메가다. 최무선은 고려 말엽 광흥창사廣興倉使라는 벼슬을 지낸 최동순崔東洵의 아들로 경상도 영주에서 태어났다. 그와 관련된 문헌들을 살펴보면 애국심이 강하고 탐구열이 높은 사람이었음을 알 수 있다. 최무선은 당시 한창 기승을 부리던 왜구들을 무찌르는 데는 화약을 사용하는 것이 최선이라고 보고 그 제조법 연구에 몰두하였다.

> **최무선(1326~1395)**
> 고려 말의 장군이자 무기 발명가이다. 우리나라에서 화약을 이용한 무기를 처음으로 사용하였다. 중국인 화약제조기술자인 이원에게서 초석의 제조법을 알아내었다. 자신감을 얻은 그는 화통도감을 설치하여 본격적으로 화약과 각종 무기를 만들어냈다. 1380년에 왜구가 500여 척의 선박을 이끌고 금강 하구의 진포로 쳐들어오자, 각종 화기로 무장한 전함을 이끌고 싸워 큰 공을 세웠다.

당시 고려에는 이미 화약이나 이를 사용하는 화포가 전래되었으나, 화약을 만드는 핵심 조성인 염초를 구하는 것이 가장 큰 문제였다. 중국은 이의 제법을 엄격하게 비밀에 부쳤기 때문에 고려에 이를 아는 이가 한 사람도 없었다. 이때 최무선은 중국 사람들의 왕래가 많던 예성강 하류의 벽란도라는 무역항에 가서 중국으로부터 오는 사람들 중에 염초를 만들 줄 아는 사람을 수소문하다가 마침 강남에서 온 이원이란 사람을 찾아내어 그를 자기 집으로 데려다가 극진히 대접해가면서 그 제법을 알아냈다. 그는 이 기술을 바탕으로 수차례 조정에 건의해서 마침내 1377년 화통도감이라는 우리나라 역사상 최초의 국립연구소를 창립해서 소장격인 제조提調로 임명되었다.

이렇게 화통도감의 설치가 계기가 돼서 화약의 제조, 생산 및 이를 이용한 다양한 화포들이 개발되었는데, 그 예로 대장군大將軍, 이장군二將軍, 삼장군포三將軍砲 등 총 18종의 화약무기가 개발되었다. 또한 이러한 무기를 실어나를 수 있는 전함들이 만들어지고, 이 무기들을 운용하는 '화통

방사군火筒放射軍'이라는 특수부대가 창설되기에 이른다. 결국 이러한 최무선의 집념과 국가의 전폭적인 지원은 왜구의 격퇴라는 그 당시로는 엄청난 전과를 거둠으로서 그 결실을 맺게 된다. 즉, 1380년 전라남도 진포에 500여 척의 배를 타고 온 왜구들이 노략질을 자행하자 최무선은 징벌군의 부원수副元帥가 되어 그가 개발한 화통, 화포들을 사용해서 이들을 궤멸시켰고, 3년 후인 1383년에 또다시 남해의 관음포에 나타난 왜구들도 최무선의 국산 최신식 무기에 격퇴되고 말았다.

　　이 두 사건은 노략질을 거의 생계 수단으로 여기던 왜구들에게 충격과 두려움을 안겨주게 되어, 그 이후 왜구들의 침입이 끊어지게 되었다. 당시 왜구들의 행패가 극심했다는 점을 감안한다면 최무선의 화통도감의 중요성을 실감할 수 있을 것이다. 그러나 고려 말에서 조선 건국으로 넘어가는 정치적인 불안정한 시기에는 당시의 정치인들에게 화통도감과 같은 군사적으로 민감한 기관을 불안한 눈으로 보았다.

　　결국 창왕 1년(1388년) 조준이란 사람이 "이제 왜구도 물러난 마당에 화통도감과 같은 위험한 기관은 필요 없다"라는 이유를 들어 혁파를 주장하였고 마침내 병기를 만드는 군기시軍器寺에 배속되어 사실상 해체되고 말았다. 화통도감이 생긴지 11년 만에 철폐됨으로서 나라를 지키는 국방기술을 발전시킬 수 있는 절호의 기회를 놓친 것은 참으로 안타까운 일이다. 또한 화통도감의 철폐 이후 쓸쓸하게 말년을 보냈을 최무선 선생을 떠올리면 우리나라의 이공계통 경시풍조의 뿌리가 너무 깊다는 생각을 하게 된다.

## 근대의 화약사

장구한 세월 동안 유일한 화약이었던 흑색화약은 19세기에 들어서면서 서서히 새로운 화약들에게 그 자리를 내어주기 시작하였다. 첫 번째가 우리가 잘 알고 있는 니트로글리세린(NG)이다. 이 물질은 1846년 이태리의 화학자 소브레로가 최초로 만들었는데, 화약으로서의 매력적인 성능에도 불구하고 너무 민감하여 거의 사용되지 못하다가 노벨 부자가 유럽 여러 나라에 생산공장들을 세우고, 이 물질의 민감도를 줄이기 위한 연구를 거듭한 끝에 다이너마이트를 발명함으로서 화약기술의 일대 도약을 가져왔다.

아들인 알프레드 노벨은 화학자였다. 그는 최초로 스웨덴에 세운 공장이 폭발하여 막내 동생까지 잃는 사고에도 굴하지 않고 연구를 거듭한 끝에 규조토와 같은 다공성의 물질이 NG를 흡착하면 대단히 안전해진다는 사실을 발견하고 칠레초석 $NaNO_3$과 같은 산화제를 첨가한 다이너마이트를 발명하여 1869년 특허를 획득하였다. 후에 노벨은 이를 더욱 발전시켜 니트로글리세린과 니트로셀룰로오스를 혼합한 젤라틴다이너마이트도 발명하였다.

니트로글리세린, 다이너마이

▲알프레드 노벨은 다이너마이트를 발명한 뒤 국제적인 기업 제국을 구축했다.

트 등이 대량으로 사용될 수 있게 된 데에는 획기적으로 중요한 두 가지의 발명품이 있었기 때문에 가능하였다. 하나는 1831년 영국의 가죽 거래상인 빅포드가 개발한 '도화선'이고, 또 하나는 1865년 노벨이 발명한 '뇌관'이다. 이 두 가지 장치를 사용하게 됨으로서 비로소 화약을 안전하게 기폭시킬 수 있게 되어 대규모 토목공사나 다량의 지하자원을 발굴할 수 있는 계기가 마련되었다. 이 두 장치의 기본 개념은 지금도 거의 그대로 적용되고 있다.

화약이 사용된 터널건설 역사에는 가장 중요한 터널 세 개가 꼽히고 있다. 그 첫 번째는 1857~1871년 사이에 흑색화약을 사용하여 건설된 '몽스니 터널'인데, 이 터널은 불란서와 이탈리아 사이의 알프스산을 관통한 13킬로미터 길이의 철도터널이다. 두 번째는 1855~1866년 사이에 건설된 6.4킬로미터 길이의 '후색 철도터널'로서 이 공사에서 처음으로 흑색화약이 NG로 대체되었다. 세 번째는 1864~1874년 사이에 건설된 네바다주의 '수트로 광산터널'로서 이 공사에서 다이너마이트가 NG로 대체되었다.

## 화약의 현재와 미래

### 현재의 화약

다이너마이트가 발명된 이래 산업용 화약의 가장 혁명적인 변화는 1955년에 등장한 ANFO Ammonium Nitrate-Fuel Oil와 1958년 상품화된 슬러리화약Slurry Explosive이다. ANFO는 질산암모늄과 오일을 혼합한 것으로서 질산암모늄이 수분을 흡수하면 성능이 저하되는 단점을 개선한 것이고, 슬러리화약은 질산암모늄, TNT, 물을 혼합하고 이를 젤라틴화한 화약으로서 현재는 이 두 종류의 화약이 전체 산업용 화약의 주류를 이루고 있다.

　군용 화약은 그 시초가 주로 탄환을 추진하는 용도로 흑색화약이 사용되었다. 표적에서 파편을 생성하도록 고안된 탄두가 개발되면서 좀더 강력하면서도, 높은 충격에도 견딜 수 있는 고폭화약이 출현되기 시작하였다. 이러한 군용 화약으로는 1889년 영국군이 사용한 피크린산 Picric Acid이 최초의 탄두용 화약이다. 현재까지 가장 중요한 군용 화약은 제1차세계대전에 등장한 강력 폭약 트리니트로톨루엔 TNT이다. TNT는 1902년 독일에서 피크르산 picric acid을 대체하기 위해서 채택된 이래 지금까지도 전세계에서 가장 중요한 군용 화약으로 사용되고 있다.

　RDX(Cyclotrimethlenetramine)와 HMX8(Cyclotetramethlenetetranitramine)는 각각 제1차세계대전과 제2차세계대전 때 등장한 강력한 성능을 갖는 백색 결정의 화약이다. 그러나 이것들은 너무 민감해서 단일 성분을 그대로 사용할 수는 없고, Comp. B와 같이 TNT에 섞어서 쓰거나, 고분자 물질과 결합시킨 PBX Plastic Bonded Explosive로 만들어서 탄두 등에 사용한다. 이 밖에도 열에 둔감한 HNS Hexanitrostilbene와 TATB Triaminotrinitrobenzene, 좀더 강력한 PBX를 만들기 위해서 사용되는 GAP Glycidyl Azide Polymer, AMMO, BAMO, NIMMO 등의 에너지함유 결합제 등이 개발되어 사용되고 있다.

　현재 새로운 화약분자들을 개발하기 위한 연구·개발이 선진국 중심으로 대단히 활발하게, 그러나 대부분 비밀리에 진행되고 있다. 새로운 화약의 기본 조건은 강력하면서도 외부 자극에 둔감한 이율배반적인 특성을 요구하고 있다. 최근 개발되고 있거나 개발이 완료되어 군사용으로 적용단계에 있는 신물질들 중에는 NTO 5-Nitro-1,2,4-triazol-3-one, ADN Ammonium Dinitramide, TNAZ 1,3,3-Trinitroazetidine, CL-20

▲한강변의 아름다운 불꽃놀이

▲화약으로 기폭된 원자폭탄의 버섯구름

Hexanitro- hexa aza-tetracylododecane 등이 대표적인 예이다.

### 신호탄

파이로테크닉Pyrotechnics을 굳이 다른 말로 풀이한다면 '불의 기술'이 될 것이다. 물론 여기서 불이란 화약을 의미한다. 일본사람들이 이를 화공품이라고 번역한 것을 우리는 그대로 사용하고 있으나 그 내용을 함축하는 데는 미흡하다. Pyrotechnics은 화약이 폭발하면서 발생되는 고온, 고압의 기체가 팽창할 때의 에너지를 이용하는 기술로서 보통 일반인들이 알고 있는 일반적인 화약의 개념보다 훨씬 다양하면서도 우리 생활과 첨단 과학에 깊숙이 들어와 있다.

축제 때에 쏘아 올리는 아름다운 불꽃은 물론, 자동차의 에어백, 조종사의 비상탈출장치나 건설현장에 없어서는 안 되는 화약리벳공구(Hilti Gun으로 더 잘 알려져 있음), 대형 건물을 산뜻하게 발파, 해체하는 데 사용되는 각종 도폭선과 전기뇌관들, 그리고 다단 미사일의 단 분리나 기타 우주에서 일회용으로 이뤄지는 조작에는 각종의 정교하면서도 아름다운 소형의 불꽃장치들이 사용되고 있다. 일반인들은 피부로 느끼지 못하지만 우리 일상생활에는 물론 과학발전에 없어서는 안 되는 것이 바로 이 불꽃장치들이다.

### 미래의 화약

미래의 화약을 찾는 방법은 대략 세 가지로 나눌 수 있다.

첫 번째는 앞에서 언급한 PBX의 개량이다. PBX는 고가이지만 안전이 극도로 요구되는 해군에서 가장 선호할 뿐만 아니라 미국에서는 핵탄두의 기폭장치로 사용되기 때문이다.

두 번째로는 좀더 강력한 새로운 에너지물질의 합성이다. C, H, N, O 등의 원자들로 이루어지고 -$NO_2$기를 주 에너지발생원으로 갖고 있는 기존의 에너지분자들에 더 많은 -$NO_2$기를 첨가한다든가 또는 -$NO2$기를 포함한 고리화합물과 이 고리들을 중첩시켜서 분자가 분해할 때 더 많은 스트레인 에너지가 나오는 물질을 합성하는 것이다.

세 번째는 기존 화약들이 에너지원으로서 -$NO_2$기에 의존하는 것에서 벗어나 완전히 새로운 개념의 에너지물질을 찾는 것이다. 예를 들면 $N_6$, $N_8$, $N_{12}$, 심지어는 $N_{60}$과 같은 순수한 질소원자로만 이루어진 질소클러스터분자를 찾는 것이다. 이것은 이러한 질소클러스터분자가 분해하면 가장 강력한 결합력을 갖는 $N_2$로 분해되면서 대단히 큰 에너지가 방출되기 때문이다. 이러한 화약을 찾기 위해서 현재 많은 계산화학자들이 '압 이니쇼 ab initio계산법'을 이용해서 질소로만 이루어진 분자들의 가능한 구조들을 예측하고 있다. ab initio계산이란 제일 법칙에 의한 계산이란 뜻으로 양자

역학이론을 사용해서 존재 가능한 분자의 구조를 예측하는 기법이다. 이 새로운 물질은 지금의 화약들 보다 2~5배 정도 더 강력하면서도 오직 순수한 질소분자만을 생성하는 청정화약이 될 것이기 때문에 만일 이러한 깨끗한 화약이 존재한다는 것이 이론으로 확인되고, 실험으로 합성에 성공하여 실용화까지 이어진다면 그야말로 2000여 년의 화약 역사상 가장 획기적인 사건이 될 것이다.

### 화약의 양면성

화약은 2,000년이 넘는 긴 세월 동안 우리 인류에 지대한 영향을 미쳐왔다. 화약은 마치 동전의 양면처럼 파괴와 살상의 도구로 이용되기도 했지만, 사실은 화약이 인류문명 발달에 기여한 비중은 어느 다른 것과도 비교할 수가 없다. 우리 생활의 어느 한구석, 한 가지라도 화약 없이 만들어진 것은 없다. 우리가 다니는 모든 도로, 터널, 댐 등의 건설공사는 물론 석유, 석탄을 포함한 모든 지하자원은 화약 없이는 얻을 수가 없는 물질들이다. 따라서 화약 없이는 삶의 질이 향상될 수가 없다. 또한 화약은 나라를 지키는 국방의 핵심이다. 이렇게 중요한 화약은 대단히 다루기가 위험한 물질이다. 화약이 폭발할 때 발생하는 기체의 온도와 압력은 수천 도와 수십만 기압이라는 극한 상태이다. 이러한 특성을 갖는 화약을 이해하고 발전시키기 위해서는 첨단 과학기술이 요구된다. 화약의 중요성을 일찌감치 깨닫고 600여 년 전 화통도감을 창설한 최무선 선생의 피가 우리한테 흐르는 한 제 2, 제 3의 최무선이 반드시 태어날 것으로 확신한다.

## 참고문헌

- 이준웅, 「우리나라 화약연구의 발전방향」, 제1회 화약에 관한 학술회의 논문집, 국방과학연구소 (1989)
- 이준웅, 『미국의 군용화약 개론』, (주)한화, (2001)
- 이준웅, 《질소클러스터 이론예측》, 한국군사과학기술확회지, 제6권, 제3호(통권 제14호)(2003)
- 채연석 · 강사임, 『우리 로켓과 화약무기』, 한국과학문화재단편 (1998)
- Akhavan, J., *Chemistry of Explosives*, Royal Society of Chemistry (1998)

## 참고사이트

- http://www.add.re.kr
- http://www.bemil.chosun.com
- http://www.museum.hanwha.or.kr
- http://www.ndia.org
- http://www.pica.army.mil
- http://www.nswc.navy.mil
- http://www.afrl.af.mil
- http://www.boforsdefence.se
- http://www.baesystems.com
- http://www.eurenco.com

# 기계시계

6천 년을 움직인 균형과 템포의 조화

1088 mechanical clock

남문현  gseng@konkuk.ac.kr

연세대학교 전기공학 제어·생체공학과를 졸업하고, 동 대학에서 공학박사학위를 받았다. 현재 건국대학교 산업대학원 원장, 미국 캘리포니아대학교 버클리 박사후과정과 객원교수, 미국전기전자학회 역사위원회 위원, 세종대왕기념사업회 이사로 활동 중이다. 저서로 『장영실과 자격루』등 13권이 있고, 『한국의 물시계』로 제36회 한국출판문화상, 제14회 과학기술도서상을 수상했다.

# 해와 달의 일치를 위한 타협의 역사

## 행동의 동기성을 부여하다

일찍이 중국의 시인 도연명陶淵明은 이렇게 읊었다.

盛年不重來　성년부중래　　젊은 날은 두 번 오지 않고
一日難再晨　일일난재신　　하루에 새벽도 두 번 오지 않네.
及時當勉勵　급시당면려　　때맞춰 마땅히 부지런해야 하나니
歲月不待人　세월부대인　　세월은 사람을 기다리지 않네.

시간을 측정하지 않고 살 수 있는 세계를 상상할 수 있을까? 요즘 우리들 대부분은 손목시계를 비롯하여 시간을 알려주는 여러 가지 매체와 더불어 살아가고 있다. 옛날 사람들은 자연을 관찰하여 세, 년, 월, 일, 시를 구분했고 이것을 이용하여 역법曆法, calendar을 개발하게 되었으며, 일찍이 역법을 가짐으로서 국가, 왕조와 같은 무리의 정체성과 독립성을 확립

하였다. 역법은 요즘 달력의 기본으로 농사시기를 미리 알려주거나 일상생활에 긴요한 각종 기념일과 시간을 챙기는 데 필수가 되었다. 곧, 행동의 동기성을 부여하는 도구였다. 역법의 발달은 날, 달과 해의 일치를 위한 혼란과 타협의 역사였다. 세계에서 널리 사용되고 있는 그레고리력도 여러 차례의 개정을 통하여 오늘날에 이르렀다.

## 시계의 두뇌 – 탈진기

### 시계란 무엇인가?

계시計時, timekeeping란 시간의 주기나 단위를 세는 간단한 일이고, 시계clock란 계수counting하는 물건이다. 엄밀하게 말하자면 시계란 세는 일을 계속하면서 계수 결과를 문자판, 인형기구, 음향, 광 등을 통해 디스플레이해주는 것이다. 넓은 의미에서 지구와 태양은 인류가 가장 오래전부터 공유해온 시계로서 각종 시계의 기본이 되어왔다. 영어로 시계를 뜻하는 clock은 중세 영어의 종clok에서 유래하였으며, 독일어의 종을 뜻하는 Glocke와 동족어이기도 하다. 처음에는 종을 치는 계시기만을 시계라고 하였으나 나중에는 흐르는 시간을 측정하는 장치는 무엇이나 시계, 즉 clock이라 부르게 되었다.

고대인들은 땅에 막대를 세워 해돋이에서 해넘이까지 그림자의 운동을 관찰하여 해시계를 만들었으며 이것은 뒷날 시계의 문자판으로 발전되었다. 그러나 해가 나지 않으면 해시계는 제몫을 다할 수가 없었다. 따라서 사람들은 물시계를 만들어 밤 시간을 재거나 주야 겸용시계로 사용하였다. 물시계는 해시계를 기준으로 교정하였으며, 천체의 운동과 일치되도록 물의 흐름을 조절하였다. 또한 모래시계와 불시계도 만들었지만 이것들은 모두 정밀하게 시간을 세분하는 데는 한계가 있었고 정확도가 그리 높지 못하였다.

모래시계에서 사람들은 등시等時, equal time의 개념을 인식하게 되었다. 시계는 동서양을 막론하고 모든 문화권에서 발전되었으나 현대 세계를 만드는 데 중추적인 역할을 해온 시계는 13, 4세기 유럽의 수도원에서 출현한 '기계시계mechanical clock'라고 할 수 있다. 따라서 기계시계를 이용한 시간 측정은 탈진기脫進機, escapement의 정확도에 달려 있고, 시계의 정밀도 향상은 탈진기 혁신의 역사이다. 오늘날 전세계적으로 사용하고 있는 시간은 지난 7세기 동안 지속적으로 벌인 시간 측정의 결과이며, 곧 이 기간이 기계시계 발달과정이다.

### 세계 최초의 탈진기

중국 북송시대에 소송은 1092년 한공렴이 제작한 수운의상대水運儀象臺의 원리와 구조를 『신의상법요新儀象法要』라는 책으로 남겨 놓았다. 이것의 구조는 그림 A와 같이 높이 30척의 3층 구조의 시계탑이다. 탑의 맨 위에는 천체관측기인 혼의渾儀가 놓이고 그 밑의 층에는 혼상渾象(그림 B/에서 지레)이 설치되어 있다. 바닥에서부터 2층까지는 내부에 5층 구조로 된 시계장치가 설치되어 각 층마다 시보인형이 시각을 알린다. 이 시보인형의 뒤편 내부에는 이 혼의, 혼상을 작동시켜주는 물레바퀴인 기륜이 설치되어 톱니로 연결되어 있다(그림 B).

이 기륜은 36개의 바퀴살로 이루어져 있는데 각각의 살 끝에는 항아리가 달려 있다(그림 B에서 작은 동그라미). 지면에 수직으로 설치된 기륜은 살마다 달려 있는 항아리에 물시계(그림 B에서 천지와 평수호平水壺)로부터 공급되는 물이 가득 채워졌다가 엎어지면서 쏟아질 때 발생되는 회전 토크

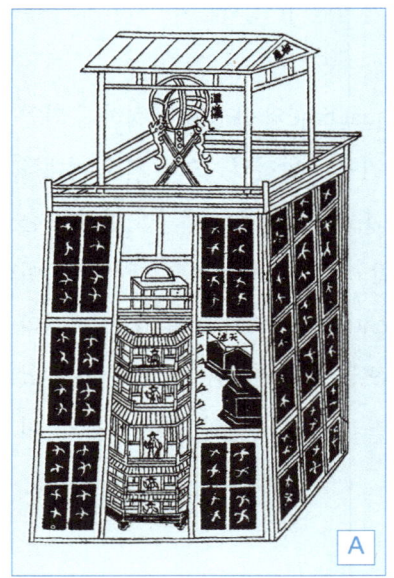 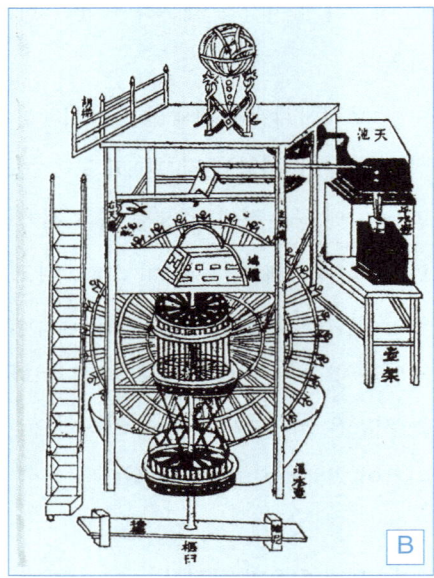

▲소송의 수운의상대(1092)
A(오른쪽)는 외부구조. 맨 위가 혼의, 전면 중앙의 상층이 혼상, 그 밑이 5층 시보장치, 오른쪽은 물시계. B(왼쪽)는 내부구조. 바퀴 상단에 수평으로 놓인 ㄱ자형 막대가 천형이며 24초마다 바퀴를 10도씩 이동시키는 탈진기 역할을 한다.

로 회전하게 된다. 따라서 기륜은 추륜樞輪으로서 시계장치를 회전시키는 원동기가 된다. 기륜의 회전을 제어하지 않고 연속으로 물이 항아리에 공급되면 유원지의 물레방아처럼 기륜은 가속운동을 하게 되어 회전 속도가 빨라질 것이 분명하다.

시간을 측정하려면 기륜의 회전 속도가 일정해야 하는데 이러한 역할을 하는 제어장치가 바로 탈진기이다. 이것은 기륜이 일정한 각도씩만 이동하게 조절해주는 천형이라는 저울대장치이다. 매 24초마다 천형은 좌우로 시소운동을 하며 기륜의 살을 하나씩 차례로 정지시켰다가 해제하면서 기륜을 10도씩 회전하게 한다. 기륜의 살은 36개이며 각 살에 달려 있는 항아리에는 매 24초마다 물이 가득 채워졌다가 쏟아지므로 기륜이 한 바퀴를 회전하는데는 14분 24초 걸리며, 12시(하루 1시는 현재의 두 시간)동안에 100회전 한다. 곧, 14분 24초는 1각(刻)이며, 하루는 100각이다.

물시계에서 공급되는 물의 흐름을 천체운동과 일치시켜 천체운동이 기륜의 회전운동을 통하여 재현된 장치가 바로 '수운의상대'이다. 이 시계에 사용된 천형기구가 바로 세계 최초의 탈진기라는 것은 영국의 과학사가 니덤이 밝혀냈다. 이 기구는 중앙아시아와 인도를 거쳐 화약, 나침반, 종이와 더불어 유럽으로 전파되어 탈진기 발명에 기여한 것으로 추정하고 있다.

### 수직굴대-수평추형 탈진기

1280년과 1300년 사이에 유럽의 어느 수도원에서 발진형탈진기의 원조인 '수직굴대-수평추형(verge-and-foliot)탈진기'가 발명되었다.

이것은 그림에서 보는 바와 같이 수직굴대(verge)와 여기에 달린 두 개의 바퀴멈추개(pallet), 수평막대(foliot)와 이것의 회전운동을 제어해주는 양단의 조정추(Bar-balance)와 무게 조절개(regulating weight), 왕관 모양의 탈진륜〔(escape wheel, 또는 크라운 톱니바퀴(crown wheel)〕과 여기에 수직으로 꽂힌 수평굴대, 그리고 수직굴대의 회전을 지지해주는 받침대(support bracket)로 구성되어 있다. 수평막대는 수직굴대에 끼여 있으므로 수직굴대의 회전을 따라 좌우로 운동한다. 이때 서로 반대로 수직굴대에 붙어 있는 두 개의 바퀴멈추개는 탈진륜톱니에 하나만 맞물려 있어 탈진륜은 정지상태에 있게 된다. 수직굴대가 회전하여 맞물려 있던 바퀴멈추개가 풀리면 탈진륜은 회전하게 되고 이어서 맞물려 있지 않았던 바

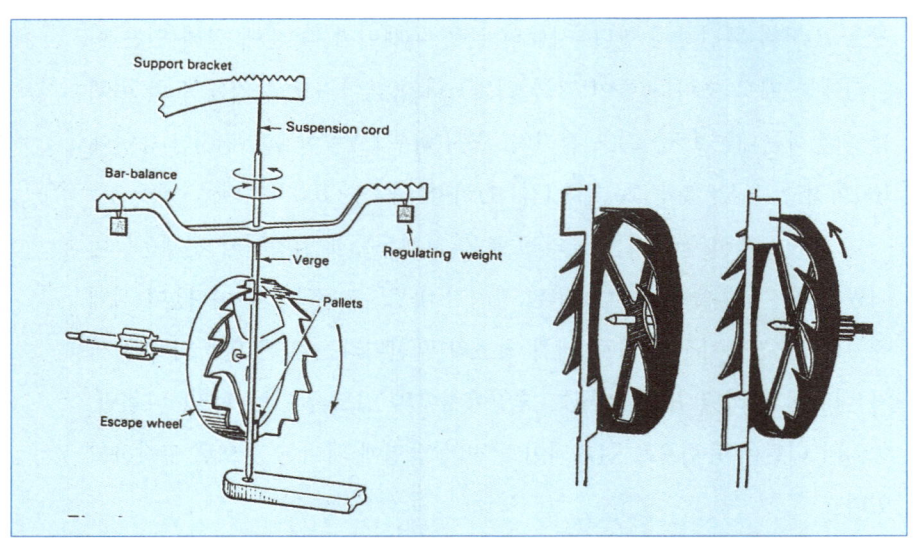

▲수직굴대-수평추형 탈진기
자기 발진으로 시간을 발생시켜 계시에 응용하였다. 오늘날 모든 계시기의 두뇌역할을 한다.

바퀴멈추개가 회전을 방해하며 톱니를 맞물게 된다. 만일 바퀴멈추개가 달려 있지 않다면(탈진륜에 끼여 있는 수평굴대를 회전시키는 장치를 해주면) 탈진륜은 아무런 제한 없이 회전하게 될 것이다. 이때 탈진륜굴대에 줄을 감고 그 끝에 추를 달면 추의 낙하운동으로 탈진륜은 가속운동을 하면서 회전하게 될 것이다(그림 참조). 곧, 추의 낙하운동을 방해하는 장치가 바로 바퀴멈추개이다. 수평막대 양단에 걸린 추의 무게와 추 사이의 거리를 조절해주면 탈진륜의 회전 속도를 조절할 수 있게 된다. 탈진륜의 굴대에 직접 또는 간접으로 톱니를 설치하고 적절한 방식으로 시침과 분침을 꽂으면 시계의 문자판을 만들 수 있다. 옛날 시계의 똑딱거리는 소리는 바로 바퀴멈추개가 톱니와 맞물렸다가 풀리는 소리이다. 이것을 일컬어 사람들은 '시계의 영혼'이라고 말하는데 사람의 운동을 제어하는 소뇌와 같은 역할을 한다. 이것의 단점은 발진운동을 제어해주는 평형기능이 자체의 자연주기를 갖지 못하는데 있다.— 흔들이의 발명으로 이 문제가 해결—그러나 초창기에 이 탈진기는 교회의 시계에 사용되기 시작하였으며, 1348~64년에 제작된 돈디의 천문시계(그림)와 유럽의 대성당에 설치된 시계에는 모두 이 탈진기가 장착되었다(그림).

1637년 갈릴레이가 흔들이의 동시성을 발견한 뒤 이 원리를 시계에 활용하게 되었으며, 1673년에 호이겐스는 흔들이시계를 발명하였다. 실외에 설치된 대형 시계가 점차 소형화되고 부와 권위의 상징이 되면서부터 시계는 실내에 설치되기 시작했다. 1671년에는 앵커식, 이어서 그램의 직진식탈진기가 발명되어 수직굴대-수평추형식은 이것들로 대체되었다.

수직굴대-수평추형 탈진기는 천체운동을 재현한 소송의 것과 완전히 달라 자기발진으로 시간을 발생시켜 계시에 응용하였다. 이것의 정밀도는 소송의 것에 훨씬 못 미쳤지만 종국에는 오늘날까지 이어오는 모든 계시기에 두뇌로서 소임을

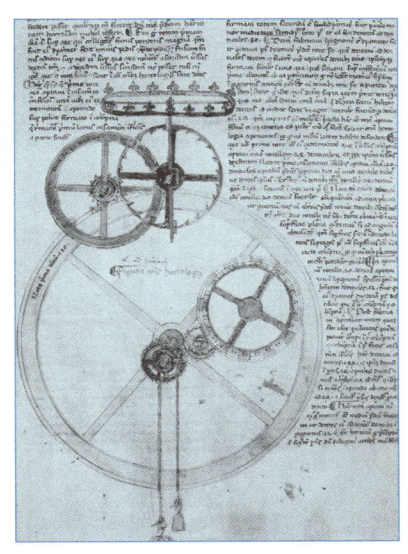

▲돈디의 천문시계 설계도와 복원품

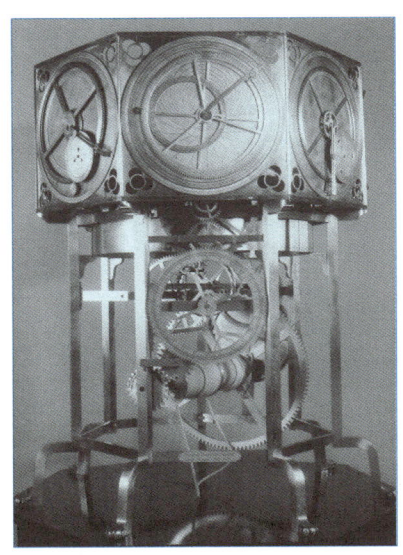

▲15세기 뉘른베르크에서 만든 벽시계
문자판과 종으로 시간을 알린다.

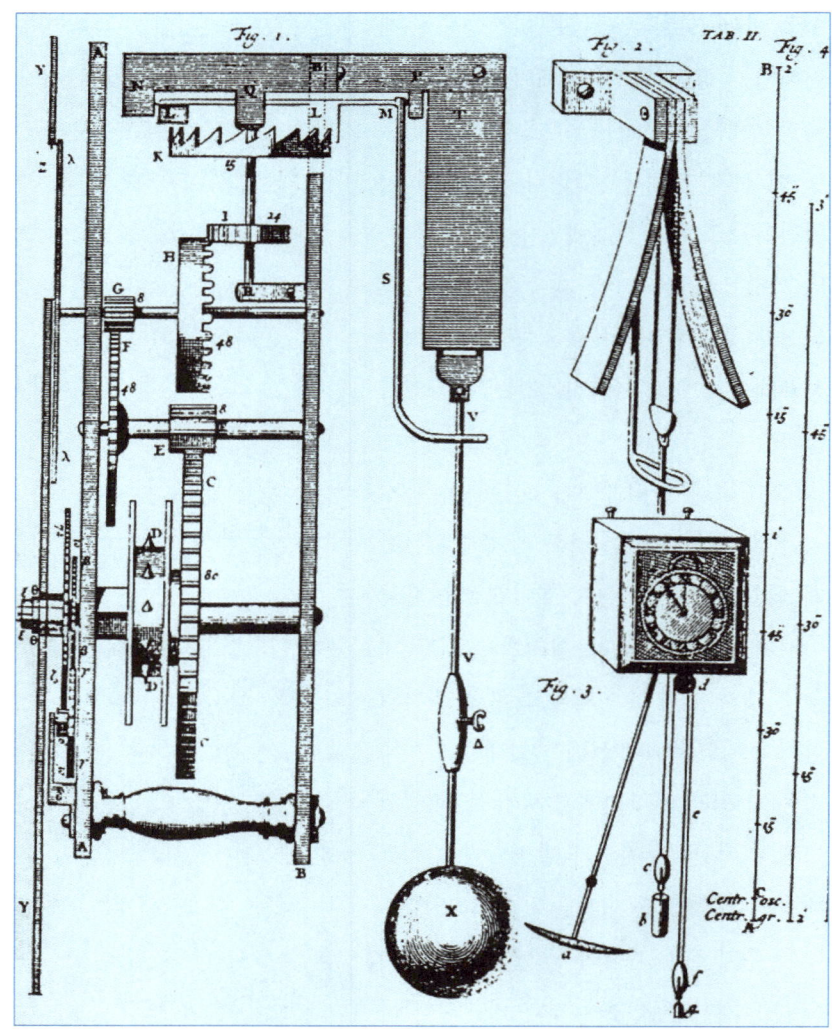

▲호이겐스의 흔들이시계
1656년 호이겐스가 갈릴레이의 흔들이운동의 등시성을 응용하여 천문관측에서 정확한 시간의 측정을 위해 발명하였다.

다하였다.

## 기계시계에서 원자시계까지

13. 4세기에 쇠나 돌로 만든 추가 낙하하거나 감겼던 스프링이 풀리면서 내는 힘을 탈진기로 균일하게 조정하는 기계시계가 나오면서 균등한 시간이 시계에 디스플레이 되기에 이르렀다. 지구가 한 바퀴 자전하는 시간의 24분의 1을 한 시간으로 정하고, 평균 태양시가 쓰임에 따라 지구 위의 어디에서나 한 시간의 길이는 일년 내내 똑같은 의미를 갖게 되었다. 바야흐로 태양의 시간이 시계 속의 시간으로 탈바꿈하였고, 중세교회의 뾰족탑은 시계탑으로, 왕궁이나 시청, 장터거리의 탑에는 둥근시계가 등장하게 되었으며 사람들은 그 밑으로 모여들었다. 시각마다 망치를 든 잭이 종을 치고 인형들이 춤추고 음악을 연주하는 것은 대단한 구경거리였다.

16세기가 되자 거대한 성탑시계는 작아져서 실내로 들어와 거실, 책상, 침상머리에 놓이거나 마차 앞에 걸리게 되었다. 이때부터 시계는 지위와 부의 상징이 되고, 사고파는 물건이 되었다. 유럽의 많은 지역에서 시계산업이 발달함에 따라 시계교역이 빈번해지고 교역이 면허제로 바뀌면서 품평회를 열어 품질의 향상과 혁신을 꾀하게 되었다. 잉글랜드의 헨리 8세는 1532년 앤 볼린과의 혼인 예물로 추가 두 개 달린 벽시계를 사랑의 선물로 주었다. 이들의 사랑은 1,000일 만에 막을 내렸지만 앤 볼린이 처형당한 뒤 햄튼궁의 성문 위에는 그녀의 죽음을 추모하는 거대한 천문시계가 등장하였다. 억울한 죽음을 항의하는 결백의 상징인가, 원한의 상징인가. 이 시계의 시침은 400여 년이 지난 지금도 여전히 하루에 한 바퀴만 돌고 있다.

17세기에 들어와 시계기술자들은 왕후장상과 부호들의 기호에 맞춰 그들의 재능을 발휘하게 되었다. 여러 가지 교묘한 탈진장치의 발전으로 시계장치의 크기가 점점 작아지면서 휴대용과 소형 시계도 나왔으며, 톱니바퀴와 나사의 사용으로 시계의 정밀도는 높아졌고 인형장치를 갖춘 자명종이 유행되었다. 이제 유럽의 자명종은 마테오 리치가 열어놓은 중국대륙을 향해 먼 항해 길을 거쳐 아시아의 곳곳으로 팔려나갔고, 그 가운데 몇 개는 우리나라까지 들어왔다. 1631년 북경에 사신으로 갔던 정두원은 서양 자명종을 인조에게 바쳤다.

18세기에 들어와서 선원들은 더 멀리 항해하기 위해 항해용 표준시계(크로노미터)가 필요했다. 1707년 시실리에서 영국함대가 항로를 잘못 들어 난파하는 대참사가 일어나자 이에 영국정부는 1714년 경도위원회를 구성하고 2만 파운드를 상금으로 내걸었다. 이 결과 1762년 해리슨이 상금을 차지하였고, 베루뜨드, 아놀드 등 당대의 일류 기술자들이 정밀시계 제작에 따른 기술적 문제를 해결한 덕에 요즘에는 위성으로부터 신호를 받아 바다 어느 곳에서도 항로를 잃을 염려가 없어졌다. 여행가, 지도 제작자, 상인들도 다양한 시계를 필요로 하였다. 영국과 스위스는 떠돌이 시계공의 집합소가 되어갔고, 종교 박해는 런던과 제네바를 시계공업의 메카로 만들어주었다.

1790년에 팔찌에 시계를 얹은 손목시계가 처음 나온 이래 1806년 프랑스의 황후 조세핀이 여자 손목시계를 찼고, 남자 손목시계는 독일 해군에서 1880년 수병들에게 지급한 것이 시초이다. 1900년대를 전후로 세계적으로 손목시계가 유행되기 시작하여 기능이 30여 가지나 되는 역사상 가장 복합적인 르르와의 회중시계가 탄생되었고 이제 회중시계에 밴드를 끼운 손목시계도 보편화되었다. 본격적인 개인 시간의 시대가 열리게 된 것이다.

전신電信이 널리 퍼지면서 넓은 지역에서 표준시간을 활용하게 되었다. 전신과 전기신호가 결합되어 마스터클럭이 슬레이브클럭으로 연속신호를 보냄으로 보다 손쉽게 시간을 일치시킬 수 있게 되었다. 무선전신의 발달로 무선신호로 시간을 맞출 수 있게 되었고, 1910년 6월 25일 파리 에펠탑에서 표준시간을 전파하게 되었다.

1841년 전기시계학의 대부라 불리는 베인은 전동시계의 특허를 받으면서 마스터 클럭이 여러 개의 슬레이브클럭을 제어하는 방식을 개발하여 명실상부한 전기시계시대를 열었다. 1895년에는 교류식(AC)이 등장하여 주파수로 제어되는 동기식 시계장치

▲르르와가 만든 회중시계(1897)
15세기 말경 북이탈리아에서 목에 걸고 사용한 휴대시계를 변형하여 양복 안주머니에 넣고 휴대하도록 만든 소형시계

가 개발되었으며, 미국에서는 60헤르츠, 영국에서는 50헤르츠가 표준주파수로 결정되어 전기를 공급하게 되었다. 가정이나 사무실에도 전기시계가 등장하였다. 1920년대 들어 교회, 의사당, 왕궁의 옛날 기계시계들도 전동식시계장치로 교체되어 정확도가 크게 개선되었다.

1928년 미국의 호튼과 매리슨은 수정에 전압을 걸어주면 발진한다는 현상을 이용한 수정시계를 고안하고 고주파에서 매우 정확하게 시간을 유지할 수 있음을 발견하였다. 이것이 직·간접적으로 시계장치를 제어하는 데 유용하게 쓰이고 있음에 착안하여 1940년대에는 수정식 시계가 실용화되었다. 수정무브먼트는 세계 시계산업에 일대 혁신을 가져왔다. 이 시계의 정확도는 일년에 0.0001초 이내의 오차를 보였다. 마이크로 전자공학의

▲오리지널 원자시계(영국국립물리학연구소, NPL)
300년에 1초의 오차를 보인다. 그 뒤에 만든 것은 이것보다 10배 더 정확하다.

발달로 1969년 수정주파수 표준이 손목시계에 채용되었으며, 그 후 알람 기능의 추가, 스톱타이머, 개인용 계산기에도 활용되었다.

  1946년에 과학자들은 원자나 분자진동을 이용하여 전자발진기의 주파수를 제어하는 것이 가능한 것을 알게 되었고 드디어 1948년 첫 번째 원자시계가 리용에 의해 제작되었다. 암모니아 분자의 진동은 수정보다 표준 10배가 정확하였으므로 미국표준국(NBS)은 1947년에 암모니아표준시계를 채택하였다. 1955년 영국국립물리학연구소(NPL)는 세슘(Cs) 주파수표준을 택하고 미국해군연구소와 공동으로 상업용 꿈의 시계 개발에 나섰다. 1967년에는 Cs-133원자가 방출하는 방사선의 9,192,631,770주기의 지속기간으로 1초를 재정의하였다. 오늘날 파리 근교의 국제도량형국(BIPM)은 국제원자시간일(TAI)에 바탕을 둔 전세계 시간측정업무를 조정하고 있다.

원자시계의 정밀도는 3백만 년에 1초의 오차를 보일 만큼 정밀해져 현대 과학발전에 크게 기여하고 있다.

옆 그림은 기계시계가 출현된 후 지난 7세기 동안 시계의 정밀도 증가를 나타낸 곡선이다. 니덤은 수운의상대의 정밀도가 수직축 눈금(초단위로 나타낸 하루의 오차) 10과 100사이에 들어갈 것이라고 추정하였다. 탈진기를 사용한 유럽의 기계시계들도 천체의 운동과 일치시킨 동아시아 천문시계의 정밀도를 18세기까지 능가하지 못했음을 알 수 있다.

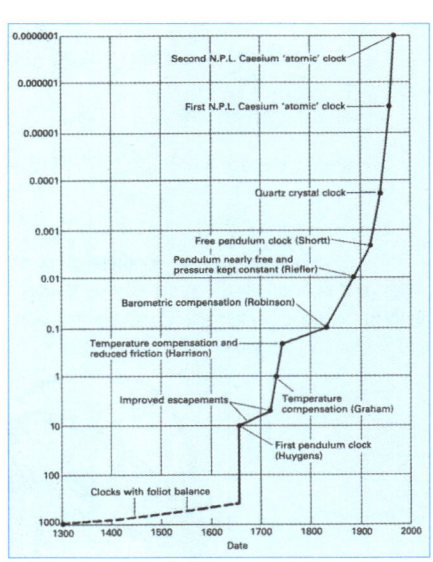
▲1300년 이후 시계 정밀도 측정표

## 한국의 기계시계

조선왕조는 신유학을 왕조의 건국이념으로 확립하면서 왕도사상의 실현을 통치의 근간으로 삼게 되었다. 따라서 제왕은 관상수시觀象授時의 신성한 임무를 수행하기 위해 천체를 관찰하고 역서를 제작하여 백성에게 농시를 알려주어야 했다. 이러한 임무를 맡은 관청이 서운관(뒷날 관상감으로 바뀜)이며 천문, 역법, 점서, 각루 등 시간측정과 역서제작이 중요한 임무였다. 천문관측과 시간측정제도는 세종대에 제대로 갖추어져 독자적인 시간측정과 우리 실정에 맞는 역서인 『칠정산내편七政算內篇』이 편찬되었다. 세종은 1432년부터 6년에 걸쳐 정인지, 이천, 장영실, 이순지, 김담 등과 더불어 왕립천문대인 간의대簡儀臺를 설립하고 천체관측기인 간의簡儀를 비롯하여 천문시계인 수운혼천의水運渾天儀, 국가표준시계인 보루각루報漏閣漏(일명 자격루自擊漏), 그리고 이 두 가지 시계를 복합한 천문시계인 흠경각루欽敬閣漏를 제작하였다. 이것은 '경천근민敬天勤民사상'을 실천하는 중요

▼송이영의 혼천시계
자명종원리를 이용하여 만든 천문시계로 홍문관에 설치하여 시간측정과 천문학 교습용으로 쓰였다. 왼쪽에 혼천의, 오른쪽에 기계식 시계가 장치되었기 때문에 붙여진 이름이다.

한 표상이었으며 도구였다. 천문시계들의 기본구조와 원리는 대체적으로 소송蘇頌의 수운의상대를 활용한 것으로 보인다. 매우 높은 정확도를 자랑하던 세종대의 시계들은 유실이나 노후로 인하여 새로 제작될 때마다 조선조 천문시계제작의 귀감이 되었다.

현종 10년(1669) 이민철은 수격식 혼천시계를 만들었고, 송이영은 자명종식 혼천시계를 만들었는데 이것들은 구동방식이 전자는 물이었고, 후자는 추였을 뿐 혼의와 시계장치는 같은 방식으로 천체운동과 시간을 동시에 발휘하는 것이었다. 이민철은 수운의상대를 기본모델로 삼았고, 송이영은 자명종의 원리를 활용하였다. 이때 동아시아 전통의 연동장치식 탈진기와 유럽의 수직굴대-수평추형 탈진기가 동시에 선을 보였다. 송이영의 혼천시계는 숙종대에 수리를 할 때 호이헨스의 흔들이식 탈진기의 원리를 활용한 것으로 보이며 현재 '국보 제230호'로 지정되었다(그림). 이 시계는 15세기 장영실이 만든 혼의와 자격루, 17세기 서양 기계시계의 특징이 혼재한 천문시계로 세계에서 유래를 찾기 어려운 인류의 과학 문화유산이다. 영국의 과학사가인 니덤은 "세계 유수의 과학박물관은 이 시계의 복제품과 더불어 적절한 설명서를 반드시 전시해야 한다"라고 극찬한 바 있다. 18세기 후반에 홍대용은 당시 천문의기 제작자인 나경적과 안처인의 도움을 받아 사설천문대인 농수각籠水閣을 짓고 자명종의 원리를 이용하여 통천의統天儀라는 천문시계를 제작하고 『주해수용籌解需用』에 그 기록을 남겼다. 19세기 후반에 남병철은 혼천의와 여러 가지 시간 측정기구를 집대성한 『의기집설儀器輯說』에서 추시계인 험시의驗時儀를 제작하는 방법을 소개하고 있다. 조선조 후반에는 중국·일본을 통한 서양 과학문명의 교류로 시계제작기술과 제품도 도입되었다. 장영실을 비롯하여 이민철, 송이영, 홍대용, 나경적, 남병철 등은 기계시계발달사에서 한몫을 해낸 자랑스러운 우리의 과학기술자들이다.

## 시계와 현대 세계 만들기

인류는 생존하기 위해 시계를 발명했고, 시계는 인간을 자연과 떼어 놓았다. 문명사가 멈포드는 "시계는 시간의 자취를 잴 수 있는 수단일 뿐만 아니라 사람의 행동에 동시성을 주는 수단이다. 현대 산업시대를 여는 데 열쇠가 되어온 기계는 증기기관이 아니라 시계이다"라고 갈파하였다. 이 말은 시대가 달라진 정보시대인 오늘날에도 해당되는 말이다. 컴퓨터의 연산과 기능을 일치시켜주는 클럭의 발전은 대형컴퓨터를 노트북으로 소형화시켰으며, 몸에 휴대할 수 있는 극소형의 정보처리기능을 갖는 정보기기의 출현을 가능하게 해주었다. 컴퓨터의 발달은 크기가 소형화되는 과정에서 볼 때 시계의 발달 과정과 똑같다고 해도 과언이 아니지만, 다만 700년이 아닌 70년 동안에 이루어졌다는 것이 다르다. 물론 컴퓨터는 정밀한 시계를 내장하고 있는 또 하나의 계시기기이다. 이 두 가지 도구의 발달은 현대라는 세계를 출현시킨 주역임 틀림없다. 기술사가 부어스틴의 말대로 "시계는 번식력이 왕성한 기계의 어머니"임을 역사는 증명해보였다. 최근 시계의 디자인을 보면 시계를 만드는 기술은 그야말로 끝을 모르는 것 같다. 살바도르 달리의 환상이 현실로 다가왔다. 시계는 과학의 힘을 빌려 자연현상을 탐구하고 인간생활을 편리하게 하여 사회적·과학적으로 중대한 역할을 하고 있으며, 이제는 우리 일상생활에서 떼려야 뗄 수 없는 의식의 일부가 되었다.

# 참고문헌

- 남문현, 『한국의 물시계-자격루와 제어계측공학의 역사』, 건국대학교출판부, 서울(1995)
- 남문현, 『장영실과 자격루』, 서울대학교출판부, 서울(2002)
- 남문현·손욱, 『전통 속의 첨단공학기술』, 김영사, 서울(2002)
- 남문현, 한영호, 이수웅, 양필승, 「조선조의 혼천의 연구」, 건국대학술지, 39집(1), 519-543쪽(1995)
- 한영호, 남문현, 이수웅, 이문규, 「조선의 천문시계: 세종의 흠경각루에 대하여」, 『기술과 역사』, 1권 1호, 111-152쪽(2000)
- 한영호, 남문현, 이수웅, 「조선의 천문시계 연구-수격식 혼천시계」, 『한국사 연구』, 113호, 57-83(2001)
- 南秉哲, 『儀器輯說』(1859)
- 蘇頌, 『新儀象法要』, 守山閣叢書(1884)
- 洪大容, 『湛軒書』(영인본), 서울(1939)
- 李志超, 『水運儀象志-中國天文鍾的歷史』, 中國科技大出版社, (1997)
- Boorstin, D., *The Discoverers*, 범양사 출판부(1983)
- Bruton, E., *The History of Clocks and Watches*, Crescent Books, New York(1979)
- Cipolla, C. M., *Clocks and Culture 1300-1700*, Collins, London, (1967)
- Dale, J., *Timekeeping*, British Library, London(1992)
- Landes, D. F., *Revolution in Time: Making of Modern World*, Harvard University Press, Cambridge Mass(1983)
- Needham, J., Wang Ling and Price, D., J., *Heavenly Clockwork*, Cambridge University Press, London(1960)
- Needham, J., Lu G-D., Combridge, J. H. and Major, J. S., *The Hall of Heavenly Records-The Korean astronomical instruments and clocks, 1370-1780*, Cambridge University Press, London(1986)
- Rufus, W. C., Korean Astronomy, 「Transactions of the Korean Branch of the Royal Asiatic Society」, vol. 26(1936)
- Singer, C.(ed), *A History of Technology*, Oxford Univesity Press,

London(1979)
- Tait, H., *Clocks and Watches*, British Museum, London(1990)
- Whitrow, G. J., *Time in History*, Oxford University Press, London(1988)

# 인쇄술

### 감각과 정서가 새긴 복제기술

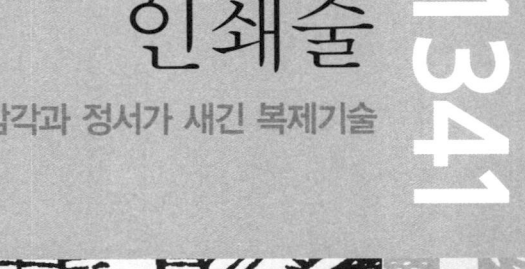

1341 printing

문중양 moonsori@snu.ac.kr

서울대학교 계산통계학과를 졸업하고 과학사 및 과학철학 박사 학위를 받았다. 미국 펜실베이니아 대학, 하버드 대학 연구원과 한국정신문화연구원 연구교수 등을 거쳐 현재 서울대학교 국사학과 교수로 재직하고 있다. 저서로는 『우리 역사 과학 기행』, 『조선 후기 수리학과 수리 담론』, 『한국실학사상연구 4: 과학기술편』(편저), 『하늘, 시간, 땅에 대한 전통적 사색』(편저), 『15세기, 조선의 때 이른 절정』(공저) 등이 있다.

# 유교문화를 꽃피운 한국의 금속활자

## 한국 금속활자인쇄술의 역사적 의미

　15세기 중엽 구텐베르크의 근대 인쇄술이 세계의 역사를 바꾸었다고 서술되면서도 빠지지 않고 언급되는 것은 한국에서 먼저 금속활자가 개발·활용되었다는 사실이다. 이러한 사실은 이제 인쇄술사에서는 이론의 여지가 없으며, 현존하는 세계 최초의 금속활자본 『불조직지심체요절』(1377년)의 간행처였던 흥덕사가 있는 충청북도 청주는 이러한 사실을 적극 활용해 구텐베르크인쇄의 발상지인 독일의 마인츠와 함께 세계 인쇄문화의 메카로 자리잡기 위해 총력을 기울이고 있다.

　이 글은 세계 인쇄문화의 문을 활짝 열어놓은 한국의 금속활자에 대한 이야기이다. 그것은 사실 세계를 바꾼 인쇄술과는 거리가 멀다. 그러나 금속활자인쇄술은 조선시대의 세련된 유교문화를 형성하는 데 매우 크게 기여했다. 이러한 사실에 초점을 맞추어 구텐베르크인쇄술과 비교해서 한국의 금속활자인쇄술이 지니는 역사적 의미는 무엇일까?

## 구텐베르크의 금속활자인쇄술과 유럽사회

구텐베르크 이전 유럽에서 서적은 지식권력의 상징이었다. 서적을 인쇄하기 이전의 책은 전부 필경사들의 고단하고 지루한 필사의 작업을 거쳐 만들어졌기 때문이었다(15세기 초 한 명의 필경사가 책 한 권을 필사해서 만드는데 한두 달이 걸렸다고 한다). 따라서 서적은 매우 귀할 수밖에 없었고, 책을 접하고 읽을 수 있는 사람은 매우 극소수로 한정되어 있었다. 인쇄본 서적이 등장하기 이전 영국에서 가장 많은 장서를 보유했다는 캔터베리대성당의 도서실에 꽂혀 있던 책의 수는 2천 권에 불과했고, 심지어 유명한 케임브리지대학교의 도서관 장서 수가 고작 3백 권이었음은 그러한 사실을 상징적으로 말해 준다. 어떤 개인이 책을 소지하거나 도서관에서 열람할 수 있는 능력을 지녔다는 것 자체로도 그 사람이 특별한 권력의 소유자임을 알 수 있었다.

이와 같이 권력의 상징인 서적에의 접근을 용이하게 해준 가장 큰 배경은 금속활자인쇄술의 등장이었다. 이러한 기술을 고안해 실용화에 성공한 사람은 독일의 구텐베르크Johann Gensfleisch zum Gutenberg로 알려져 있다. 역사 속에 성공한 모든 기술들이 그렇듯이 구텐베르크의 인쇄술도 서적을 인쇄하는 데 필요한 인쇄시스템 전체를 구성하는 기술적 요소들이 해결됨으로써 가능했다. 물론 가장 중요한 기술은 필요한 활자를 손쉽게 복제해서 제작할 수 있는 기술과 인쇄 상태를 우수하게 유지하면서 대량으로 인쇄해낼 수 있는 기술이었다. 전자는 펀치와 모형, 그리고 수동주조기라고 불리는 것으로 구성되는 기술이었다.

먼저 작고 뾰족하며 강한 금속조각에 줄이나 끌로 문자를 돋을새김하는데, 이것을 일명 '펀치'라고 한다. 이 펀치를 연한 금속조각(보통 구리

▲구텐베르크의 인쇄기 모형(청주 고인쇄박물관 전시)
틀에다 양피지를 바른 것으로 인쇄지를 고정하여 납과 주석의 주형으로 찍어내었다.

를 씀)에 대고 두드려 각인을 해서 모형을 만든다. 이 모형을 수동 주조기를 이용해 손쉽고 빠르게 활자를 주조해내었다. 이 기술은 인쇄를 많이 하면 활자가 닳아서 쓸모없어지더라도 계속해서 필요한 활자를 쉽고 빠르게 만들어낼 수 있었다. 구텐베르크 직후에 전문 주조공들이 1분에 네 벌의 영문자(한 벌이 약 85자)를 주조할 수 있을 정도로 이 기술은 매우 효율적이었다.

　인쇄 상태를 우수하게 유지하면서 대량으로 찍어내는 기술은 프레스라 불리는 압축기의 고안으로 해결되었다. 프레스는 현재 인쇄기와 동의어로 쓰이지만 원래는 오밀조밀하고 울퉁불퉁한 조판의 페이지를 균일한 압력을 가해 한 번에 종이에 찍어내는 압축기를 말하는 것으로 고대부터 쓰이던 포도주 압착기를 변형시켜 고안되었다. 물론 이 프레스의 활용은 경제성 있는 서적의 대량 생산을 가능하게 했다. 램프 그을음과 아마씨기름을 혼합해 얻어낸 새로운 잉크의 개발, 주석과 납 그리고 안티몬 등을 합금해서 내구성 있는 활자를 개발한 것, 그리고 압축기의 압력에도 견디고 잉크도 적당하게 먹는 종이의 개발과 어울려 하나의 인쇄시스템을 이루었다.

구텐베르크가 1450년대에 개발한 이와 같은 금속활자인쇄술의 등장은 서적 간행의 폭발적인 증가를 가져왔다. 이후 반세기 동안에 4만 가지의 책들이 인쇄되어 총 천만 권이 넘는 서적이 유럽사회에 쏟아질 정도였다. 이제 책의 소지와 책에 대한 접근권은 전혀 권력이 되지 못하는 세상이 되었다. 서적의 대량 유통을 통한 지식과 정확한 정보의 확산은 유럽사회를 질적으로 변화시켰다. 절대적인 권위를 지녔던 고전적 지식은 그 권위를 잃고 몰락하면서 유럽인들은 합리적인 사고를 하게 되었고, 물리적인 자연세계에서 자연의 이치를 찾으려 노력했다. 이러한 지식의 변화는 결국 '과학혁명'을 낳았다고 역사가들은 이해한다.

한편 성서에 대한 절대적 해석의 권한을 지녔던 가톨릭교회의 쇠락에도 인쇄술은 결정적인 영향을 미쳤다. 성서를 읽는 것이 터부시될 정도로 태어나서 죽을 때까지 성서를 읽어볼 수 있는 사람들이 극히 제한되었던 예전과는 달리 구텐베르크의 금속활자인쇄술 덕분에 성서는 베스트셀러가 되어 유럽사회에 널리 보급되었다. 성서의 대량 보급과 중산층들의 성서 읽기는 곧 가톨릭교회의 성서 해석에 대한 절대적인 권위의 하락을 낳았다. 또한 종교개혁가들의 새로운 기독교사회의 질서이념을 담은 팸플릿의 인쇄와 확산은 종교개혁의 일등공신이었다.

이렇게 구텐베르크의 금속활자인쇄술은 유럽사회를 근대화시키는 데 결정적으로 기여했다. 그렇기에 역사가들은 금속활자인쇄술의 등장과 그것을 이용한 서적의 간행을 인쇄술혁명이라 부른다. 그런데 인쇄술이 유럽의 근대 사회 도래에 기여한 측면뿐만 아니라, 근대로 변화하는 과정에 있던 유럽사회의 제 여건들이 구텐베르크의 금속활자인쇄술을 낳았다는 사실에도 주목할 필요가 있다. 예컨대 당시 종교개혁이라는 사회변혁운동이 있었기에 구텐베르크의 인쇄술은 성공할 수 있었던 것이다. 구텐베르크는 수완이 좋은 자본가로서 종교개혁가들의 주장이 담긴 팸플릿과 성서를 아주 싼 값에 대량으로 인쇄해 성공했다. 그가 성서를 인쇄하기 전 처음으로 인쇄해 자금을 모으는 데 성공한 아이템은 가톨릭교회의 재정을 위해 발행했던 '면죄부'였다. 이는 구텐베르크의 인쇄술이 종교개혁이라는 사회변혁운동의 이념과는 무관한 자본의 이익창출을 위한 것이었음을 말해 준다.

### 한국의 금속활자인쇄술

구텐베르크의 금속활자인쇄술은 이상과 같이 유럽이라는 사회적 배경 속에 등장했다. 그렇다면 이 보다 훨씬 일찍 활자를 발명하고, 금속활자인쇄술을 이용해 서적을 간행했던 동아시아, 특히 한국에서는 어떠했을까.

실로 인쇄술의 원조는 동아시아라고 할 정도로 이 지역에서는 일찍이 인쇄문화가 시작되었다. 유럽에서는 아주 값비싼 양피지로 필사해서 어렵게 책을 만들던 시기에 동아시아에서는 값싸고 질 좋은 종이로 책을 인쇄하기 시작했다. 동아시아에서는 이미 8~9세기에 목판본으로 인쇄된 서적들이 대량으로 간행되었다. 책 이전 단계의 기록 양식인 두루마리 형태이기는 하지만 세계 최초의 목판인쇄본인 『무구정광대다라니경無垢淨光大陀

羅尼經』이 이미 751년 무렵에 한국에서 인쇄된 것이 현존해 있다. 목판본인쇄에 이어 활자인쇄도 11세기에 등장했는데, 중국의 필승畢昇이 점토를 구워 활자를 만들고 왁스로 판을 짜서 인쇄하는 기술을 고안한 것이 처음이었다. 그러나 필승의 진흙활자는 그것을 이용해 서적을 손쉽게 간행할 정도의 유용한 활자는 못 되었다. 이후 중국에서는 진흙활자의 단점을 극복하기 위해 나무활자를 개발하고 주석활자를 고안했으나 역시 기술 부족으로 실용화되지는 못했다. 기술적으로 가장 진전된 것은 14세기 초 왕정王禎이 회전 활자대를 개발해 조판작업을 쉽게 하면서부터였다. 그러나 이 역시 실용화되지는 못해 결국 중국에서의 활자인쇄술은 뿌리를 내리지 못했다.

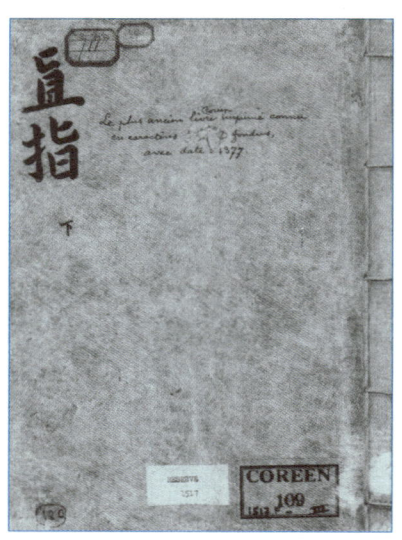

▲『불조직지심체요절』영인본 표지
원래 상·하 두 권이지만 하권만이 현재 프랑스 파리 국립도서관에 소장되어 있으며, 현존하는 가장 오래된 금속활자인쇄본 서적으로 공인되어 2001년에 유네스코 세계기록유산으로 지정되었다.

이와 같이 중국에서 실용화되지 못한 금속활자인쇄술은 비로소 한국에서 처음으로 실용화된다. 한국에서 언제 처음으로 금속활자를 만들었는지, 그것이 중국의 금속활자보다 빨랐는지에 대해서는 이견이 분분하다. 그럼에도 불구하고 늦어도 13세기 초에는 금속활자가 만들어져 중국에서와는 달리 실용화되었을 것으로 이해되고 있다. 기록에 의하면 가장 먼저 금속활자로 인쇄된 서적은 『남명천화상송증도가南明泉和尙頌證道歌』로 1239년 이전

**무구정광다라니경**
1966년 불국사의 석가탑을 보수하다가 그 내부에서 발견된 두루마리 형태의 불경으로 현존하는 세계 최초의 목판본인쇄물이다. 705년경 이전에 인쇄되었을 것으로 추정되는 우리의 자랑스런 인쇄문화를 보여주는 유물인데, 중국학자들은 중국에서 인쇄되어 신라로 넘어온 것이라고 억지 주장을 하고 있다.

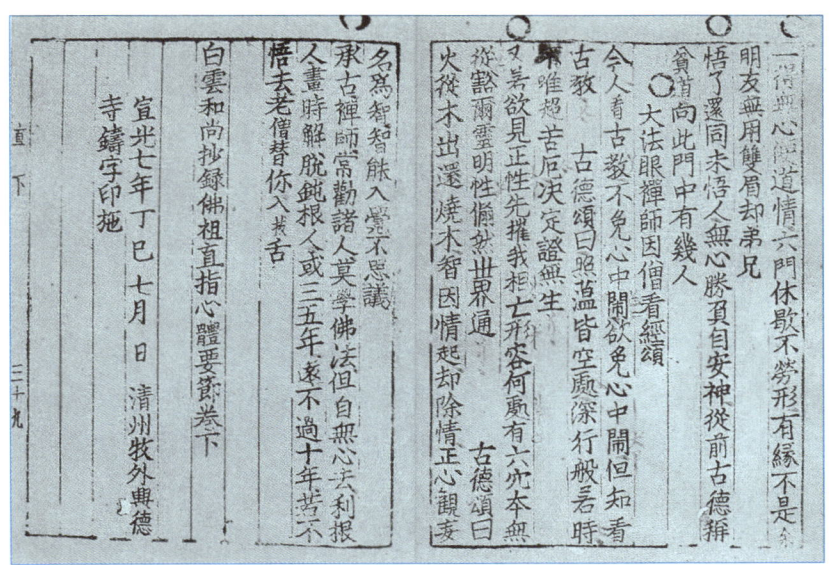

▲「불조직지심체요절」하권의 마지막 페이지
선광 7년(1377년) 청주목 교외의 흥덕사에서 금속활자로 인쇄했다는 내용의 끝말이 이 서적의 정체를 명확히 말해준다.

에 주조되었다. 이와 비슷한 시기에 『상정고금예문詳定古今禮文』 28부가 1234년에서 1241년 사이에 주자되었음이 밝혀져 있다. 이 금속활자인쇄들은 모두 고려의 중앙정부에서 주도해 주자한 것이었는데, 이러한 중앙정부의 금속활자인쇄는 14세기 말 1392년 '서적원'을 설치로 제도적으로 정착했다.

　그러나 13세기에 주자되어 인쇄된 서적들은 현존하지 않는다. 현존하는 「증도가證道歌」는 번각본(활자본을 목판에 뒤집어 붙이고 그대로 새겨낸 것)일 뿐이며, 『상정고금예문詳定古今禮文』의 인쇄 사실은 이규보가 쓴 발문 기록에 근거해 알려진 사실일 뿐이다. 현존하는 최초의 금속활자인쇄본은 1972년 파리 세계서적전시회에서 처음으로 공개되어 알려진 『불조직지심체요절佛祖直指心體要節』이다. 이 책이 인쇄된 시기는 1377년으로 구텐베르크의 『42행 성서』보다 무려 70여 년이나 앞서 세계 최초의 금속활자인쇄본 서적으로 공인되었다. 이 책은 중앙관서가 아닌 지방 청주목에 소재하는 흥덕사라는 절에서 주자되어 인쇄된 것이었다. 이 책의 인쇄 상태는 사실 매우 조잡하다. 그러나 13세기에 시작된 중앙관서에서의 금속활자인쇄술이 지방의 사찰에서 사사로이 행해질 정도로 14세기에는 널리 확산되었다는 사실에 주목할 필요가 있을 것이다.

『불조직지심체요절』을 간행한 13, 4세기 고려의 금속활자인쇄술은 인쇄 상태를 통해 알 수 있듯이 그 기술적 수준이 높지 않았다. 활자도 균일하지 못하고, 글자체도 아름답지 못했다. 또한 밀랍을 이용해 활자를 고정시켜 조판했기 때문에 대량으로 인쇄하지 못했다. 따라서 금속활자인쇄가 목판인쇄를 대체한다는 것은 전혀 바랄 것이 아니었다. 실제로 국가적 사업으로 대장경이 목판으로 간행되었던 것에서 알 수 있듯이 고려시대에는 줄곧 목판인쇄가 중심이었다. 다만 금속활자가 개발되어 서적간행에 활용된 것은 당시의 여건에서 필요했기 때문이었다. 그것은 몽고의 침입으로 서적이 대거 없어지고, 게다가 중국으로부터의 서적 수입이 일시적으로 중단된 상황에서, 빠른 기간 내에 많은 종류의 서적을 간행해야 할 사회적 필요 때문이었다. 단기간에 많은 종류의 서적을 소량 간행하는 데에는 당시의 금속활자인쇄술이 목판에 비해서 훨씬 적합했던 것이다.

15세기에 이르면 이와 같이 기술적 수준이 낮았던 고려의 금속활자인쇄술이 한 단계 발전한다. 조선 태종대 1403년 고려의 서적원을 계승해 주자소를 건립

**직지심체요절지**
1900년대 초 주한 프랑스공사로 있던 꼴랭드 플랑시가 귀국하면서 프랑스로 가져갔다. 이후 1911년 고품 수집가 앙리 베베르가 그로부터 경매로 구입하여 소장하다가 1950년 숨지면서 파리 프랑스국립도서관에 기증하여 현재에 이르고 있다. 프랑스국립도서관에 재직하던 박병선 박사가 찾아내 1972년 '세계 도서의 해' 도선전시회에 출품해 세계에 알려졌다. 원래 두 권이었으나 현존하는 것은 하권만 남아 있으며, 청주시를 중심으로 상권을 찾아내자는 운동이 벌어지고 있다.

하고 청동으로 활자를 주조한 '계미자'가 그 준비작업이었다. 고려의 금속활자에 비해 상당히 개선되었지만 중요한 기술 내용은 크게 달라지지 않아서 아직도 미숙한 인쇄 기술에서 벗어나지 못했다. 계미자의 단점이 대폭 개선된 것은 세종대에 들어와서였다. 1420년에는 경자자가, 1434년에는 갑인자가 각각 주조되었는데, 모두 세종대 천문의기의 제작을 총감독했을 뿐만 아니라, 조선적인 화약무기의 개량에도 큰 업적을 남긴 이천의 주도 아래 이루어졌다.

▲초주 갑인자본 「자치통감강목」
고려의 금속활자인쇄술을 완벽하게 완성한 조선 전기 갑인자 금속활자로 인쇄한 서적이다. 그 아름답고 정교한 필체는 세계 최고의 수준이었다.

경자자에서 획기적으로 개선된 주목할 만한 기술은 조판 방법이었다. 종래 밀랍을 이용해 활자를 고착시키던 방식에서 벗어나 입방체로 균일하게 주조한 활자들을 얇은 대나무조각을 이용해 고정시키는 방식을 채택한 것이다. 이것은 일종의 조립식 방식으로 밀랍이 밀리고 훼손되면서 조판을 새로 해야 하는 단점을 극복할 수 있었다. 물론 이러한 방식이 가능한 것은 정밀한 활자를 주조할 수 있는 금속제련기술이 그만큼 발전했기 때문이었음을 간과해서는 안 될 것이다.

이와 같은 개량이 완성된 것은 갑인자 이후부터다. 갑인자는 밀랍을 쓰지 않는 조립식 조판법을 완벽하게 완성시켰을 뿐 아니라, 기름먹에 아교를 진하게

**이천(1376~1451)**
한국의 인쇄기술사에서 독일의 구텐베르크에 비견되는 인물로 평가받을 만한 인물이다. 이천은 고려의 금속활자인쇄술을 계승해 한 단계 높은 차원의 조선 금속활자인쇄술을 완성한 기술혁신가였다. 고려의 금속활자인쇄술을 계승 발전한 경자자와 갑인자 주조사업의 총 책임자로서, 조선시대 금속활자의 백미 갑인자를 탄생시킨 주역이다.

섞어 만든 질 좋은 먹물의 개발과 천년 동안 종이의 질이 변하지 않고 유지되는 최상 품질의 종이제작술, 그리고 정교한 청동활자의 주조기술 등이 어우러져 탄생한 금속활자였다. 이 갑인자로는 하루에 40여 장을 인쇄할 수 있을 정도로 조판기술이 개선되었고, 주조기술도 절정에 달해 갑인자로 인쇄한 서적은 15세기에 만들어진 전세계의 서적 중에서 가장 아름다운 서적으로 평가받았다. 이와 같이 우수한 갑인자는 조선시대 말기까지 여섯 차례나 새로 주조되어 서적 인쇄에 쓰였다.

## 한국 역사 속의 금속활자, 그 역사적 의미

미숙했던 고려시대의 금속활자인쇄술을 개선해 완벽하게 완성한 15세기 조선의 금속활자인쇄술도 목판인쇄를 완전하게 대체하지는 못했다. 그러나 적어도 서울 중앙에서 이루어진 조선시대 서적 인쇄의 중심은 금속활자를 이용한 간행이었다. 중요한 『유교 경전』은 물론이고 『자치통감』과 같은 역사서, 방대한 실록에 이르기까지 수많은 서적 등 국립출판소인 교서관에서 간행하는 서적은 전적으로 금속활자로 인쇄되었다. 여기에는 활자를 주조하는 주조장, 금속제련을 담당하는 야장, 주조된 활자를 다듬는 조각장, 인출하는 작업을 맡은 인출장, 활자를 교정하는 업무를 맡은 교정장 등을 비롯해 여덟 가지 분야의 기술자들이 소속해 있었다. 그만큼 교서관에서의 금속활자인쇄술의 작업 공정은 전문화되었던 것이다.

금속활자인쇄술은 조선의 유교문화를 꽃피운 가장 큰 배경이었다. 중국에서 들여오는 서적의 대부분이 조선에서 대량으로 인쇄되어 널리 보급되었다. 중앙집권적 관료제 아래에서 문민정치를 펼쳤던 중앙정부와 유교 지식으로 무장하면서 빠르게 성장한 사대부 계층은 인쇄된 서적의 가장 큰 공급자이자 넓은 수요자들이었다. 조선왕조는 민본적인 유교적 이상국가를 실현하기 위해 지식인층인 사대부들을 길러 내는 교육을 강조하는 정책을 펼쳤고, 그럴수록 조선사회는 학문과 교양 지식을 겸비한 사대부 지식인층이 지배하는 성숙한 유교문화를 구축했던 것이다.

그런데 최근 들어 구텐베르크의 인쇄술이 유럽사회, 더 나아가 전세계를 바꾸어놓은 세계사적 의의와 비교해서 한국의 금속활자를 가치 절하하는 서술도 심심찮게 보인다. 예컨대, 한국의 금속활자는 서적의 대중화와 지식의 확산 등을 통한 한국 중세사회의 변혁을 이끌어내지 못했다는 것이다. 특히 당시에 발명된 표음문자인 한글로 쓰인 서적을 인쇄하지 않은 것을 인쇄술이 대중화하지 못한 가장 아쉬운 역사의 한 대목으로 지적한다. 이러한 지적들은 상당히 설득력 있게 받아들여지고 있는 분위기이다. 결국 "세계 최초로 금속활자를 개발했으면 무엇하겠는가, 그것을 제대로 활용 못하지 않았는가?"라는 식의 우리역사의 잠재력에 대한 부정적인 인식이 팽배해 있는 것이 작금의 현실이다.

그러나 이와 같은 한국의 금속활자인쇄술에 대한 부정적인 견해에는 문제가 있다. 그러한 인식은 14, 5세기 한국사회에서의 금속활자와 그것보다 약간 늦은 15세기 중반 유럽에서의 구텐베르크인쇄술을 기계적으로 비교한 데에서 비롯되었다고 할 수 있다. 구텐베르크의 금속활자인쇄술은 유럽사회의 근대화 과정에서 사회적 제 배경과의 상호관련 속에서 탄생한 기술이다. 15세기 중엽 혼란스럽게 변화를 겪던 유럽사회의 여러 가지 사회적 배경이 인쇄술을 대중화될 수 있는 여건을 조성했다. 그러한 배경 아래에서 철저하게 자본주의적으로 제작하고 판매했을 때 이익이 남을 수 있도록 금속활자인쇄술이 개발되었고, 그것이 구텐베르크의 인쇄술이었던 것이다. 구텐베르크의 인쇄술이 종교개혁과 과학혁명을 낳은 일등공신으로서 유럽의 근대화에 큰 영향을 미쳤지만, 동시에 유럽사회의 자본주의화라는 사회적 변화 과정 없이는 구텐베르크의 인쇄술 탄생은 생각할 수 없는 것이다.

그런데 우리들은 종종 이와 같이 구텐베르크의 인쇄술을 접근하는 방식으로 한국의 금속활자를 이해하려고 한다. 즉 금속활자의 인쇄술로 인해 얼마나 폭발적으로 서적의 간행이 이루어졌는가, 서적의 대량 유통이 중세적 지식의 틀을 얼마나 변혁시켰고, 나아가 자본주의 사회의 도래에 얼마나 큰 기여를 했는가 등의 비판적 질문을 던지는 것이 그러한 예들이다. 당연히 한국의 금속활자인쇄술은 그렇지 못했다는 답이 나올 수밖에 없다. 이미 질문 속에 답이 들어 있는 질문이기 때문이다. 그러나 우리들은 14, 5세기 고려 말, 조선 초 우리의 금속활자인쇄술이 꽃을 피웠던 사회적 배경이 중세에서 근대로 전환하던 유럽의 역사적 단계와는 판이하게 달랐던 사실을 주목해야 한다. 우리에게 근대는 19세기 말 이후의 일이다. 즉 유럽에서와 같은 근대적인 사회적 배경이 등장하는 것은 19세기 말 이후였으며, 근대화의 사회적 변동이 태동하는 시기도 빨라야 18세기 이전으로 올라오지 못한다. 그러나 우리의 금속활자인쇄술이 개발되어 인쇄문화를 꽃피웠던 시기는 그것보다 무려 4, 5백 년 전의 일이었다.

한국의 금속활자에서 중세사회를 붕괴시키는 역사적 역할을 기대하는 것은 그야말로 연목구어緣木求魚이다. 14, 5세기 한국사회에서 금속활자인쇄술이 서적의 자본주의적인 대량 생산과 유통을 낳지 않은 것이 한계여야 할 하등의 이유가 없다. 오히려 그것은 새로운 지배계급으로서 교양지식인 계층인 사대부들의 유교적 이상국가 건설이라는 역사적 변화를 낳는 데 크게 기여하였다. 즉 한국의 금속활자인쇄술은 14, 5세기 한국사회가 요구하는 사회적 필요에 훌륭하게 부응해서 개발된 훌륭한 기술이었던 것이다. 다시 말해서 15세기 중엽 근대화 과정에 있던, 유럽사회가 필요로 하던 자본주의적 서적의 생산과 유통을 구텐베르크의 인쇄술이 만족스럽게 해결해주었던 것처럼, 한국의 금속활자도 역사적 역할을 톡톡히 다했던 것이다.

## 참고문헌

- 박시형, 「조선에서 금속활자의 발명과 그 사용」, 《력사과학》(1959)
- E.L.아이젠슈타인, 『인쇄 출판 문화의 원류』, 법경출판사(1991)
- T.F.카터 원저, L.C.구드리히, 『인쇄문화사』, 아세아문화사(1995)
- 존맨, 『구텐베르크혁명』, 예지(2003)
- 천혜봉, 『한국금속활자본』, 범우사(1993)
- 천혜봉, 『고인쇄』, 대원사(1989)
- 千惠鳳, 『韓國古印刷史』, 韓國圖書館學研究會(1976)
- 千惠鳳, 『羅麗印刷術의 研究』, 京仁文化社(1978)
- 金斗種, 『韓國古印刷技術史』, 探求堂(1974)
- 金元龍, 『韓國古活字概要』, 國立博物館(1954)
- 金元龍, 「李氏朝鮮 鑄字印刷小史 - 鑄字所를 中心으로」, 『鄕土서울』(1958)
- 金元龍, 「李朝後期의 鑄字印刷」, 「鄕土서울」(1959)
- 孫寶基, 「韓國印刷技術史」, 『韓國文化史大系 Ⅲ : 科學·技術史』, 高大民族文化研究所(1968)
- 孫寶基, 「直指心經: 金屬活字 考證의 經緯와 그 意義」, 《도협월보》(1972)
- 孫寶基, 『金屬活字와 印刷術』, 세종대왕기념사업회(1976)
- 孫寶基, 『韓國의 古活字』, 寶晋齋(1987)
- 全相運, 「韓國 靑銅活字印刷術 發展의 技術史的 背景」, 『誠信女子師範大學研究論文集』(1970)

## 참고사이트

- http://www.jikjiworld.net
- http://www.papermuseum.co.kr
- http://www.jikji1377.co.kr

# 백신

### 질병 예방을 꿈꾸는 건강샘

## 1720 vaccination

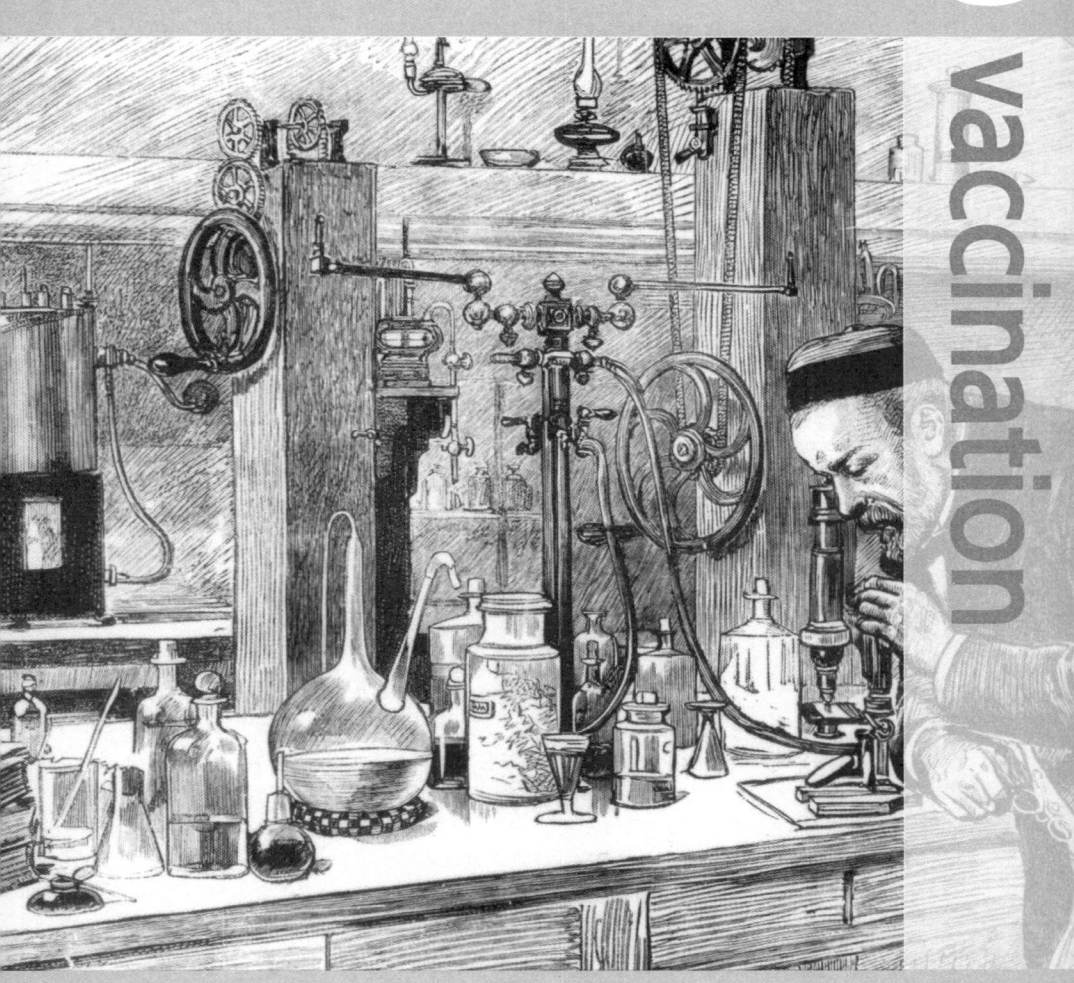

예병일  biyeh@naver.com

---

연세대학교 의과대학을 졸업하고, 동 대학원에서 생화학 전공으로 박사학위를 취득하였다. 대한민국 육군에서 생물무기 관련업무를 담당한 후 연세대학교 원주의과대학에서 16년간 생화학을 가르친 후 2014년부터 의학교육학과 교수로 재직하고 있다. 분자생물학 및 전기생리학적 방법을 이용하여 간염 바이러스와 이온 채널을 연구한 바 있으며, 역사, 사회, 문화 속에서 의학과 과학이 어떤 역할을 하면서 발전하는가에 관심을 가지고 있다. 저서로 『내 몸을 찾아 떠나는 의학사 여행』, 『전쟁의 판도를 바꾼 전염병』, 『이어령의 교과서 넘나들기 의학편』, 『줄기세포로 나를 만든다고』 등이 있다.

# 종두법에서 DNA백신까지

## 백신의 정의와 역사

　백신이란 사람이나 동물에서 병원체에 의해 발생하는 질병을 예방 또는 치료하기 위해 주사하는 항원이다. 병원체 자체나 병원체의 일부 또는 병원체가 가지고 있거나 대사 과정에서 배출하는 독소를 적당한 방법으로 처리하여 병원성을 없애거나 아주 미약하게 만드는 제품을 가리키는 용어다. 인간은 태어나면서부터 각종 질병으로부터 해방되기 위하여 단계적으로 예방접종을 받는데, 이것이 바로 백신을 투여하는 과정이다.

　인두법 variolation을 비롯한 원시적 의미의 백신은 중국, 인도, 아라비아 등지에서 오래전부터 사용되었으며, 특히 중국의 문헌에서는 수천년 전에 이미 인두법을 사용한 기록을 찾아볼 수 있다. 이 방법은 두창(일본식 표기는 천연두)환자의 수포로부터 뽑아낸 액체를 정상인의 피부에 소량 주입하는 방법으로 낮은 수준의 예방주사와 같은 원리라고 할 수 있으나 정상인을 환자로 만들어버릴 가능성을 지닌 위험한 방법이었다. 그러나 과거

▲종두법을 발견한 제너
우두에 감염된 낙농부에게서 채취한 우두농을 8세의 소년 팔에 접종하는 데 성공하여 천연두로 인한 사망자의 수를 격감시킨 영국의 의사.

▲1885년에 파스퇴르가 광견병백신을 최초로 투여하는 장면을 도안으로 한 백신 개발 115주년 기념우표(프랑스 발행)

의 두창은 감염되기만 하면 사망에 이르거나 얼굴에 흉한 모습을 남기는 무서운 질병이었으므로 이 방법이 이란과 터키 등으로 전해지게 되었고, 18세기에 터키 대사의 부인 몽타규에 의해 영국에 처음 소개되었다. 몽타규는 1721년에 이 방법을 이용하여 자신의 아들, 두창에 걸린 영국 왕녀, 죄수, 고아 등에 예방접종을 실시하여 만족스런 결과를 얻었으며, 특히 왕실의 두 왕자에게 예방접종을 실시하여 좋은 결과를 얻은 후에 호평을 받았다. 그러나 인두법은 쉽게 질병을 야기시키는 결정적인 단점을 가지고 있었으므로 널리 이용되기에는 한계를 가지고 있었다.

본격적으로 백신이 인류에게 도움을 주기 시작한 것은 1796년, 영국의 제너 Edward Jenner가 두창예방을 위한 종두법을 발견하면서부터이다. 19세기 중반 프랑스의 파스퇴르는 닭콜레라와 탄저, 광견병을 예방할 수 있는 백신을 차례로 제조하여 이후 다른 전염성 질병에 대한 백신이 개발될 수 있는 길을 터주었다. 파스퇴르는 자신이 고안한 예방법에 사용한 약독화弱毒化된 균을 '백신vaccine'이라 하고, 백신을 사용하여 질병을 예방하는 방법을 '예방접종vaccination'이라 하였다. 백신의 어원은 라틴어로 암소를 의미하는 vacca에서 유래한 것으로 제너가 처음 암소를 이용한 것을 감안하여 파스퇴르가 붙인 이름이다.

## 백신의 종류

백신은 근육이나 피하에 접종하는 것이 대부분이지만 소아마비용 백신과 같이 입으로 투여하는 것도 있고, 코를 통해 접종하는 것도 있다. 파스퇴르가 시험에 사용했던 백신은 병원체를 사멸시켜 그 병원성을 없앤 불활화백신이었다. 다른 이름으로 '사(균)백신'이라고도 하며, 백신제조 시 포르말린 등의 약품을 이용하여 병원성 미생물을 사멸시켜 얻는다. 불활화백신은 안전성이 높아서 백신접종의 부작용으로 발병하는 경우가 적지만 생산비가 많이 들고, 효과가 상대적으로 미약하며, 면역 지속기간이 생백신보다 짧다는 단점이 있다.

불활화백신과 상대적인 개념으로 '순화백신attenuated vaccine'이 있다. 이것은 살아 있는 병원체를 조직이나 계란, 배지 등에서 장기간 계대 배양하여 독성을 없애거나 아주 미약하게 하여 만든 것이다. 생백신이라고도 하며, 병원체의 병원성을 약화시켰다는 뜻에서 약독화백신이라고도 한다. 제조비용이 적게 들고, 사백신보다 면역효과가 좋다는 장점이 있으나 안전성이 낮은 것이 단점이다.

톡소이드toxoid는 병원체의 대사 과정에서 생성되거나 병원체 자체가 가지고 있는 독소toxin를 가열해 포르말린으로 처리한 것이다. 독성은 파괴되지만 독소가 지닌 특이한 면역원성은 그대로 지니게 함으로써 인체에는 해를 주지 않고, 인체의 방어기전에 의해 면역효과를 지니게 하는 것이다.

또, 병원체를 구성하는 성분 중 면역기능을 일으킬 수 있는 항원성분만을 추출하여 제조한 백신을 특이항원추출백신이라 한다. 이것은 숙주가 방어에 필요한 항원 부위에 대해서만 면역기능을 가질 수 있게 함으로 부작용을 최소화할 수 있으나 제조비용이 많이 드는 것이 단점이다.

최근에는 위의 방법들을 혼합하여 제조한 백신도 개발되고 있으며 DNA백신, 암백신과 같이 최신 과학기술을 이용한 백신제조법이 전세계적으로 많이 연구되고 있고, 또 전염성 질병 이외의 질병에도 백신을 이용하여 해결하려는 연구가 꾸준히 이루어지고 있다.

## 수동면역법 발견과 첫 노벨상

위에 예시한 질병 중 콜레라와 탄저는 세균에 의한 것이고, 두창과 광견병은 바이러스에 의한 것이므로 20세기가 시작되기 전에 이미 세균과 바이러스에 대한 백신제조법이 개발된 셈이다. 베링은 제너와 파스퇴르가 발견한 능동면역법과 다른 수동면역법을 최초로 도입하여 디프테리아 치료법을 개발한 공로를 인정받아 1901년 최초의 노벨 생리의학상을 수상하였다.

디프테리아 치료법을 연구하던 베링은 소량의 독소를 투여하였을 때 면역이 생긴 실험동물의 혈액 내에는 독소를 중화시키는 어떤 물질이 생성되어 있을 것이라는 생각으로 면역이 생긴 동물의 혈액을 채취하여 세포(적혈구, 백혈구, 혈소판)와 혈액 응고인자를 제거한 혈청에 디프테리아균을 혼합하여 실험동물에 투여한 결과 아무 이상이 발생하지 않았으나 면역이 생기지 않은 동물로부터 채취한 혈청과 디프테리아균을 혼합하여 투여한 동물에서는 디프테리아에 의한 해독작용이 확실히 나타나고 있었다. 즉 면역된 혈청 속에 독소를 중화시키는 물질이 존재하리라는 그의 가설이 들어맞은 셈이었다. 그는 면역된 동물의 혈청 속에 존재하는, 독소를 중화하는 물질을 '항독소antitoxin'라 명명하였다.

▲디프테리아 혈청요법을 연구하여 첫 번째 노벨 생리의학상 수상자로 선정된 베링

노벨상 수상 후에도 학자로서 교육과 학문에 열중한 베링은 1913년, 자신의 이름을 딴 '베링연구소'를 설립하고 여기에서 디프테리아 혈청요법에 사용할 백신을 대량으로 제조하여 인류를 디프테리아의 공포로부터 해방시켜 주었다.

## 우리나라의 백신

우리나라에서 백신에 대한 개념을 처음 접한 사람은 조선 후기 실학자인 '박제가'이다. 1790년 중국 방문시 인두법에 대한 이야기를 듣게 된 그는 다른 실학자들에게 이 내용을 알려주었고, 이를 계기로 우리나라에는 점차 이와 관련된 책들이 중국으로부터 들어오게 되었다. 1798년에 정약용이 쓴 『마과회통麻科會通』을 비롯하여 이종인의 『시종통편時種通編』, 이규경의 『오주연문장전산고五洲衍文長箋散稿』 등에 인두법과 종두법에 대한 산발적인 내용이 실려 있으나 국민보건에 전혀 도움을 주지 못했다.

1876년 병자수호조약 후 일본을 방문한 박영선은 『종두귀감種痘龜鑑』을 구입하여 문하생이던 지석영에게 전해주었다. 종두법에 관심을 가진 지석영은 부산에 일본인들을 위해 설립된 제생의원에서 종두법을 배웠다. 1879년 12월 말경 서울로 돌아오는 길에 처가인 충주군 덕산면에서 처음으로 종두법을 실시하여 좋은 결과를 얻었고, 이듬해에 고종의 첫째 왕자 완화군이 두창으로 사망하자 궁궐 내에 살고 있던 사람들에게 종두법을 시행하는 등 종두법 보급을 위해 노력하였다. 그 후 서양 의학이 우리나라에 소개되면서 백신을 이용한 선진 예방접종법이 국내에 알려지게 되면서 우리나라에서도 백신 사용이 급격히 늘어나게 되었고, 질병 예방에도 큰 효과를 보게 되었다.

1976년 이호왕 박사는 세계 최초로 유행성출혈열의 원인이 되는 '한탄바이러스'를 발견했다. 이어 1990년 유행성출혈열 예방 백신인 '한타박스'를 개발함으로써 우리 손으로 만든 예방 백신이 유행성출혈열 치유에 크게 공헌하는 개가를 이뤘다. 1990년대 중후반에 걸쳐 우리나라에서는 예방접종에 사용되는 DPT(디프테리아, 백일해, 파상풍)백신을 비롯한 몇 가지 예방접종 사고가 발생하여 국민들에게 신뢰감을 주지 못하고 있다. 그러나 백신은 전염성질환을 퇴치하는 가장 효과적인 방법이므로 보건 당국은 철저한 관리를 통해 국민이 안심하고 백신을 투여 받을 수 있도록 해야 할 것이다.

## 백신에 관한 최근 연구들

1999년 7월 8일자 과학잡지 《네이처》에는 백신을 이용하여 알츠하이머병에 의한 치매를 치료할 수 있다는 논문이 게재되었다. 전염성 병원체와 무관한 알츠하이머병을 백신으로 해결할 수 있다니 대단한 발견이 아닐 수 없다. 이 연구에 따르면 노인성치매와 관련이 있는 것으로 알려진 아밀로이드전구단백질을 합성할 수 있는 유전자를 실험용 쥐에 도입하고, 태어난 지 얼마 안 된 유전자 조작 쥐에 아밀로이드 펩타이드를 주입하여 면역반응을 유발시킨다. 성장할 때까지 기다리며 계속 관찰한 결과 실험용 쥐는 아밀로이드펩타이드에 특이성을 지닌 항체를 만들어내기 시작했다. 이 쥐의 뇌에서는 노인성치매 환자에게서 볼 수 있는 플라크가 전혀 형성되지 않은 것이다. 또한 이미 플라크가 생긴 쥐에 같은 방법으로 백신을 주입한 결과 플라크 형성이 중단되었음은 물론 일부 감소되는 현상까지 나타났다는 내용이었다.

실험동물과 인체의 반응이 일치하는 것은 아니므로 이 연구만으로 인류가 노인성치매에서 해방될 수 있다는 것은 아니지만 아직 정확한 질병 발생 기전도 모르는 상태에서 치료의 희망이 보인다는 점은 분명한 사실이었다. 새로 연구된 치료법이 백신과 같은 원리를 이용했다는 점에서 백신이 병원체에만 적용되는 것이 아니라는 새로운 사실이 발견되었기 때문이다. 또한 에이즈백신 연구에도 서광이 비추고 있다. 인체면역결핍바이러스(HIV)는 변이를 일으키는 부위가 많으므로 백신제조 시 어느 부분을 표적으로 정할 것인지가 아주 어려웠으나, 과학자들은 인체 면역결핍바이러스 구조 중에서 안정된 구조를 가진 부분을 찾아내는 데 성공했다. 이를 표적으로 한 백신이 조만간 개발될 것이라는 희망 있는 연구 결과들이 보고되고 있다. 인체의 유전자 중에서 인체면역결핍바이러스의 침입을 막는 데 결정적인 역할을 한다고 알려진 유전자를 찾아내어 이 유전자를 백신으로 개발하려는 연구도 서서히 결실을 거두고 있으므로 빠른 시일 내에 후천성면역결핍증(AIDS)백신이 등장할 것이라는 기대를 하게 된다. 포항공대의 성영철 교수도 결핵과 에이즈 치료를 위한 DNA백신을 개발하여 동물실험을 마쳤고, 특히 에이즈 백신은 우크라이나에서 실시한 임상실험에서 좋은 결과를 얻었으며, 국내 임상실험을 계획하고 있다는 내용도 이미 보도되었다.

이외에도 당뇨병을 비롯하여 여러 가지 질병에 대한 백신 연구가 계속되고 있고, 또 희망을 갖게 하는 연구 결과들이 속속 보고되고 있다.

## 면역치료와 암백신

백신은 병원체에 대한 저항성을 강하게 하기 위해 면역반응을 이용한 방법 중 하나이지만 최근에는 암과 같은 특정 질환 해결을 위하여 백신을 이용하려는 연구가 행해지고 있다.

암백신에 대한 개념을 처음 고안했던 이는 콜리라는 미국인이었다. 콜리는 1890년대에 급성 세균성 감염이 발생한 암환자에게서는 종양의 크기가 줄어든다는 사실을 발견하였다. 콜리가 살아 있는 세균을 암환자에게 주입한 결과 환자가 회복되었고, 자신이 고안한 몇 가지 세균을 혼합하여 주사하는 방법으로 암환자들을 치료하는 안전하고 효과적인 방법을 고안하였다. 그러나 그의 방법은 작용기전을 명확히 설명할 수 없었으므로 널리 알려지지 못한 채 잊혀졌다.

그의 딸 헬렌은 아버지의 발견이 과학적인 뒷받침이 있으면 훌륭한 발견이라는 확신을 가지고 유품에 담겨진 연구 기록들을 검토하기 시작하였다. 그리고 1953년, 후원자들의 도움을 받아 암의 면역치료법을 정립하기 위한 '암연구센터CRI, Cancer Research Institute'를 설립하였고, 면역반응을 이용한 암연구에 개척자적인 역할을 하였다.

암치료를 위해 면역요법을 연구했던 학자들의 첫 목표는 인체 내에서 T세포의 면역 능력을 향상시켜 암에 대한 저항력을 극대화하는 것이었다. 이를 위해 기능을 향상시킬 수 있는 물질을 외부에서 투여하는 방법을 사용해 왔으나 최근에는 비특이적 면역을 향상시키는 것 외에 특정 질환에 대한 특이 면역을 향상시키는 방법도 시도되고 있다. 즉 암의 경우 종류에 따라 암과 관련된 항원을 분비하므로 혈액 속에서 이를 검출할 수 있는데 이 항원에 대한 항체를 주입하는 방법이다.

암에 대한 면역 치료가 발전하면서 최근에는 암백신이라는 개념이 정립되어 암이 발생하기 전에 미리 백신과 같은 원리로 제조한 특정 물질을 주입시켜주어 암 발생을 억제하

▲암연구센터 설립자 헬렌 콜리

는 방법이 고안되고 있다. 예를 들면 캘리포니아 주립대학의 안디노 연구팀은 지난 1998년 《PNAS, Proceedings of the National Academy of Science》에 소아마비 바이러스를 조작하여 암이나 에이즈를 비롯한 여러 가지 질병에 대한 백신을 만들 수 있는 가능성을 보여주는 결과를 발표하였다. 이들이 사용한 '재조합 소아마비 바이러스 백신'은 항체에 의한 특이적 면역 반응뿐 아니라 면역 세포에 의한 비특이 면역 반응까지 동시에 유도할 수 있으므로 면역 효과가 크다는 장점을 지니고 있다.

현재 암백신 연구의 표적은 면역을 담당하는 세포의 기능을 활성화하는 방법이다. T세포와 B세포 기능을 활성화하는 기전, 신경세포인 수상돌기 세포의 기능을 활성화하는 기전 등이 연구되고 있으며, 여러 연구자와 벤처회사들이 암백신의 상용화를 통한 암으로부터의 해방을 외치며 암백신 연구에 적극적으로 뛰어들고 있다.

지금까지는 동물실험이 끝난 단계이거나 수술 후 재발 방지를 위한 제한적인 목적으로 인체에 투여되는 경우가 있을 뿐이지만 앞으로 암백신

에 대한 연구가 더 활성화되어 많은 결과를 얻을 수 있게 된다면 30년 전에는 전혀 생각지도 못했던 백신 투여와 같은 방법으로 암을 치유할 수 있는 방법이 개발될 가능성이 있다.

## DNA 백신

분자생물학 발전으로 DNA로부터 전해진 유전정보에 의해 단백질이 합성된다는 사실을 알게 되었다. 단백질 합성능력을 지닌 운반체인 벡터 vector에 대한 연구가 진행되면서 최근에는 DNA만을 백신으로 사용하려는 연구가 행해지고 있다.

유전자gene백신, 또는 핵산nucleic acid백신이라고 하는 DNA백신은 동물을 대상으로 한 실험에서 근육에 주사한 DNA가 숙주세포 속으로 들어가서 단백질을 합성한다는 결과를 보여주었다. 이렇게 생산된 단백질은 지속적으로 숙주에서 면역반응을 자극시킬 수 있으며 백신과 같은 효과를 보이게 되므로 DNA백신은 새로운 개념으로 각광을 받게 되었다

DNA백신의 최대 장점은 기존의 백신보다는 안전하다는 것이다. (그러나 바이러스 감염 등에서 볼 수 있듯이 외부에서 들어온 DNA가 숙주의 유전체 속으로 삽입될 가능성이 있으며, 이 경우에도 완벽하게 안전하다는 확증은 없다). 또한 DNA백신은 제조하기 쉽고, 저장, 운반, 보존하기가 간편하다는 점도 큰 매력이다. DNA는 아주 안정된 물질로 온도 변화에 큰 영향을 받지 않으므로 "백신 운반 및 보관체계에 허점이 발견되었다"라는 식의 보도는 사라지게 될 것이다. 또 하나의 장점은 기존의 백신들이 주로 항체에 의한 면역반응을 유도하는 것과 달리 DNA백신은 바이러스가 세포 내에 감염되는 원리를 흉내 냄으로써 세포가 매개하는 면역반응을 유도할 수 있다

는 것이다.

　이와 같은 장점이 있음에도 불구하고 아직 DNA백신이 일반화되지 못하고 있는 것은 DNA가 동물세포 내에서 완벽히 안전하다고 할 수는 없기 때문이다. 좋은 실험결과를 얻었다 하더라도 인체에 적용시키기 위해서는 더 많은 연구가 이루어져야 하고, 특히 안전성에 대한 연구가 더 강화되어야 한다.

　DNA백신의 상용화에는 아직 많은 난관이 있는 것이 사실이지만 최근의 학문 발전과 짧은 연구기간을 감안한다면 앞으로 DNA백신은 인류의 건강증진을 위해 계속 연구되고 발전되어야 할 가능성과 기대를 모으고 있다. 실제로 2003년 한 해를 강타한 사스(급성중증호흡기증후군)의 경우 코로나바이러스가 원인이라는 사실은 이미 밝혀졌지만 대증요법 외에 특별한 치료방법은 아직 찾아내지 못한 상태이다. 지난 4월 1일자 《네이처》지에 사스를 일으키는 코로나바이러스의 플라즈미드(염색체 바깥에 존재하는 DNA로 자체복제 가능)에 존재하는 스파이크spike, S 부위의 글리코프로테인(단백질 성분이 대부분이고 탄수화물이 조금 결합되어 있는 구조)을 인식하는 DNA백신을 제조하였다. 실험용 쥐에 투여함으로써 면역 기능을 담당하는 T세포와 항체를 만들어내는 실험결과가 발표되었다. 이제 동물실험은 끝내고 임상실험을 준비하고 있는 단계이므로 빠른 시일 내에 사스 치료법이 개발되기를 기대해본다.

　이외에도 말라리아, 결핵 등 각종 질병 해결을 위한 DNA백신이 연구되고 있는 중이다.

## 미래의 백신

질병에 걸렸을 때 지출되는 비용과 시간, 환자와 의료진의 노력을 감안하고 인류에게 미치는 직·간접적인 영향을 계산해볼 때 질병은 치료하는 것보다 예방하는 것이 훨씬 더 바람직하다. 백신은 질병을 예방한다는 점에서 큰 매력이었고, 실제로 제너의 종두법과 파스퇴르의 백신 연구 이후 각종 전염성 질환에 대한 백신 연구가 활발하게 뒤를 이었다.

인류에 의해 지구상에서 사라진 최초의 질병 두창도 백신에 의한 것이고, 최초로 백신이 사용된 지 200년이 지난 오늘도 백신 연구는 전세계에서 계속되고 있다. 20세기 후반부터 시도된 전염성 질병 외의 다른 질병에 대한 백신 연구는 서서히 노력에 대한 대가를 거둘 시점이 되어 암, 치매, 당뇨병 등 각종 질환에 대하여 응용한 신개념의 백신에 의해 해결될 수 있을 것이라는 기대가 일어나고 있는 상태이다. 최근 비약적으로 발전하고 있는 인간유전자 연구는 앞으로 특정 질병에 걸릴 가능성을 미리 계산할 수 있게 할 것이며, 각 질병과 유전자와의 연구가 이루어지면 특정 유전자에 대해 특이하게 작용하는 백신을 개발하는 것이 가능해질 것이다.

학문의 발전은 암백신이나 DNA백신과 같이 불과 수십 년 전만 해도 전혀 예상하지 못했던 방향으로 발전될 수 있으므로 질병을 예방하려는 인류의 노력이 계속된다면 21세기에는 현재의 백신이 개선될 것임은 물론이고 새로운 개념의 백신들이 끊임없이 개발되어 인류를 질병의 공포에서 해방시켜줄 것으로 기대된다.

## 참고문헌

- 대한미생물학회, 『의학미생물학』, 서홍출판사(1997)
- 황상익, 『문명과 질병으로 보는 인류의 역사』, 한울림(1998)
- 허 정, 『에세이 의료한국사』, 도서출판 한울(1995)
- 이호왕, 『한탄강의 기적』, 시공사(1999)
- 아커크네히트, 『세계의학의 역사』, 민영사(1993)
- 맥닐, 『전염병과 인류의 역사』, 한울(1992)
- 카렌, 『전염병의 문화사』 사이언스 북스(2001)
- Beck RW, *A Chronology of Microbiology in Historical Context* ASM press(2000)
- Joklik WK 외, *Microbiology: A Centenary Approach*, American Society for Microbiology(1999)
- Stanley A. Plotkin 외, *Vaccines*. W.B. Saunders, 3rd edi.(1999)
- Hopkins DR, *Trinces and Peasants: Smallpox in History*, University of Chicago press(1983)
- James Cross, *Giblin: When Plague Strikes*, HarperCollins Publishers (1995)
- Peter L. Stern 외, *Cancer Vaccines and Immunotherapy*, Cambridge University Press(2000)
- Hilegund Ertl, *DNA Vaccines*. Plenum Pub. Corp(2003)

## 참고사이트

- http://www.cancerresearch.org
- http://www.dnavaccine.com
- http://www.stemrich.com/hci/polio/chall.htm
- http://www.geocities.com
- http://www.who.int/vaccines-diseases/history/history.shtml

# 철도

### 신속·정확·안전한 육상운송의 대표선수

## 1738 rail

박진희  jiniiibg@hanmail.net

서울대 물리학과를 졸업하고, 베를린 공과대학에서 과학사와 기술사 철학 박사학위를 받았다. 현재 한국과학기술학회 회장을 역임하고 있다. 저서로 『환경의 세기』, 『물리학 환상여행』, 『영화와 문학 속의 과학기술』, 『초록으로 세상 읽기』, 『한국의 과학자 사회』, 『근대 엔지니어의 탄생』 등이 있다.

# 철도, 운수혁명을 일으키다

## 탄광촌에서 태어난 철도

다윈의 진화론을 서술한 조지 바셀라에 따르면, 기술은 여러 가지 다양한 변종 기술들이 사회적인 선택 과정을 거치면서 진화해온 것이라고 한다. 이런 진화 과정을 통해 기술적인 활동의 결과인 기계, 공정 과정들은 점점 복잡도가 증가해왔다. 이런 기술 발전에 대한 설명은 현대 주요한 수송수단의 하나인 철도에 대해서도 적용이 가능할 것이다. 최초의 여객용 및 화물 수송열차가 1830년 9월 15일 리버풀과 맨체스터를 잇는 철로를 따라 움직이게 될 때까지 수많은 기술자들, 운수사업자들의 실패와 성공

▲철도의 시원이 된 나무궤도

▲능률적인 수송을 위해 철도의 역사를 시작한 탄광촌

이 이어져야만 했었다.

　　철도의 시원을 거슬러 올라가면, 16세기 광산지역에서 발견되던 나무궤도에서 찾을 수 있다. 16세기에 나온 석판화에 보면, 이들은 구리 광산지역에서 오늘날 선로의 조상격인 나무궤도가 이용되고 있던 것을 발견할 수 있다. 이 나무궤도 위를 특별히 설계한 소형화차(토로코)를 달리게 하면 수송이 능률적으로 이루어진다는 사실을 알고 18세기 들어 광산회사에서는 여러 유형의 궤도를 실험하였다. 처음에는 토로코 차 밑에 여러 가지 나무판을 붙였다가, 18세기 중엽부터는 목재궤도 표면에 금속을 씌우는 방법으로 마찰 문제를 해결하고자 하였다. 1789년 영국의 제숍은 단면

이 버섯형으로 된 현재 모양의 주철제 레일을 제안, 철로의 시초를 마련하였다. 레일 위를 지나는 화차가 레일을 벗어나는 것을 막는 돌출된 테두리는 화차 차량에 붙어 있도록 하였다. 이 철로의 문제점은 주철의 성격으로 인해 자주 깨져 그로부터 사고가 자주 발생할 수 있다는 것이었다. 이 문제는 연철제 레일을 채택함으로써 해결할 수 있게 되었고, 1820년대부터 레일은 압연기를 사용하여 제조되었다.

주철제 레일 문제는 그 위를 달리는 차량기술의 변화도 초래하게 되었다. 대형 화차의 무게 때문에 주철 레일이 자주 깨지는 문제를 해결하고자 1786년에 아일랜드의 에지워스는 대형 화차 대신 소형 화차를 연결하는 방식을 제안하였다. 이 소형 화차는 19세기 초까지 탄광 곳곳에 도입되어 광범위하게 사용되었다. 처음에는 이 소형 화차를 갱도 속에 손으로 밀어 움직이게 하였지만, 나중에는 인력을 말로 대신하였다. 하지만 말을 돌보는 일은 인력을 덜어주는 대신 또 다른 일을 만들어냈다. 18세기 말 점차 광산에 양수 목적으로 뉴커먼 증기기관이 등장하고, 와트의 증기기관이 공장을 돌리는 동력으로 대체하면서, 마력을 기계동력으로 대체할 준비를 했다.

### 철도에 관한 세계기록

〈세계에서 제일 긴 직선선로〉
오스트레일리아 철도의 대륙횡단선중 마일지표로 496지점으로부터 793지점 까지의 478킬로미터가 높낮이는 있지만 직선인 선로가 이어진다.

〈세계에서 제일 긴 철도노선〉
열차를 갈아타지 않고 탈 수 있는 가장 긴 거리는 모스크바에서 블라디보스토크간 9,297킬로미터를 시베리아 횡단철도로 가장 빠른 정기열차를 타도 6일 12시간 56분이 걸린다.

〈세계에서 제일 긴 플랫폼〉
인도의 서뱅강주 카르그푸르역의 플랫폼으로 전체 길이는 833미터이다. 참고로 지하철에서 제일 긴 플랫폼은 시카고 환상선의 스테이트 스트리트 센터 지하역의 플랫폼으로 길이는 1,066미터다.

## 기관차의 탄생

말을 대신할 동력으로 증기기관을 이용할 수 있다는 생각은 이미 프랑스의 기사 큐노에 의해 실험되었다. 1763년 큐노는 포탄 운반용 증기차

▲최초의 증기기관차 페니다렌호

▲세계 최초의 증기기관차 '패니다랜호'의 공개실험 장면

를 만들었다. 나무바퀴로 된 포신용 수레에 원통형 증기기관을 달아 바퀴를 돌리도록 하게 만든 이 최초의 저압용 증기자동차는 한 번에 겨우 12분 내지 15분 정도밖에는 갈 수 없었다. 1769년에 이 증기차를 개량하여 파리 시내를 달려보려고 하였으나 조종에 실패하였다.

1784년에 와트의 제자이자 조수이기도 했던 윌리엄 머독이 증기차 설계를 완성한 후, 증기 3륜차 제작에 들어갔지만 결국 실질적으로 도로를 달리는 증기차 제작에는 실패하고 말았다. 이런 실험들에 자극을 받은 영국의 트레비식Richard Trevithick은 아버지가 감독하고 있던 콘웰 광산에 설치된 뉴커먼 기관을 보고 제임스 와트의 증기기관에서 필요한 부분만을 취하여 세계 최초의 증기기관차를 발명한다. 그는 혼자서 고압증기기관 제작에 몰두, 1800년에 빔 연접봉형의 고압증기기관을 제작하는 데 성공하였다. 그가 제작한 이 증기기관은 광산에서 이용되었으나, 이어 제당, 제철, 제분, 양수용으로도 사용되었다. 이 기관 제작과 동시에 그는 고압 증기기관을 도로용 증기차에 부착하여 1801년에 도로상의 시운전에 성공하였다. 여기서 더 나아가 트레비식은 자신의 고압 증기기관을 주철 레일 위를 달리는 차량에도 적용해보고자 하였다.

 1804년, 그는 주철 경사 노선으로 된 18킬로미터 선로에 자신이 제작한 세계 최초의 증기기관차 페니다랜호로 10톤의 선철과 승객 70명을 태운 5량의 화차를 약 시간당 9킬로미터의 속도로 이동하는 데 성공하였다. 그러나 기관사는 승차할 자리가 없어 기관차 옆을 따라 달렸고, 기관차의 무게를 견디지 못한 궤도가 파손되었다. 이 기관차는 원동기 모형의 실린더를 갖고 있고 피스톤 운동은 연접봉, 크랭크를 사용하여 톱니 장치를 통해 바퀴로 전달되었다. 이 실험에 관한 기사는 당시 신문에서 열광적으로 다루어졌다. 하지만 이런 성공에도 불구하고 당시 주철 선로가 지니고 있는 단점으로 인해 실용화될 수는 없었다. 이 주철 선로는 기관차가 5톤을 넘을 경우 장기적으로 사용할 수 없는 상태였고, 자주 일어나는 선로 파손으로 기관차의 정기적인 운행은 불가능하였다.

 트레비식은 1808년 자신의 발명품을 널리 보급하고자 하는 차원에서 런던에 환상環狀철도를 부설하고, 시속 19킬로미터로 달릴 수 있도록 새로 제작한 '누가 나를 따라잡으랴Catch me who can'라는 이름의 기관차 시운전에 성공하였다. 이 기차는 첫 기관차의 시속 5마일 속력을 훨씬 넘는 시속 15~20마일의 속도를 낼 수 있었다. 하지만 당시 비가 많이 내려서 궤도가 기관차 무게를 견디지 못하고 탈선되었다. 여기에 자금을 다 써버린 트레비식은 결국 더 이상의 실험을 계속할 수 없었다. 이후 트레비식은 기관차사업에서 손을 떼고, 영국을 떠나 페루에 가서 뜻밖에 만난 독립전쟁으로 10여 년을 장기체류하다가 다시 고향으로 돌아와 궁핍한 최후를 맞게 된다. 하지만 19세기 영국사가들은 비록 그가 기관차를 실용화하는 데 실패하기는 하였지만, 증기기관차의 발명가로 인정하는 데 조금도 주저

▲1808년 트래비식이 만든 "CATCH ME WHO CAN"호의 공개실험 장면

하지 않는다. 재미있는 것은 증기기관차기술이 와트에서 연유된 것이 아니었다는 점이다. 와트의 증기기관은 저압증기기관 원리에, 트래비식이 개발에 성공한 증기기관차는 고압증기기관의 원리에 기반한 것이었기 때문이다. 결국, 트래비식은 스티븐슨의 명성에 가려져서 알려지지 못했다.

## 스티븐슨의 로켓호가 나오기까지

남웨일즈에서 있었던 트래비식의 실험은 바퀴와 선로 사이에 일어나는 마찰이 이전 목재선로에 비해 견인력을 발휘하는 데 충분하다는 것을 입증해주었지만, 기술자들은 이 해법을 여전히 미심쩍어 하였다. 많은 기술자들이 무언가 다른 방식으로 이 견인력 문제를 해결할 수 있을 것이라고 생각하였다. 요크셔에서 나온 블렌키의 기관차와 아주 독특한 방식의 윌리암 브런튼의 기관차가 새로운 방식으로 견인력을 증대시켜보고자 한 예들이다. 블렌키 811년에 미들튼과 리즈를 잇는 광산철도 개량에 증기력을 이용한 톱니바퀴 기관차를 이용하고자 하였다. 리즈의 유명한 기계 제작자 매튜 머레이가 제작한 이 기관차는 선로 바깥 면에 주물을 부어 만든 톱니궤도를 톱니바퀴가 맞무는 식으로 하여 움직이도록 되어 있었다. 이 기관차는 석탄 수송 목적으로는 적합하다고 판명되어 30년 동안이나 운행되었다. 치상궤도열차의 선조라고 할 수 있다.

브런튼의 기관차는 생물체의 운동을 역학적 기계로 옮겨놓고자 한 전형적인 예라고 할 수 있다. 이 기관차는 선로를 증기기관으로 동작하는 두 대의 '뒷다리'로 움직이도록 된 진정한 의미의 증기기관차라고 할 수 있다. 한편, 브런튼의 기관차는 증기기관차 역사의 한 장을 기록하기도 하였는데, 이 기관차로 움직인 열차가 처음으로 사상자를 내는 철도 사건을 맞게 되었기 때문이다. 1815년, 더 햄에서 시운전을 하던 중에 기관이 폭발해버렸던 것이다.

기관차를 수송수단으로 실용화하고자 하는 노력들은 영국 북동쪽에 위치한 탄광에서 계속되었다. 1813년 영국의 윌리암 헤드리 William Hedley가 트래비식의 페니다랜호 원리를 적용한 '팟휑그리호'를 만들어 영국의 와이람~템즈강 사이 8킬로미터를 50톤의 광석을 싣고 시속 9킬로미터로 주행하였다. 이것은 세계에서 가장 오래된 증기기관차로 영국의 박물관에 보존되어 있다.

철도에 의한 운수혁명의 실질적인 기초를 닦은 이가 바로 이 블뤼허를 제작한 죠지 스티븐슨이다. 뉴캐슬 근교 윌람탄광 광부의 아들로 태어나 아버지의 조수로 킬링워쓰탄광에서 제동수로 직업생활을 시작하였고 자신의 기술과 재능을 발휘하여 증기기관 정비사가 되더니 급기야 감독관

▲레인힐의 경주에 참가한 로켓호의 모습

으로까지 승진하였다. 이 과정에서 그는 당시 발전해가고 있던 증기기관들을 속속들이 익힐 수 있는 계기를 갖게 되었고, 1814년 7월 15일, 드디어 그간 독학으로 익힌 증기기관 지식, 기술을 이용하여 기관차 블뤼허(워털루 전투에서 나폴레옹을 격파한 사람의 이름)호 제작에 성공하였지만 결점이 많아서 실용화되진 못하였다.

1830년 영국 리버풀~맨체스터 사이의 철도에 사용할 기관차를 선정하기 위하여 기관차 콘테스트를 하였다. 유명한 '레인힐의 경주'다. 이 대회에 증기기관차 7량이 참가하여 예심에서 4량이 탈락하고 "싼파래유호", "로벨티호", "로켓호" 3량이 본선에 진출하였으나 2량은 도중 고장으로 탈락하고 "로켓호"만 30명을 태운 화차를 끌고 3.2킬로미터의 경주 구간을 20회 왕복하여 평균 시속 22.5킬로미터, 최고 시속 46.6킬로미터의 대기록을 세우고 선정되어 리버풀~맨체스터 사이 철도 증기기관차로 채택되었으며 이 증기기관차는 죠지 스티븐슨의 아들인 로버트 스티븐슨이 만든 것이다. 이 로켓호는 기존 기관차와는 달리 스티븐슨이 새로이 고안한 관 모양의 기관과 연소실이 장착되어 있어서 조그만 공간에서 넓은 열 표면을 만들어낼 수 있도록 되어 있었고, 동시에 증기실린더는 높은 능률을 일정하게 유지할 수 있었다. 관모양의 기관은 1827년에 프랑스의 마르크 세가 특허를 내었던 기술이기도 하지만 스티븐슨이 이 특허 기술을 알고 있었던 것 같지는 않다. 게다가 직경 2미터가 넘는 테두리를 한 큰 바퀴는 속도를 내는 데도 유리하였다. 어쨌거나 4.5톤도 채 안 되었던 중량의 새 기관차는 17톤이나 되는 차량을 끌고 시속 21킬로미터를 가볍게 주파할 수 있었다. 승객 36명을 태운 객차 1대로 차량이 줄었을 때에는 최고 속도를 38킬로미터까지 낼 수 있었다. 당시 어떤 수송수단도 이런 속도에 이른 적이 없었다. 이 로켓호의 구조는 그 후 모든 증기기관차의 모델로 기능하게 되었다.

이 로켓호의 성공으로 스티븐슨은 증기기관차 기술자의 최고 지위에 오르게 되었다. 이미 1825년 앞서 자신이 만든 증기기관차들에 힘입어 스톡튼~다링튼 철도공사 지휘를 맡았던 그는 다시 이 로켓호의 승리로 최초의 여객화물용 철도인 리버풀~맨체스터 철도공사도 맡게 되었다. 그런데 그가 철도기술 발전에 기여한 것은 기관차 개량에만 그치지 않았다. 무거운 기관차가 운행하는 데 주철로 된 선로가 적합하지 않음을 깨달은 스티븐슨은 해결책으로 20년도에 특허를 얻은 퍼들철(선철을 정련하는 데 아궁이와 용해실이 분리된 반사로를 이용하여, 무쇠 속에 침투하는 유황의 양을 대폭으로 감소시킬 수 있는 법, 무쇠와 슬래그를 잘 접촉시키기 위해 금속을 계속해서 휘저어 섞는 방법으로 인해 퍼들이라는 이름이 붙여졌다.)로 만들어진 선로압연

▲ 세계 최초의 증기기관차로 공인된 조지 스티븐슨의 로코모션호

법을 제안하였다. 새로운 선로는 기관차의 하중을 지탱할 수 있게 되었고, 드디어 철도의 실용화시대가 열릴 수 있게 되었다.

총 길이 45킬로미터에 당시로서는 큰 공사였던 리버풀과 맨체스터 철도공사는 그러나 원만하게 진행되지 못하였다. 노선 예정지 주변의 토지 소유주들이 토지가격 인상에 나선 데다가, 철도이용으로 화물수송에서 누려왔던 독점적인 지위가 무너질 것을 두려워한 운하 수송업자들이 철도건설에 반대하고 나섰던 것이다. 결국 이 노선계획은 처음부터 의회에서 기각되었다가, 운하 소유주들에게 철도주식을 100주씩 주기로 한 후 겨우 승인을 받을 수 있었다. 게다가 기술적인 문제와 관련해서는 스티븐슨이 제작한 기관차 도입을 반대하는 목소리도 많았던 것이다. 당시 주철로 된 선로에는 21대의 정치식 증기기관을 도입하고, 열차를 밧줄로 끄는 방법이 주를 이루고 있었다. 이 기술은 경사가 급한 철도 노반을 지닌 광산에서 실용화되어 있었다. 논란 끝에 결국 스티븐슨기관차 도입으로 결론이 지어지고 이에 적합한 평탄한 노선(최소한의 에너지 소모로 가장 높은 출력을 낼 수 있기 위해서)을 선로압연법으로 제작된 궤도로 완공되기에 이르렀다. 평탄한 노선을 위해서는 결국 리버풀과 맨체스터 사이에 새로이 63개의 다리가 놓여지고, 길이는 약 2킬로미터의 터널이 뚫려야만 하였다.

리버풀과 맨체스터를 잇는 노선의 완공은 증기철도 역사의 첫 장을 마무리하는 것이었다. 이전에 제작된 어떤 철도도 증기기관차에 의한 견인력으로만 운행된 것이 아니었다. 탄광철도인 스톡튼~다링튼 노선에서 1825년 스티븐슨이 자신의 '로코모션' 기관차를 시운전했을 때만 해도 일종의 혼합동력에 의한 운행방식이었다. 경사가 급한 곳에서는 전적으로 정지해 있는 기관차를 밧줄을 이용해 끌어올리는 방식으로 운행되고 있었고, 승객용 열차는 1833년까지 안전을 이유로 말에 의한 견인력이 이용되었던 것이다. 최초의 기관차는 자체에 제동시스템이 구비되어 있지 않아서, 바퀴 회전방향을 바꾸어 정지시키는 데에는 기관사의 곡예에 가까운 솜씨에 의존할 수밖에 없었다. 기관차에 의한 최초의 규칙적인 승객수송은 1830년 5월 3일에 개통된 6마일 길이의 캔터베리~휫스테이블 노선에 스티븐슨의 기관차 'Invicta'가 도입되었다. 하지만 이 짧은 노선에서도 세 번의 비탈길에서는 정지 증기기관이 투입되어야만 했다.

## 철도수송의 시대로

리버풀과 맨체스터 노선 개통 당시 코트노폴리스로 알려진 맨체스터와 면화 수입 최대 항구 리버풀 사이의 연결 후, 1834년에서 37년까지 제1차 철도 열풍에 이어 1844년부터 1847년까지 두 번째 철도 열풍이 불었다.

이 1차 철도 열풍은 경제적인 이유가 충분했다. 실제 철도건설로 수송비는 승객에 대해서도 화물에 대해서도 대폭적으로 감소될 수 있었던 것이다. 예컨대 리버풀~맨체스터 사이의 승합마차 운임이 10실링이었던 데 비해, 유개열차로는 5실링, 무개열차로는 3실링 6펜스였다. 경제성과 여행의 쾌적성으로 철도 승객수는 해마다 증가했다. 철도가 부설될 때까지 두 도시를 왕래했던 승객수는 1년에 16만 5000명이었지만, 1832년에 이 철도를 이용한 사람들은 약 35만 7000명, 1835년에는 약 50만 4000명에 이르렀다. 노선에서 얻은 순이익은 1832년 6만 파운드에서 35년에 8만 4000파운드로 올라갔다. 철도회사들이 속속들이 생겨났고, 영국에 이어 1831년 총 길이 64킬로미터의 찰스턴~오거스타 사이에 미국 철도가 건설되었고, 1832년 프랑스, 1835년 독일, 1837년에는 오스트리아에 최초의 철도가 놓여졌다. 운하운임이 비싸지고, 철, 구리가격들이 낮아지면서 철도건설 비용이 줄어들고 철도건설 붐은 본격적인 궤도에 들어섰다.

두 번째 철도 열풍의 정점은 1847년이었는데, 철도건설에 들어간 비용은 약 5천 6백만 파운드로 총 국가수입의 10퍼센트를 차지하였고, 건설에 들어간 노동력만도 25만 명으로 성인 노동자들의 2.5퍼센트를 점하는 것이었다. 철도건설을 주창하던 이들은 화물수송으로 최고 수익을 올릴 것이라고 기대하였지만, 가장 주요한 수입원은 승객수송이었다. 자욱한 연기에 불꽃마저 튀기며, 당시까지 감히 상상도 못했던 시속 30킬로미터로 질주하는 기관차는 사람들에게 공포심을 유발하기에 충분하였지만, 운임료를 지불할 수 있었던 열차 승객들의 호기심, 먼 거리를 빠르게 이동할 수 있다는 장점 앞에 이들 공포가 머물 자리는 거의 없었다. 화물수송에서는 증가된 속도로 인해서 역시 이점을 갖게 되었는데, 이 철도는 그때까지 창고들을 구비하고 공장설비가 있는 구역까지 들어가던 운하 수송업계나 도로 수송업계로서는 강력한 경쟁자로 인식될 수밖에 없었다. 화물수송을 철도로 옮겨오기 위해서 철도 업체에서는 화물용 플랫폼, 창고, 진입로를 갖추는 데 노력하여 서서히 이 분야에서 얻게 되는 이윤이 올라가게 되었다. 1850년경에야 화물수송과 승객수송에서 얻는 이익이 비슷해졌다.

비용 절감에 승객수송으로 인한 급격한 이윤의 상승 등으로 철도는 자본가들 사이에 새로운 투자시장으로 점차 위치가 구축되어 갔다. 이 두 번째 열풍 시기에는 다른 철도시스템 구축 시도도 막연한 철도 붐을 잡으려는 투자가들을 잠시 유인할 수가 있었다. 소위 '대기압철도건설'이 그것이었다. 대기압철도회사들이 설립된 것은 새로운 철도시스템에 대한 엄청난 열광주의가 계속되던 와중이었다. 1844년에서 1847년 사이에 대기압철도가 영국, 아일랜드, 스코틀랜드, 웨일즈, 프랑스, 벨기에 오스트리아, 헝가리, 이탈리아, 서인도 제도에서 계획되거나 건설되었다.

대기압철도기술은 기존의 철도기술과는 전혀 다른 원리에 기반하고 있었다. 두 철도 체계 사이의 주요한 차이점으로는 대기압철도가 기차를 끄는 데에 기관차를 이용하지 않는다는 점을 들 수 있다. 그 대신 기압선 선로 사이에 원통 모양으로 주조된 직경 15인치 이상 되는 쇠로 된 실린더를 선로 전체에 부설하여 이 튜브 모양의 실린더에 잘 맞도록 설계된 피스톤을 기차의 선도 차량 차대에 단단히 고정시켜 놓았다. 이 배열은 튜브의 꼭대기를 따라 길이 방향으로 잘려진 연속적인 긴 홈을 만들어서 피스톤을 철도의 차량에 연결시키는 받침대가 자유롭게 움직일 수 있도록 해야 한다. 기차가 지나갈 때를 제외하고 튜브를 밀봉시키기 위해서는 가죽밸브가 사용된다. 증기기관 철도의 경우 기관차에 달려 있는 실린더와 피스톤이 철도에 동력을 공급하는 반면, 대기압철도는 궤도상에 실린더를 설치하고 첫 번째 차량에 피스톤을 고정시키기 때문에 기차를 견인할 증기기관이 필요 없다. 대기압의 또 다른 특징은 실린더를 따라 피스톤을 움직이는 데에 비싼 증기력 대신 대기압을 사용한다는 점이다. 철도를 따라 2~3마일 간격으로 설치된 증기로 구동되는 공기펌프는 기차가 도착하기 직전에 실린더에서 공기를 빼내어 피스톤이 기차와 함께 압력이 낮은 방향으로 움직이게 만든다.

대기압철도는 초기에 개발된 증기철도의 소음과 먼지를 경험했던 승객들에게 깨끗하고 조용하고 빠른 운송수단인 데다가, 견인방식에 들어가는 에너지 낭비를 줄일 수도 있었다. 하지만 영국과 유럽 여러 나라에서 제안되거나 건설이 추진된 100대 이상의 대기압철도 중에서 실제로 건설이 완료된 것은 네 곳뿐이었다. 기관차가 없어 열차운행 제어가 힘들었고 실린더에서 공기가 모두 빠져나가면, 피스톤이 앞을 향해 급속하게 빨려 들어가기 때문에 효과적이지도 않은 제동장치를 있는 대로 조작해야만 했다. 속도조절기가 없는 기차의 속도는 일정치 못하였다. 돌출 실린더가 달린 대기압철도 위를 일반 차량이 지나게 되는 철도 건널목도 문제였다. 전신체계의 미 발달로 기차 도착 시간 3~5분 전에 가동시켜야 하는 진공펌프를 정시에 조작하기는 힘들었다. 이에 따라 미리 가동시킨다든지 하여 연료 낭비가 초래되었다. 결국 대기압철도는 일시적인 유행 기술로 머무를 수밖에 없었다.

## 철도시대의 도래와 영향

1840년까지 1400마일이 건설되었고, 1850년 총 노선은 6500마일, 이어 12,500마일 건설이 각 정부승인을 받게 되었다. 시간과 공간을 축소시킨 이외에도 철도는 도시화를 급속하게 진전시켰고, 노동자들의 이동력도 상승시켰다. 생산능력과 기술적인 발전에 관한 한, 철도건설은 철제련소나 기계제작소에서는 최대의 도전이라 할 만하였다. 1마일 선로를 까는

데 들어가는 철의 양은 스톡튼과 다링튼의 경우 22톤에 불과하였지만, 좀 더 안정적인 선로를 부설하는 데 들어간 철의 양은 1839년에 이르러서는 94톤에 달했다. 기관차의 무게가 처음에는 불과 5~10톤이었지만, 40년이 지난 후에는 20~27톤을 호가하게 되었다. 그중에 가장 많은 양을 차지하는 것이 주철과 강철로, 이중 상당한 양이 다리와 구름다리제작에 사용되었다. 철도건설의 정점에 달하는 해였던 1847년에 전체 선철 생산의 18퍼센트, 기계제작 산물의 20퍼센트가 철도건설에 이용되었다. 이들은 기관차 생산뿐만 아니라 기관차제작이나 구동 부품정비에 없어서는 안 될 공작기계제작에도 투입되었던 것이다.

다른 증기기관들과 비교해서 기관차 제작에는 높은 정밀도를 요하는 금속가공법과 질이 좋은 공작재료가 요구되었다. 동력기, 동력전달시스템들로부터 나오는 동력이 바퀴로 전달되도록 해야만 하는 증기기관차는 아주 복잡한 기술구성체였다. 서로 맞물리면서 움직여야 하고, 서로 긴밀하게 얽혀 있는 부품들의 수나 속도 및 사용되는 성분 물질과 연과되어 발생되는 부하능력은 정지해 있는 증기기관들에 비하면 비교가 안 되게 크고 많았던 반면, 이들 문제들에 부딪쳐 사람들이 설계상의 아이디어나 구조적인 아이디어를 갖고 해결할 수 있는 공간은 협소하기 그지없었다. 구조상의 결함, 질 나쁜 공작재료나 생산기술상의 부주의는 바로 선로 파괴, 구동축들이 꽉 물려 돌아가지 않는 문제들을 낳곤 하였다. 다른 기계사용 분야에서는 단순한 고장이나 최악이라고 해봐야 덮어들 수도 있는 내부 운전사고로만 드러날 것이, 철도운행에서는 대량의 재난을 야기할 수 있었다. 다른 증기기관들이 투입되어 이용되는 공장과는 달리 열차는 공중, 공공이라는 조명을 받고 운행되는 것이었다.

열차 사고는 19세기 가장 떠들썩한 사건에 속하였다. 파리~베르사

이유 구간에서 55명의 사망자와 100명이 넘는 중상자를 낸 1842년 5월 8일의 열차 사고는 오랫동안 유럽에서는 일종의 열차쇼크를 초래하였다. 이런 배경으로 철도운영사업에 뛰어든 이들로서 사고는 치명적이었고, 최대한 미연에 방지해야만 하는 것이었다. 실제적인 철도 수송작업은 물질 성분들이 얼마나 하중을 견뎌낼 수 있는가, 가장 적합한 선로 형태는 무엇인지, 선로들의 고정상태, 선로에 미치는 날씨 변동 영향 등의 문제를 치밀하게 다룰 수밖에 없었다. 각 기계 부품들의 일반적인 문제 중의 하나인 마찰이나 윤활유 바르는 문제 등은 꽉 물려진 구동축으로부터 발생하게 된 고장들이나 사건들과 관련해서는 수십 년 동안 거의 전적으로 철도기술자들에 의해서만 조사되었을 뿐이다.

철도운영은 다종다양하면서 고도의 숙련을 요구하는 일자리들을 창출하였다. 이에 반해 노선을 놓는 일은 대부분이 가장 힘든 육체노동자의 몫으로 남겨졌다. 영국 북부에서는 이들 노동자들 대다수를 아일랜드인들이 차지하였다. 근대 기술 중에서 증기기관은 터널 구축시 양수작업에 증기기관이 투입되었을 뿐이다. 이들 노동자들의 안전대책이나 노동조건은 형편없어서 1839년부터 1945년까지 우드헤드 터널공사에서는 3퍼센트의 노동자들이 목숨을 빼앗기는 사고를 당했다.

정치가들, 특히 철도행정 관련 관료들은 철도운행 계획이나 운임 확정이 철도회사들, 주식소유자들뿐만 아니라 동시에 특정 사람들, 화물들 혹은 도시들을 다른 지역에 비해 유리한 위치에 서게 하는 일종의 구조정치와 관련 있다는 점을 곧 깨닫게 되었다. 철도는 정치가들이 자신들의 이해를 관철할 수 있는 수단이 되어버렸다.

철도는 최초의 산업기술시스템, 계층, 계급을 막론하고 운임비만 지불하면 누구나 누릴 수 있는 산업기술이었다. 전 국가는 철도망으로 구석구석 이어졌다. 자본주의의 작품. 새 시대의 상징으로 표현되곤 하던 철도는 이어 자신의 어두운 면을 드러내게 되었다. 증기기관차의 소음, 각종 철제 동력장치들이 만들어내는 유래 없는 소음들, 속도로 인해 빚어지는 소음들은 시골 마을의 정적을 깨뜨려놓았다. 철로 옆 평원들은 증기기관차가 내뿜는 그을음으로 이내 더럽혀졌다. 1840년경 영국 의회의 아이작 코핀의원은 이렇게 표현하고 있다. "창문 아래로 기차가 다니는 집에 사는 이들은 누구나 할 것 없이 불편해함에 틀림없다. 도로를 내고 넓히고 하느라고 돈을 댄 사람들은 도대체 어떻게 되라는 말인가. 앞으로도 선조들처럼 여행하기를 원하는 소유마차나 임대마차, 앞으로는 더 이상 존재하지 않게 될 그런 차로 여행하고자 하는 이들은 어떻게 될 것인가."

마차제작자들과 더불어 새로운 질병도 생겨났다. 대형 기계인 철도가 충돌하거나 전복하면서 일으키는 사고로 인해 인간이 받는 상처는 이전에도 전혀 경험하지 못한 바였다. 쇼크라는 정신적인 충격은 철도사고가 만들어낸 현대의 새로운 질병이었다.

이렇게 많은 시행착오와 우여곡절을 거치면서 철도는 발전을 거듭했다. 광산에서 짐을 나르기 위한 나무판길이 철길로 발전되고, 사람이 끌던 수레를 말이 끌고, 말이 끌던 수레를 증기기관차가 끌게 되면서 철도가 탄생하여 인류문명의 진화를 선도하였다. 석탄을 태워 물을 끓여 증기로 움직이던 기관차는 석탄 대신 기름으로, 기름 대신 전기로 발전하였고, 철도 탄생 시기에 나를 잡아보라던 "Catch me who can"은 이제 사람뿐만 아니라 어떠한 동물도 따라잡을 수 없는 초고속열차가 등장하여 비행기와 겨루는 시대가 되었다. 여기서 한발 더 나아가 이제는 자기에 의하여 철길 위를 떠서 달리는 자기부상열차가 실용화되고 있어 머지않아 철도기술의 진화는 우리가 상상할 수 없는 또 다른 모양의 철도를 선보일 것으로 기대된다.

## 참고문헌

- 조지 바살라, 『기술의 진화』, 까치 (1996)
- 소련과학아카데미 편, 『세계기술사: 원시시대에서 산업혁명까지』, 동지 (1986)
- 볼프강 쉬벨부쉬, 『철도여행의 역사: 철도는 시간과 공간을 어떻게 변화시켰는가』, 궁리 (1999)
- F. 클렘, 『기술의 역사』, 미래사(1992)
- Andreas Balthasar, *Zug um Zug: Eine Technikgeschichte der Schweizer Eisenbahn aus sozialhistorischer Sicht*, Birkhauser(1993)
- Wolfgang Konig · Wolfahrd Weber, *Netzwerke Stahl und Strom*, (Propylaen Technikgeschichte 1840~1914), Berlin(1997)
- 村上陽一郎, 科學技術史事典, 弘文堂(1983)

## 참고사이트

- http://www.korail.go.kr/2003/museum
- http://www.krc.ac.kr
- http://edu.korail.go.kr
- http://csacademy.korail.go.kr
- http://www.krri.re.kr

＊사진을 제공해 주신 한국철도박물관의 손길신 관장님께 감사의 말씀을 올립니다. (편집부)

# 현수교

하늘과 바다 사이의 평행선

1801 suspension bridge

고현무  hmkoh@snu.ac.kr

서울대학교 토목공학과를 졸업하고 미국 일리노이 대학교 어바나-샴페인에서 공학박사학위를 받았다. 현재 서울대학교 건설환경공학부 교수로 재직하고 있으며 서울대-포스코 석좌교수와 건설환경종합연구소 소장을 겸임하고 있다.

# 대륙을 잇는 다리

## 현수교의 기원

　인천국제공항 고속도로를 달리다보면 영종도와 육지를 연결하는 거대한 현수교를 만나게 된다. 2000년 말에 개통된 영종대교는 인천국제공항과 서울을 오가는 교통의 관문으로서, 우리나라를 찾아오는 손님들에게 국내 교량기술에 대한 첫인상을 심어주는 대표적인 구조물이다.

　실제로 이 다리를 지나다보면 웅장한 교탑과 긴 케이블, 그리고 이 케이블에 매달린 날렵한 상판의 모습에 감탄하지 않을 수 없다. 그래서인지 '철과 콘크리트로 이루어진 이 거대한 작품은 도대체 언제부터 만들어지기 시작했을까' 라는 의문이 생긴다. 대부분의 사람들이 그렇듯 현수교가 근대 역사의 산물이라고 생각하기 쉽지만, 그 보다 훨씬 더 오래전으로 거슬러 올라간다.

　현수교의 기원은 산악지의 원시민족들이 덩굴을 나무에 매달아 계곡을 건너는 수단으로 사용한 것이라고 알려져 있다. 아직도 동남아시아, 남

▲세계 최초의 3차원 자정식 현수교인 영종대교

미대륙, 인도의 오지 등에서 그와 같은 발자취를 찾아볼 수 있다. 우리에게 너무나도 유명한 영화 〈인디애나 존스〉에서는 주인공이 동남아시아의 오지에서 현수교 모양의 밧줄다리를 타고 적들의 추격을 따돌리는 숨 가쁜 장면을 볼 수 있다.

　이러한 원시적 형태의 현수교는 식물의 줄기로 엮은 밧줄과 나무판으로만 이루어져 있었기 때문에 힘을 많이 받는 부분은 변형이 크게 발생하여 사용상의 불안정성이 있었고 내구성도 크게 부족했다. 원시적 형태의 현수교는 매우 오래전부터 사용된 것으로 추정되는데, 역사에 기록된 가장 오래된 현수교는 서기 400년경 인더스강 상류에 건설된 '밧줄다리'라고 알려져 있다.

이와 같이 현수교의 역사는 매우 깊지만, 오늘날과 같은 모습을 갖추게 된 것은 산업혁명 이후부터다. 18세기 말엽에 산업혁명이 일어나면서 기차가 물자수송과 대중교통수단으로 사용되었기 때문에 무거운 열차가 빠른 속도로도 안전하게 지나갈 수 있도록 강과 계곡을 연결하기 위해서는 보다 높은 강도를 가진 새로운 재료로 다리를 만들어야 했다. 이러한 시대적 요구에 맞춰 교량의 건설재료로 철강의 사용이라는 기술적 혁신이 이루어졌으며, 철강이 대량생산되면서 근대 교량의 역사는 일대 전환기를 맞게 되었다. 철을 사용하면서 다리는 엄청난 무게를 감당할 수 있게 되었고, 그와 함께 점점 장대화될 수 있었다. 이러한 교량기술의 진보로 강철 케이블을 이용한 현수교가 개발되었고, 비로소 근대적인 모습의 현수교가 역사 속에 등장하기 시작했다.

## 현수교의 시련과 영광

근대 현수교의 원형은 1807년에 제임스 핀리가 미국에 건설한 제이콥스 크릭교라고 할 수 있다. 이 교량은 교탑과 상판이 목재로 이루어졌지만 케이블로는 쇠사슬을 이용하여, 근대 현수교로서 구비해야만 하는 요소를 원시적인 면에서 갖춘 초기의 현수교였다. 그 뒤로 많은 근대식 현수교들이 건설되기 시작하였는데, 쇠사슬 대신 와이어케이블을 도입하고 석재 교탑을 세우면서 보다 튼튼하고 길이도 수백 미터에 이르는 교량들이 만들어졌다.

이러한 근대식 현수교의 발전에 힘입어 1883년에는 뉴욕의 중심 맨해튼과 브루클린 지구를 이어주는 그 유명한 브루클린교(486미터)가 건설

▲뉴욕의 명물 브루클린교

되었다. 브루클린교는 강으로 둘러싸여 배로만 왕래할 수밖에 없는 맨해튼 섬을 처음으로 육지와 연결시켜주었을 뿐만 아니라, 당시 세계 최장 길이를 자랑하는 꿈의 다리였다. 또한 지금도 많은 차량이 다니고 있어서 그 역사적 의의가 더 깊다. 많은 사람들이 자유의 여신상과 브루클린교를 뉴욕의 상징으로 꼽을 만큼 이 교량은 뉴욕의 명물로 자리 잡고 있는데, 뉴욕을 배경으로 하는 여러 영화에 자주 등장했을 정도로 우리에게도 친숙하다. 브루클린교의 건설로 맨해튼섬은 하루가 다르게 발전을 거듭했고, 오늘날 뉴욕의 경제, 사회, 문화적 중심지로 발돋움했다. 현수교라는 인류의 발명

▲세기의 기념비적 현수교인 금문교

품이 한 도시의 성장을 촉진시킨 셈이다.

그 이후 전세계적으로 긴 경간을 필요로 하는 곳에 많은 현수교들이 지어졌고, 이들은 각 지역과 국가의 효율적인 도로망을 구축하는 데 크게 기여하였다. 브루클린교의 경간 길이 기록은 이후 등장한 여러 현수교들에 의해서 계속 갱신되었으며, 1931년에는 불가능한 것으로 생각되었던 1,000미터 길이의 장벽이 조지워싱턴교(1,066미터)에 의해 깨졌다. 장대교 기술의 거듭된 혁신 속에 1937년에는 마침내 저 유명한 금문교(1,280미터)가 세상에 모습을 드러냈다. 금문교는 샌프란시스코만에 위치하고 있는데,

독특한 계단 모양으로 하늘 높이 솟아오른 붉은색 교탑(227미터)과 주변 경관과의 뛰어난 조화로 인해 세계적인 관광 명소로서 각광을 받고 있다. 그러나 건설 당시에는 엄청난 공사비가 소요되었고, 강풍이 불고 수심이 깊은 샌프란시스코만의 자연환경과 선박 충돌의 위험성 때문에 공사를 진행하는 일이 결코 쉽지 않았다. 이러한 고난과 역경을 슬기롭게 극복하였기에 인류 역사의 한 페이지를 장식하는 위대한 현수교가 탄생하였던 것이다.

기념비적인 현수교들이 속속 등장함에 따라 이를 지켜보는 시민들과 교량기술자들은 이제 대자연의 어떤 장벽도 극복할 수 있다는 자신감을 갖게 되었다. 하지만 이는 인간의 오만함이었을까? 1940년에 건설된 근대식 교량으로서 세인의 화제를 불러일으켰던 미국의 타고마교(853미터)는 불과 초속 19미터의 바람을 견뎌내지 못하고 무너지고 말았다. 당시의 붕괴 장면은 필름에 생생히 담겨 큰 충격을 던져주었다. 아이러니하게도 그 엄청난 붕괴로 인한 피해는 자동차 한 대와 그 속에 있던 애완견 한 마리뿐이었다. 만일 교통이 혼잡한 때에 그와 같은 사고가 일어났다면 어떤 결과를 가져왔을까? 아마 상상할 수 없을 정도의 대참사가 일어났을 것이다.

기술자들이 심혈을 기울여 설계한 현수교가 그다지 강하지 않았던 바람에도 엿가락처럼 뒤틀려 무너진 이유를 당시로서는 설명할 수 없었다. 교량기술자들은 그 원인을 규명하기 위해 노력했고, 마침내 공기역학적인 요인들이 현수교와 같은 장대교의 안정성에 큰 영향을 미칠 수 있음을 발견하였다. 이 붕괴사고로 현수교와 같은 장대교량은 바람에 의한 진동은 물론 동적인 거동이 매우 중요함을 알게 되었으며 따라서 기존의 설계기술을 재평가하는 계기가 되었다.

쓰라린 실패의 교훈을 안고, 장대 현수교기술은 20세기 후반까지 눈

부신 발전을 거듭하였다. 미국에 건설된 마지막 대형현수교로서 1965년 뉴욕에 개통된 벨리자노교(1,298미터)는 금문교의 최장경간 기록을 갱신하였고, 1981년 영국의 험버교(1,410미터), 1998년 덴마크의 그레이트벨트교(1,624미터)가 뒤이어 건설되면서 장대 현수교 길이의 기록갱신 행진은 계속되었다.

현재 세계에서 가장 긴 교량은 1998년 일본에 건설된 아카시대교(1,990미터)이다. 이 교량은 폭 4킬로미터에 달하는 아카시해협을 건너는 현수교로서, 총 길이는 물론 경간 길이만 해도 세계 으뜸을 자랑하는 장대교이다. 아카시해협은 가장 깊은 곳이 수심 110미터에 이르고 조류의 속도도 무척 빠를 뿐만 아니라, 해마다 몰아치는 태풍의 경로상에 있는 등 현수교건설에 최악의 자연조건을 고루 갖추고 있다. 이로 인해 타당성 조사에서부터 완공에 이르기까지 무려 30여 년의 긴 시간이 소요되었다. 아카시대교 교탑의 높이는 283미터로서 63빌딩(250미터)보다 33미터나 더 높다. 이 교량에 사용된 강선의 총 길이는 30만 킬로미터로서, 이는 지구 둘레의 7.5배에 달한다. 또한 순간 최대 풍속 80m/sec의 바람 및 리히터 규모 8.5의 지진에도 견딜 수 있도록 설계되었다. 이와 같이 아카시대교는 인류가 현수교건설을 위해 다양한 분야에서 개발한 첨단기술을 집약시킨 기술의 정점이라고 할 수 있다.

전세계적인 현수교의 역사와 비교해 볼 때, 우리나라는 1973년 남해대교(404미터)의 건설을 시작으로 2000년의 영종대교(4,420미터), 2002년의 광안대교(500미터)에 이르기까지 불과 30여 년의 짧은 역사를 가지고 있다. 교량기술이 낙후되어 있던 우리나라는 이 기간 동안 비교적 빠른 성장을 이루었다. 특히 영종대교는 세계 최초의 3차원 자정식현수교로서 국내 현수교기술이 세계적 수준임을 보여주었다.

▲세계 최장의 현수교인 아카시대교

## 공학기술의 결정체

현수교는 다른 형식의 교량들보다도 길이와 규모가 훨씬 크고 막대한 공사비가 소요되기 때문에 계획, 조사 단계부터 설계, 제작, 가설, 유지관리에 이르기까지 특별한 과정으로 건설된다. 계획 및 조사 단계에서는 현수교가 들어설 곳의 지리적 특성, 인접 지역에 대한 연결성 향상과 교통수요분담, 지역 경제에 대한 파급효과, 주변 환경과의 조화 및 상징성 등을 고려하여 신중한 검토가 이루어진다. 광범위한 조사 결과 현수교건설에 대

▲국내 최장의 현수교인 광안대교

한 기술적인 타당성 및 경제성이 확보되면 교탑 위치와 높이, 케이블 형식과 바닥판 단면, 사용재료 등의 전반적인 구조형식을 선정한다. 그리고 나서 경간장, 교탑 형상, 케이블 배치, 바닥판의 치수 결정과 가설방법 선정 등의 상세 설계가 이루어지고, 이후 각 시공단계별로 필요한 부재를 제작하고 가설공법에 따라 공사가 진행된다.

현수교는 다리 자체와 교통량의 무게를 주 케이블에 매달아 분산시키고 이 케이블을 다시 교탑이 지지하도록 설계한다. 다리의 길이가 길어질수록 무게도 증가하고 또 이를 지지할 케이블과 교탑의 규모도 현저히 증가하게 된다. 케이블은 굵기가 6밀리미터 이내인 철사를 수만 개 꼬아서 만든 중간케이블을 다시 몇 십 개 합하여 만들어진다. 이 얇은 철사 하나는 3.5톤 화물트럭을 견딜 수 있을 정도로 매우 고강도이다. 대략적으로, 케이블 중 4분의 1은 다리 자체의 무게를 지탱하고 다른 4분의 1은 차량하중을 지탱하며, 나머지 반 정도는 안전장치의 역할을 한다. 케이블을 오랫동안 안전하게 유지하기 위해서는 부식을 방지하는 것이 제일 중요하다. 이러한 장대현수교의 설계와 건설에 있어 중요하게 고려해야 할 사항으로는 태풍과 같은 강한 바람에 대한 내풍성, 빠른 해류에 대한 교탑의 안정성, 선박의 충돌에 대한 안전성, 지진에 대한 저항력, 그리고 가벼우면서도 견고한 재료의 사용 등이 있다. 이와 같은 중요한 문제들을 해결하기 위해서 교량기술자들은 다양한 분야의 첨단기술을 개발하여 적용하고 있다.

현수교는 교탑이 매우 높고 위치하는 지역의 특성상 강한 바람의 영향을 크게 받기 때문에 이로 인한 진동문제를 최소화하는 것이 중요하다. 그런데 현수교와 같은 장대교량의 경우에는 설계단계부터 복잡한 공기역학적 거동을 슈퍼컴퓨터로도 완벽히 분석하기가 어렵기 때문에, 축소 모형을 제작하여 풍동실험을 실시한다. 실험결과로부터 바람으로 인한 진동을 최소화할 수 있도록 구조 부재의 형태를 적절히 변경하고 부가적인 장치의 장착여부를 결정한다. 현수교 상판의 측면을 바람이 잘 통하는 트러스 형태로 만들거나 항공공학의 기술을 도입하여 날개 모양으로 제작하는 것은 이러한 진동을 줄이기 위한 대표적인 예이다. 2003년 여름에 우리나라를 강타한 태풍 매미의 순간 최대 풍속은 60m/sec에 달했는데, 이로 인해 많은 인적, 물적 피해가 발생했지만 내풍설계가 된 광안대교에는 별다른 피해가 발생하지 않았다.

현수교의 교탑은 엄청난 하중이 설계대로 정교하게 분산될 수 있도록 매우 정밀하게 시공되어야 한다. 아카시대교는 이러한 정밀도를 유지하기 위해 시공단계부터 교탑 상부에 동조질량장치라는 진동제어장치를 도입하여 교탑의 정확한 수직 형상을 확보할 수 있었다. 또한 이 장치는 바람뿐만 아니라 지진에 의한 진동을 완화시킬 수 있었다. 교탑이 완공된 이후의 공사가 한창 진행 중이던 1995년에 리히터 규모 7.2의 고베 지진이 발생했을 때는, 지각변동으로 교탑 사이의 거리가 80센티미터만큼 늘어났음에도 불구하고 피해가 없었다.

　　매우 높은 현수교 교탑을 정확히 수직으로 유지하기 위해서는 정밀한 교탑 기초의 건설이 필수적이다. 일반적으로 교탑 기초의 시공에는 수중에 원통형의 물막이벽(케이슨)을 설치하여 굴착 및 콘크리트를 타설하는 케이슨공법을 적용한다. 아카시대교에 사용된 케이슨은 지름 80미터, 높이 70미터, 무게 15,000톤에 달하는데, 이를 설치할 당시에 수평면에 대해 기울어지는 높이의 오차를 10센티미터 이내의 정밀도로 놓아야 했다. 그리고 상판은 20미터 내외로 분할된 각 부분을 조립하여 설치 완료시 각 부분의 간격은 신용카드 두께보다 작은 정도의 엄청난 정밀도가 요구된다. 이는 약 0.01퍼센트의 오차로서 현수교의 엄청난 규모와 무게로 볼 때 나노기술에 견줄 수 있는 수준의 높은 정밀도라 할 수 있다.

　　케이슨에 콘크리트를 타설할 때는 염분에 의해 부식되지 않도록 내화성 콘크리트를 사용해야 한다. 그리고 경화속도가 빠른 콘크리트를 타설할 경우에 발생하는 열팽창 문제를 완화시킨 신개념의 저열 콘크리트를 개발하여 사용하고 있다. 또한 케이블과 행어가 지탱하는 상판의 중량을 최대한 줄이기 위해 가볍고 강도가 매우 높은 강화플라스틱(FRP, Fiber Reinforced Plate)이나 유리섬유로 보강된 바닥판과 같은 신복합재료를 지속적으로 개발하고 있다. 그리고 염분을 포함한 바닷바람에 의해 현수교가 부식되는 것을 방지하기 위해서 환경친화적인 특수 페인트를 사용하거나 특수 방습장치를 부가적으로 사용하기도 한다.

이와 같이 현수교는 물리학, 수학, 토목공학, 재료공학뿐만 아니라 심지어 항공공학에 이르는 다양한 분야의 첨단기술이 복합되어 있고, 꾸준한 기술개발과 창의적인 노력으로 혁신적인 발전이 계속되고 있다.

현수교는 자연조건상의 제약이 많은 곳에 건설되기 때문에 중앙 경간이 매우 길고 교탑도 또한 거대하다. 따라서 공사기간이 상당히 길고 소요되는 비용도 엄청나다. 광안대교의 경우만 해도 착공부터 개통까지 9년이라는 긴 시간이 흘렀고, 7,900억 원이라는 천문학적인 공사비가 들었다. 한강 교량들의 공사기간이 평균 5년 전후이고 공사비용이 200억 원 내외라는 점을 감안하면, 현수교에 얼마나 높은 수준의 기술이 필요하고 막대한 사회적 비용과 인내가 요구되는지를 짐작할 수 있다.

## 대륙을 잇는 미래 기술

21세기에 접어든 이 시점에서 현수교에는 어떠한 기술적 진보를 기대할 수 있는가? 원시적인 밧줄다리에서 시작하여 2,000미터의 거대한 현수교건설에까지 이르는 교량의 역사를 돌이켜보면, 미래에는 이 보다 더한 발전을 기대할 수 있다. 그러면 미래에 우리 앞에 나타날 교량은 과연 어떤 모습일까? 이는 지금까지와는 전혀 다른 새로운 모습의 교량일 수도 있고, 교탑 사이가 상상할 수 없을 정도로 멀어서 끝없이 길게 뻗어 있는 현수교일 수도 있다. 실제 메시나해협과 지브롤터해협에는 현재의 최장 대교인 아카시대교보다 훨씬 더 긴 미래의 현수교를 계획 중에 있다. 거친 자연조건과 기술적인 어려움으로 불가능해 보이지만 이러한 꿈을 현실화할 날이

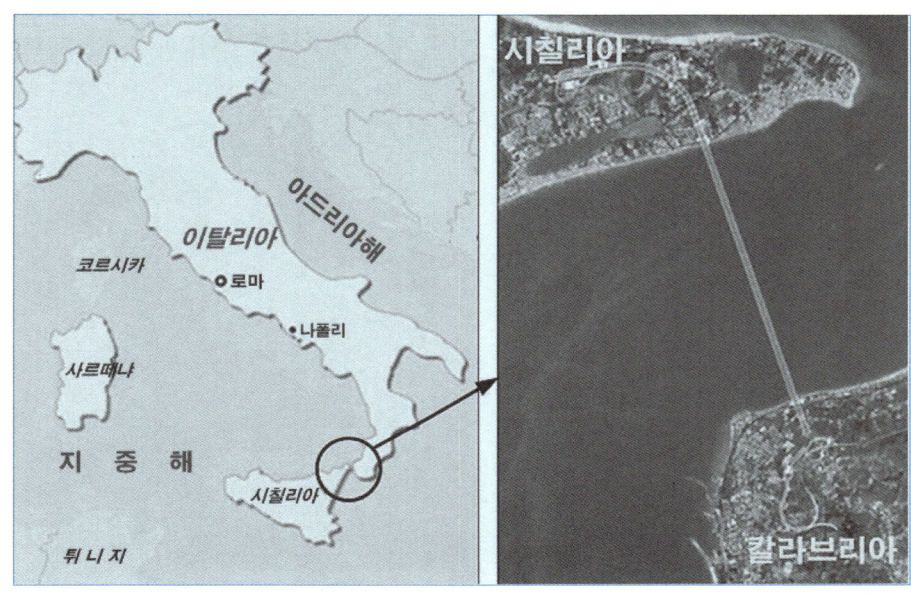

▲메시나 해협 횡단 교량 프로젝트

멀지 않은 것으로 보인다.

    메시나해협은 이탈리아 반도 남부의 칼라브리아와 시칠리아섬 사이에 있는 길이 약 30킬로미터, 최대 너비 16킬로미터의 해협이다. 메시나해협 프로젝트는 이 두 곳을 교량으로 연결하려는 계획이다. 1986년에는 이 해협을 건너기 위한 여러 계획들 중 현수교를 최적 대안으로 선정하였다. 단, 해협의 중간에 교각이 들어서면 안 되는 것을 전제로 했기 때문에 역사상 가장 긴 경간(약 3,300미터)의 현수교를 계획하게 되었다. 50억 달러라는 엄청난 비용과 11년의 공사기간은 이 프로젝트의 규모가 얼마나 방대한 것인지를 보여준다.

    유럽과 아프리카 대륙은 지난 수억 년에 걸쳐 서서히 떨어져 나갔다.

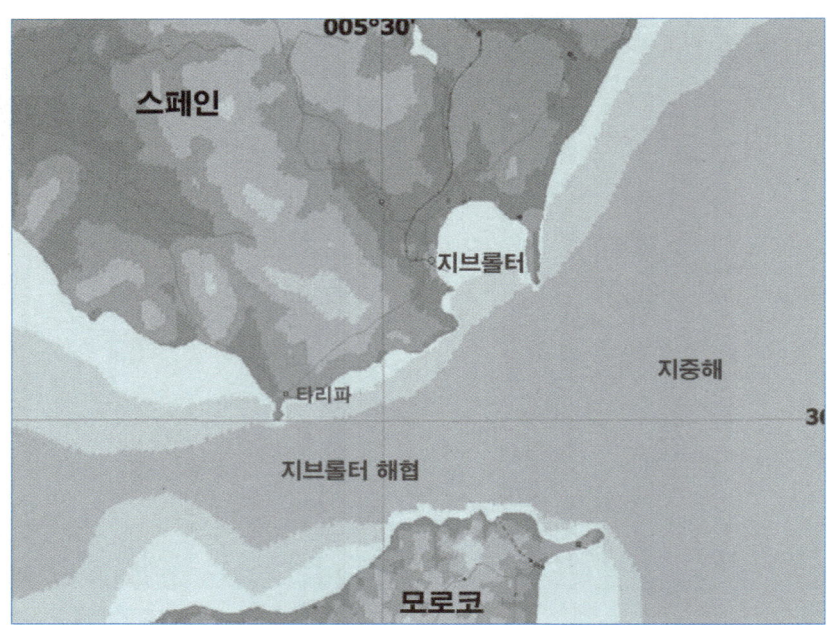
▲유럽과 아프리카 대륙 사이의 지브롤터 해협

이제 교량기술자들은 스페인과 모로코 사이에 위치한 지브롤터해협을 최신 현수교기술을 원용한 새로운 형태의 교량으로 건설하여 이 두 대륙을 다시 이으려 하고 있다. 망망대해의 14킬로미터를 순전히 다리로 연결하고자 하는 설계안에 따르면 현수교와 사장교 구간이 2대 1의 비율로 혼합된 새로운 형태의 현수교로 계획되어 있다.

교량 공학기술은 '더 길고 아름답게, 그리고 보다 안전하고 편리하게'라는 현대인의 요구와 맞물려 발전을 거듭하고 있으며 도시성장의 촉진, 경제의 활성화, 지역간의 교류에 크게 이바지하고 있다. 인류문명의 발전이 교량의 건설과 함께했다는 역사적 사실은 이를 충분히 뒷받침해준다. 현수교는 첨단 공학기술의 집약체로서 교량공학 분야의 기술을 선도해왔고, 이와 관련된 다양한 분야의 산업들을 이끌어가고 있다. 미래의 현수교는 지역간의 교류를 뛰어넘어 지브롤터해협 프로젝트와 같이 국가 또는 대륙간의 교류를 추구하는 방향으로 전개되고 있다.

우리나라도 고속철도시대를 맞이함에 따라 장기적으로 시베리아횡단 철도 및 중국횡단 철도와 연결하고 나아가 대한해협을 통해 일본까지 연결하는 대형 프로젝트를 구상하고 있다. 대한해협은 폭이 약 42킬로미터로서 이를 연결하기 위해 해저터널과 장대교량 등의 건설을 검토하고 있다. 긴 경간 길이를 확보할 수 있기 때문에 교각의 수를 줄일 수 있고 선박들이 안전하게 통행할 수 있는 현수교는 이러한 프로젝트의 주축이 될 것으로 기대된다. 이러한 초 장대 현수교의 건설은 더 이상 먼 미래의 일도, 다른 나라의 일도 아닌 21세기에 접어든 우리가 당면한 새로운 과제로서, 이를 성공적으로 이끌기 위해서는 끊임없는 기술혁신과 노력, 창의적 도전정신이 필요하다.

## 참고문헌

- 박명석, 『현대의 현수교』, 건설도서(1993)
- 대림산업주식회사 외, 『현수교―기술과 변천』, 과학기술(2003)
- Fritz Leonhardt, 『교량의 미학』, 원기술(1994)
- Fritz Leonhardt, 『콘크리트교량』, 기술경영사(2003)
- Mario Salvadori, 『건축물은 어떻게 해서 무너지는가?』, 기문당(1998)
- Bridges 2002, Plowden, David, W.W.Norton
- Martin/Jobson, Richard, Wiley, *Bridge Builders*, Pearce(2002)
- Blakstad.L. Birkhauser, *Bridge: the Architecture of Connection*(2002)
- MacK, Gerhard/Hyman, Anthony Birkhauser, *Gentle Bridges: Architecture*, Art and Science(2002)

## 참고사이트

- http://www.longbridges.com
- http://www.211.195.163.22
- http://www.seohae-bridge.co.kr
- http://www.brantacan.co.uk
- http://www.civilsky.com
- http://www.wqed.org/erc/pghist/units/build/function1.shtml
- http://www.kbrc.snu.ac.kr

# 직조기
### 씨실과 날실의 진실

**1805 jacquard loom**

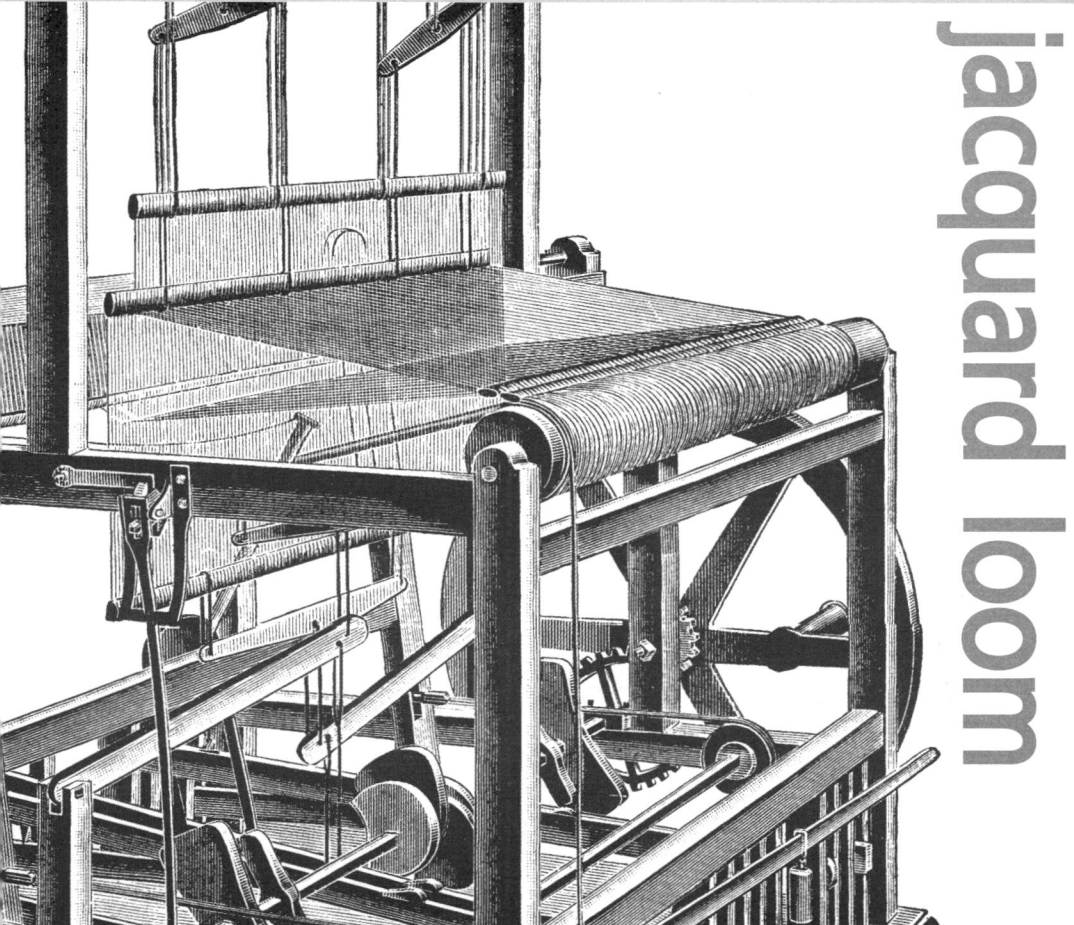

송성수  triple@pusan.ac.kr

서울대학교 무기재료공학과를 졸업한 뒤 서울대 대학원 과학사 및 과학철학 협동과정에서 석사학위와 박사학위를 받았다. 한국산업기술평가원(ITEP) 연구원, 과학기술정책연구원(STEPI) 부연구위원, 부산대학교 교양교육원(기초교육원) 교수를 거쳤다. 현재 부산대학교 물리교육과 교수로 재직 중이며, 부산대 대학원의 과학기술학 협동과정과 기술사업정책 전공에도 관여하고 있다. 저서로는 『과학기술은 사회적으로 어떻게 구성되는가』, 『소리 없이 세상을 움직인다, 철강』, 『과학기술과 문화가 만날 때』, 『사람의 역사, 기술의 역사』, 『과학기술과 사회의 접점을 찾아서』, 『과학기술로 세상 바로 읽기』, 『한 권으로 보는 인물과학사』 등이 있다.

# 방적기와 방직기
## _면공업의 기술혁신

### 산업혁명과 면공업

인류의 문명은 세 차례의 급격한 변화로 평가된다. 이러한 변화를 토플러는 제1물결, 제2물결, 제3물결로, 벨은 농업사회, 산업사회, 탈산업사회로 개념화했다. 여기서 제2물결 혹은 산업사회로의 진입을 촉발한 역사적 계기로 작용했던 것이 바로 산업혁명이다.

산업혁명은 18세기 중엽부터 19세기 중엽에 이르는 약 100년 동안 영국을 중심으로 발생했던 기술적·조직적·경제적·사회적 변화를 지칭하는 용어이다. 기술적 측면에서는 도구가 기계로 본격적으로 대체되었고 조직적 측면에서는 기존의 가내수공업을 대신한 공장제도가 정착되었다. 경제적 측면에서는 국내시장과 해외식민지를 바탕으로 광범위한 자본축적이 이루어졌으며 사회적 측면에서는 산업자본가와 임금노동자를 중심으로 한 계급사회가 형성되었다. 산업혁명을 통하여 인류는 자본주의의 발전에 필요한 토대를 구축하게 되었던 것이다.

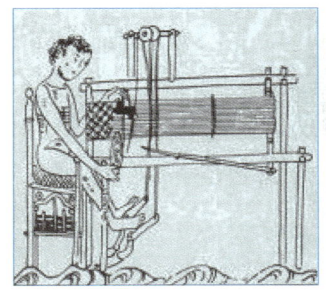 

▲ 13세기에 사용되었던 베틀과 19세기의 기계화된 면화 방적공장

많은 사람들은 산업혁명의 상징으로 와트의 증기기관을 떠올린다. 그러나 산업혁명의 시기에는 수력이 증기력보다 많이 사용되었으며 증기력은 작업기와 결합할 때에만 완전한 의미를 가지게 된다. 이러한 점들을 고려한다면 면공업의 기술혁신에 더욱 주의를 기울일 필요가 있다. 사실상 면공업은 산업혁명의 주역이자 산업혁명의 특징이 가장 잘 나타나는 분야였다.

## 방적기와 방직기의 상호작용

면공업의 기술혁신은 케이가 '자동 북flying shuttle'이라는 방직기를 발명하면서부터 시작되었다. 당시에 폭이 넓은 천을 짜기 위해서는 두 사람 이상의 노동자가 필요했고 이 때문에 생산성이 떨어졌다. 천이 일정한 폭을 넘게 되면 씨실을 잇는 북을 별도의 한 사람이 옮길 필요가 있었기 때문이다. 이에 따라 노동자 한 사람이 감당할 수 있는 천의 폭은 양팔을 벌린 정도의 길이로 제한되어야 했다. 케이는 직기의 한 끝에서 다른 끝으로 빨리 보내는 방법을 생각하다가 북이 홈통을 따라 자동으로 미끄러지는 기계를 발명하였다. 그것이 바로 1733년에 발명된 자동 북이다.

한 산업을 지탱하는 기술은 여러 가지의 구성 요소들로 이루어져 있으며 그것들 사이에 균형을 유지하는 것이 매우 중요하다. 면공업의 주요 공정은 목화에서 추출한 애벌실로 방사紡絲를 만드는 방적紡績 spinning부문과 방사를 짜서 직물을 만드는 방직紡織 weaving부문으로 구분된다. 케이의 발명 덕분에 방직부문의 생산성이 증가하자 방적부문이 이를 받쳐주지 못하는 상황이 발생하였다. 방직기의 속도에 어울리는 실을 확보하기가 매우 어려워졌던 것이다. 이러한 기술적 불균형을 해결하기 위하여 많은 사람들이 방적기를 개발하는 데 뛰어들었다.

이에 부응하여 최초로 등장한 방적기가 1765년에 하그리브스가 발명한 제니방적기이다. 이것은 네 개의 다리가 달린 직사각형의 틀로 이루어진 간단한 구조를 가지고 있다. 그 틀을 가로질러 두 개의 목재레일이 평행으로 놓여져 있고 레일은 이동식 운반대 위에 장치되어 원하는 대로 앞뒤로 미끄러졌다. 방적공이 한 손으로 운반대를 움직이고 다른 손으로 방추紡錘와 연결된 손잡이를 돌리면 실이 두 레일 사이를 통과해서 방추에 감긴다. 이처럼 제니방적기는 기본적으로 방추 몇 개가 더 붙어 있는 물레에 불과했지만 그것만으로도 노동자 한 사람이 한 번에 여러 가닥의 실을 방적할 수 있다. 하그리브스가 제작한 최초의 모델에는 방추가 여덟 개밖에 없지만 나중에는 80개 이상의 방추가 달린 제니방적기가 제작되었다.

하그리브스와 비슷한 시기에 또 다른 방적기를 발명한 사람은 아크라이트이다. 그는 이발사로 일하면서 모발도매업을 겸하고 있었는데 방적기가 유망하다는 얘기를 듣고 이에 도전했다. 그는 어떤 시계제조공의 협력을 바탕으로 수력방적기를 발명하여 1769년에 특허를 받았다. 하나의 바퀴가 네 쌍의 롤러를 작동시키고 실이 롤러를 통과하면서 방추에 감기는 구조이다. 뒤에 있는 롤러를 앞에 있는 롤러보다 더 빨리 돌림으로써 실을 잣기 전에 충분히 팽팽하게 당길 수 있었다. 더구나 아크라이트의 방적기는 수력을 사용함으로써 제니방적기보다 빠른 속도로 작업을 수행할 수 있었다. 사실상 제니방적기는 가내수공업에 많이 사용되었던 반면 수력방적기는 공장제도가 확산되는 데 크게 기여하였다.

아크라이트는 발명을 사업으로 승화시켰다는 점에서 기존의 발명가와는 달랐다. 그는 사업에 대한 감각을 타고난 인물로서 자신의 수력방적기를 바탕으로 공장을 건설하여 많은 돈을 벌었다. 그는 50만 파운드의 유산을 남길 정도로 부자였으며, 1786년에는 국왕으로부터 기사작위를 받기도 했다. 그러나 아크라이트에게는 다른 사람의 발명품을 가로챘다는 비판이 계속해서 제기되었다. 이 때문에 그는 두 번의 특허 소송에 휘말렸고, 결국 1785년의 재판에서 특허 무효의 판결을 받았다. 사업가였던 아크라이트에게 발명의 독창성은 그렇게 중요한 문제가 아니었다. 그의 공헌은 기술의 변혁기에 여기저기 널려진 발명을 사용하여 하나의 기계로 통합했다는 점에서 찾을 수 있을 것이다.

산업혁명 시기의 방적기를 집대성한 사람은 크롬프턴이다. 그는 제니방적기와 수력방적기를 조합하여 1779년에 뮬mule방적기를 발명하였다. 뮬은 수나귀와 암말을 교배한 노새를 뜻한다. 노새가 잡종이듯이 크롬프턴의 발명품은 혼성기계였다. 수력방적기에서는 롤러 사이로 실이 끌어당겨지는 방법을, 제니방적기에서는 앞뒤로 미끄러지는 이동식 운반대를 빌려 왔던 것이다. 이를 통해 크롬프턴은 방적기에서 생산되는 실의 품질을 크게 향상시켰다. 수력방적기가 생산한 실은 튼튼하기는 했지만 거칠었고 제니방적기가 생산한 실은 가늘기는 했지만 쉽게 끊어졌다. 뮬방적기가 발명됨으로써 비로소 튼튼하면서도 가는 실이 생산될 수 있었다.

제니방적기, 수력방적기, 뮬방적기가 잇달아 개발되면서 상황은 역전되었다. 1760년 무렵에는 우수한 방적기가 없어서 문제였지만, 1790년 무렵에는 방사가 과잉으로 생산되어 이를 처리하는 것이 문제로 떠올랐다. 이러한 기술적 불균형을 해소하기 위해서는 효과적인 방직기를 개발하는 것이 요구되었다.

> **제니방적기의 어원**
> 하그리브스가 발명했던 방적기의 이름은 제니방적기이다. 어떤 사람들은 그 어원을 엔진engine이나 목화씨cotton gin에서 찾는다. 두 단어의 뒷부분의 발음이 제니와 비슷한 '진'인 것이다.

이러한 요청에 적극 대응한 사람은 카트라이트였다. 성직자였던 그는 아크라이트의 방적공장을 방문하여 방사가 과잉생산된다는 말을 듣고 방직기의 개발에 도전하여 1785년에 역직기力織機 power loom를 발명하였다. 그것은 씨줄에 낙하하는 바디와 날줄을 왕복하는 자동 북이 연속적으로 움직이는 구조를 가지고 있었다. 카트라이트의 역직기는 처음에 가축을 동력으로 사용했지만, 1789년에는 증기기관을 도입하였다. 또한 최초의 역직기는 조잡한 것이었지만 이후 많은 사람들에 의해 지속적으로 개량되었다.

방직기를 더욱 개선하여 생산되는 직물의 종류를 확대시킨 사람은 프랑스의 기술자인 마리 자카르였다. 기존의 방직기에서는 짜고자 하는 직물의 형태에 따라 노동자가 미리 씨줄과 날줄을 조정하는 과정을 거쳐야 했기 때문에 생산되는 직물의 종류에 한계가 있었다. 자카르는 방직공장의 검사원으로 있으면서 이러한 문제점을 해결하기 위해 씨름했다. 그는 구멍이 뚫린 카드를 이용하여 날실을 일정하게 올려주는 방법을 생각해냈고, 1804년에 자카르직기라고 불리는 기계를 개발하였다. 자카르직기가 등장하면서 새로운 직물을 짤 때에는 구멍이 뚫린 카드를 바꾸기만 하면 되었다. 자카르직기의 원리는 이후에 계산기를 개발하는 데에도 활용되었다.

## 면공업의 발전과 영향

산업혁명의 시기에 등장한 방적기와 방직기는 당대의 경제적·사회적 변화에 커다란 영향을 미쳤다. 물론 이러한 변화에는 기술혁신 이외에 수많은 요인들이 작용하지만 기술혁신이 중요한 매개물로 작용한 것은 틀림없는 사실이다. 우선 기술혁신을 매개로 면공업의 발전이 촉진되었다. 산업혁명의 시기에 면공업은 연평균 5퍼센트 이상의 높은 성장률을 보였다. 영국은 면화를 재배하지 않았기 때문에 원면 수입에 대한 통계는 면공업의 발전 속도를 확인할 수 있는 좋은 지표이다. 영국의 원면 수입은 18세기 초에 500톤에 불과했지만 1770년대에는 2,500톤으로 증가하였고, 1800년에는 25,000톤을 상회하였다. 방적기와 방직기가 본격적으로 보급되었던 1770년대 이후에 면공업이 크게 발전했던 것이다.

면공업의 발전은 다른 산업과 기술의 발전을 자극하기도 했다. 방적기와 방직기가 급속히 증가함에 따라 그것을 전문적으로 제작하는 집단이 생겨났고, 이에 따라 기계공업의 성장이 촉진되었다. 처음에 탄광에서 사용되었던 증기기관이 역직기에 사용되는 것을 계기로 증기기관은 용도에 제한을 받지 않는 만능동력원으로 부상하였다. 또한 보다 우수한 면제품에 대한 수요가 증가하면서 다양한 표백제와 염료가 요구되었고 그것은 화학공업의 발전으로 이어졌다.

공장제가 먼저 발달한 영역도 면공업이었다. 많은 사람들은 아크라이트의 수력방적기가 활용되면서 공장제가 현실화되기 시작했다고 지적한다. 아크라이트는 1771년에 최초의 방적공장인 크롬포드공장을 설립했으며 이후에는 공장의 수와 규모가 확대되었다. 1815년의 경우에 맨체스터에 있는 방적공장의 평균 노동자 수가 300명에 달했으며 1,600명의 노동자를 고용한 공장도 있었다. 1830년대에는 카트라이트의 역직기가 본격적으로 보급되면서 공장제가 전면적으로 성립되었다.

공장제의 성립은 새로운 생산관계의 정립을 의미하였다. 고용주와 노동자의 관계는 온정적 관계에서 금전적 관계로 전환되었다. 각종 기계가 도입되면서 경제적 지위가 낮아지고 기존의 사회적 관계가 붕괴되자 노동자들은 매우 과격해졌다. 기술자나 기업가를 협박하고 기계를 부수고 공장을 불태우는 일이 빈번해졌다. 앞서 살펴본 케이, 하그리브스, 아크라이트, 카트라이트, 자카르의 경우에도 예외일 수 없었다. 이러한 기계파괴운동은 1810년대에 절정을 이루었으며, 전설적 인물인 러드의 이름을 따 '러다이트운동Luddism'으로 불리게 되었다.

> **스파이에서 시작한 산업화**
>
> 영국 이외의 다른 국가에서도 산업화의 선두에 선 것은 면공업이었다. 후발 공업국들은 영국의 방적기와 방직기를 도입하여 면공업을 발전시키고자 하였다. 영국이 기계의 유출을 금지했기 때문에 산업스파이를 통한 방법이 널리 활용되었다. 예를 들어 1790년에 미국에서 최초의 방적공장을 세웠던 슬래이터는 아크라이트의 공장에서 경험을 쌓은 후 농민으로 변장하여 미국으로 탈출했던 사람이다.

## 오늘날의 섬유산업이 있기까지

산업혁명 이후에 방적기와 방직기는 기계의 작동방식을 자동화하고, 속도를 더욱 빠르게 하는 방향으로 발전하였다. 방적부문에서는 1825년에 뮬방적기가 자동화된 이후에 1850년대에는 회전하는 고리를 통한 링ring방식이 확립되었고 1970년대부터는 원심력을 활용한 로터rotor방식이 도입되었다. 방직부문에서는 1895년에 북이 자동으로 교체되는 자동직기가 개발되었으며 1950년대 이후에는 북이 없는 직기가 등장했다.

면공업을 섬유산업으로 확장한 중요한 역사적 사건으로는 인공염료와 인공섬유의 개발을 들 수 있다. 1856년에 퍼킨은 모브라는 인공염료를 개발하여 색깔의 시대를 예고하였고, 그 이후에는 새로운 인공염료가 잇달아 출현하였다. 인공섬유는 19세기 말부터 사용되기 시작했고, 1936년에 듀퐁의 캐로더스가 나일론을 개발하는 것을 계기로 급속히 발전하기 시작했다.

오늘날의 섬유산업은 감성이 뛰어난 제품과 기능이 우수한 재료를 만드는 방향으로 발전하고 있다. 고감성 섬유제품은 소비자의 개성과 기호 변화에 부응하기 위하여 색깔과 디자인을 차별화하는 데 중점을 두고 있다. 고기능성 섬유재료는 의류용 섬유 이외에 자동차, 항공, 전자, 의료 등 산업 전반에 사용되는 기능이 우수한 섬유재료를 의미한다. 섬유산업이 옛날 산업이라고 하지만 수요의 변화에 대응하고 새로운 수요를 개척하기 위한 기술혁신은 계속되고 있는 것이다.

## 참고문헌

- 뽈 망뚜, 『산업혁명사』, 창작과 비평사(1987)
- 소련과학아카데미, 『세계기술사』, 동지(1990)
- 중앙일보 산업부삼성경제연구소, 『한국 경제를 먹여 살릴 10대 산업』, 미디어24(2001)
- 조지 브라운, 『발명의 역사』, 세종서적(2000)
- Lance Day and Ian McNeil (eds.), *Biographical Dictionary of the History of Technology*, London: Routledge(1996)
- Richard Hill, *Textiles and Clothing*, Ian NcMeil (ed.), *An Encyclopaedia of the History of Technology*, London: Routledge, (1990)
- Melvin Kranzberg and Carroll W. Pursell (eds.), *Technology in Western Civilization*, 2 vols. New York: Oxford University Press, (1967).
- Charles Singer, et al. (eds.), *History of Technology*, 5 vols. London: Oxford University Press, (1954)

## 참고사이트

- http://www.schoolshistory.org.uk
- http://www.fordham.edu

# 사진

**자유를 향한 매체**

1839 photography

홍미선  misunhong@gmail.com

이화여자대학교와 숙명여자대학교 대학원을 거쳐 미국 RIT 대학원에서 영상예술을 전공하였다. 삼성포토갤러리, 숙명여대 문신미술관에서 큐레이터를 역임하였으며 주요 저서로는 『거울—사진에서 보여진 우리 여성 1880-1970』 등이 있다. 현재 사진작가로서 활동하고 있으며 《하늘과 땅 그 사이에》, 《성장》, 《부엌》, 《빛여행》 등 개인전을 포함하여 다수의 전시회에 참가하였다.

# 1839년, 사진이 탄생하다

사진은 우리 생활에서 늘 사용되고 있으며, 사진촬영은 우리에게 매우 친숙한 활동으로 자리잡고 있다. 이러한 사진이 발명된 것은 그리 오래 전 일이 아니다. 반면에, 인간이 보고 느끼는 것을 표현하고 생각을 교환하고자 하는 욕구는 기원전으로 거슬러 올라갈 수 있다.

우리는 동굴벽화에서 선사시대 인류로부터 메시지를 얻고 있으며, 그 이후 중세시대, 르네상스시대를 거치며 회화 등의 기록물을 통하여 그 시대의 삶과 철학을 이해해왔다. 인간은 태초부터 자신이 본 것을 표현하고 정밀하게 기록하고자 노력해왔으며, 그 결과 발명된 기술이 사진이다.

사진, Photography의 어원을 살펴보면, 그리스어로 Photo는 빛을, Graphy는 쓰는 것을 의미한다. 즉, 우리가 늘 접하고, 당연히 생각하는 사진은 인간의 손 대신 빛으로 기록된 그림인 것이다. 얼마나 경이로운 일인가? 이러한 사진의 발명 배경, 사진프로세스의 발전 과정, 사진에 대한 사회의 반응과 변화, 미래의 방향은 어떠한가?

## 사진의 발명과 그 배경

### 광학과 화학의 만남

사진은 광학과 화학의 발전 결과로 만들어졌다. 광학의 발전은 카메라 옵스큐라Camera Obscura에서부터 시작된다. 카메라 옵스큐라는 어두운 방이라는 의미로, 빛이 차단된 상자 한쪽 면에 작은 구멍을 뚫으면, 바깥 풍경의 상이 상자 안의 반대쪽 벽면에 거꾸로 맺혀지게 만들어진 기구이다.

15세기 르네상스시대에 이르러서 화가들은 점차 인간에 관심을 가졌고, 자신들이 보는 대상을 보다 사실적으로 그리기 위해 노력했다. 화가들은 원근법을 적용하여 2차원적인 그림을 입체적으로 표현했으며, 나아가 광학기구인 카메라 옵스큐라를 이용하여 보다 쉽고 사실적으로 그림을 그릴 수 있었다. 점차 카메라 옵스큐라는 크기가 작아져서 이동이 용이한 형태로 발전하였고, 구멍 대신 렌즈를 사용하여 명확한 상을 볼 수 있었다. 또한 사람들은 카메라의 모습을 지닌 이 기구로, 사람의 손이 아닌 빛이 보여주는 그림을 그대로 가질 수 있는 편리한 방법을 생각하게 되었다.

화학의 발전은 광학분야보다 뒤늦게 이루어졌다. 1725년에 독일의 천문학자 슐츠Johann Heinrich Schultz는 우연히 사진화학의 기본이 되는 현상인 빛과 은의 반응을 발견하였다. 그는 은 화합물이 든 플라스크 표면에 종이도형을 붙여놓고, 이를 햇볕에 두었을 때 종이도형에 가려졌던 부분을 제외하고, 나머지 플라스크는 검게 변한다는 사실을 발견했다.

이와 같은 빛과 은염이 작용하는 원리가 사진의 화학작용을 개발하

▲ "카메라 옵스큐라", 1646

게 하는 시초가 되었다. 1800년경 웨지우드Thomas Wedgewood는 카메라 옵스큐라와 은 화합물을 연결시켜 상을 만드는 방법을 고안해냈다. 웨지우드는 과학자 친구인 데이비Humpry Davy와 함께 카메라 옵스큐라를 사용하여 질산은 용액을 바른 종이 위에 상을 기록할 수 있었으나, 만들어진 상을 영구히 정착시키지는 못했다. 이렇게 시작된 영상의 정착에 대한 시도는 30년이 지나서야 결실을 얻을 수 있었다.

### 최초의 사진 그리고 발명가들

사진은 1839년 프랑스에서 공표되었다. 당시 프랑스는 1830년 자유주의 혁명 이후 중산계급이 확장되고 있었던 사회적 배경을 갖고 있다. 인간의 지적, 도덕적 발전 가능성에 믿음을 갖는 자유주의적 가치관이 팽배

▲1839년 8월 19일, 프랑스 파리에서 열린 예술아카데미, 과학아카데미 공동회의에서 다게레오타입이 설명되는 광경(판화, 미국텍사스대학 소장품)

해 있었고, 프랑스가 처한 경제적, 사회적 단계는 가내수공업이 점차로 공장제 대규모 생산업으로 밀려나는 과정에 있었다. 우리에게 잘 알려진 『레미제라블』의 시대 배경도 비슷하다.

이러한 시기에 파리에 사는 다게르Louis Jacques Mande Daguerre는 이전발명가들이 몰두해온 사진연구를 완성하였다. 즉 카메라를 통과하여 맺혀진 외부의 상을 감광판에 영원히 고착시키는 데 성공하였다. 그는 이 기념비적인 발명품을 자신의 이름을 따서 '다게레오타입'이라 하였고, 그 당시 학자이며, 정치가인 아라고 Francois Arago의 도움으로 이를 공식적으로 발표할 수 있었다. 당대 중산계급 지식인이었던 아라고는, 사진이

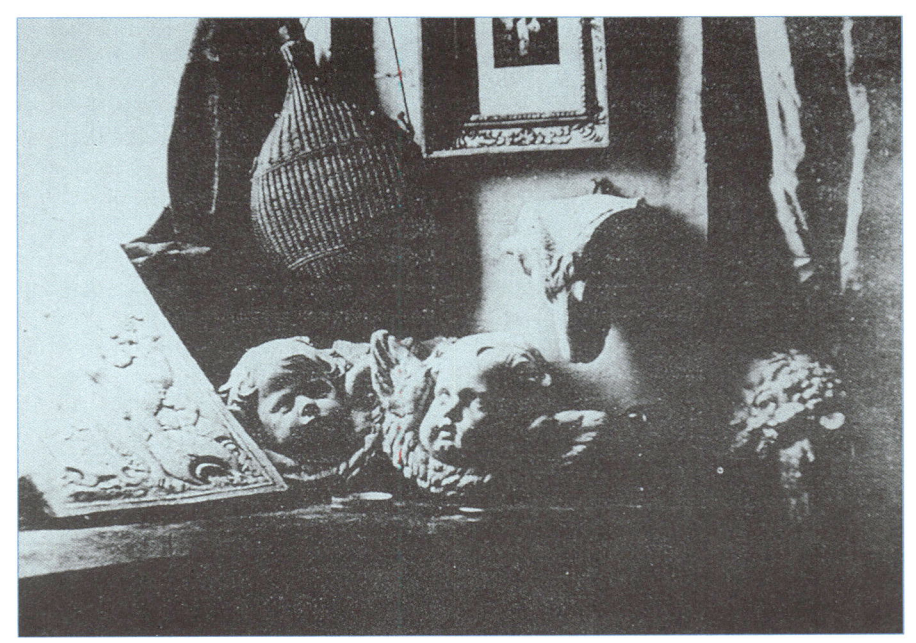

▲다게르 "정물사진", 1837
(다게레오 타입, Societe Francais de Photographie, Paris)

과학, 예술 및 기타 분야에서 차지할 엄청난 중요성을 인식하여 사진술의 국가 매입을 하원에서 제안하였고, 그 결과 프랑스정부는 다게르에게 평생 연금을 주는 조건으로 그의 발명권을 매입하게 되었다. 프랑스정부는 다게레오타입을 널리 알리면 사진술이 보다 빠른 시일 내에 완벽해질 수 있다고 생각하여, 그의 발명을 그해에 6개의 다른 언어로 29판이나 찍어 널리 배포하였다.

　　최초의 공식적인 사진인 다게레오타입이 이 세상에 나오기까지에는 무수한 사람들의 노력이 뒷받침되었다. 그 중에서 제일 큰 공헌자는 니에프스Joseph Nicephore Niepce이다. 또한 영국의 탈보트William Henry

Fox Talbot도 비슷한 시기에 사진을 완성하였다. 니에프스, 다게르, 탈보트 세 공헌자는 과연 누구인가?

프랑스 샤롱Chalon에서 광범위하게 과학연구를 하고 있었던 니에프스는, 1826년경 카메라 옵스큐라에 아스팔트를 입힌 백합판을 넣고, 8시간을 노광시킨 후에 창문에서 내다보이는 전경의 이미지를 얻을 수 있었다.(그림185p) 그는 이것을 태양의 그림이라는 의미인 헬리오그라피 Heliography라고 불렀다. 비록 그 이미지는 흐릿하게 나타났지만, 그는 역사상 최초의 사진 이미지를 만들어낸 것이다.

같은 시기에 화가, 파리 오페라하우스 보조디자이너, 무용수 등의 다양한 직업을 가졌던 다게르는 카메라 옵스큐라를 이용하여 이미지를 정착할 수 있는 방법에 대해 고심하고 있었다. 니에프스 역시 자신과 같은 관심을 갖고 있다는 소식을 들은 다게르는 니에프스에게 만나줄 것을 부탁하였다. 1827년 그 둘은 만나서 정보를 교환하게 되었고, 1829년 파트너가 되어 서로의 연구를 계속 발전시켜 나갔다.

4년 후 니에프스가 세상을 떠나고, 드디어 다게르는 니에프스의 연구자료를 기

▲만데형제(The Mande Brothers), "다게르" (다게레오 타입)
(Portrait of Louis Jacques Mande Daguerre, Division of Photogrphic History, Smithonian Instituteion, Washington)

▲"니에프스", 1854
(Leonard-Francois Berger : Portrait of Joseph Nicephore Niepce, 1854/ Societe Francois de Photographie, Paris)

▲니에프스가 처음 기록한 사진
(Joseph Nicephore Niepce, View from his window Le Gras, c.1827, heliograph, Gernheim Collection, University Texas, Austin)

초로 하여 1835년에 사진제작 과정을 완성하게 되었다. 그는 그의 작업을 더욱 발전시켜서 드디어 1839년에 사진을 발명하게 되었다. 사람들은 다른 발명품과는 달리 이 새로운 상품을 열광적으로 받아들였고, 10여 년 후 서구에서는 크게 활성화되었다. 특히 미국의 경우 다게레오타입은 1853년에 들어와 인기의 정점을 이루었다. 대략 만여 명이 다게레오타입 사진사로 활동하여 삼백만 개가 넘는 다게레오타입을 만들었다. 한편, 탈보트는 영국에서 카메라 옵스큐라를 가지고 이미지를 보존하는 실험을 했다. 그는 글을 쓰는 종이 위에 소금용액을 바른 후 말려서 그 위에 질산은을 칠해서 감광성이 있는 염화은을 형성하게 했다. 이 감광종이에 다양한 무늬의 사

▲탈보트, "꽃, 잎, 줄기," 1838
(photogenic drawing, 22.1x18.1 The Art Institute of Chicago, In Memory of Charles L.Hutchinson by his great friend and admirer Edward E.Ayer)

물들을 밀착시켜 햇빛을 쪼이면 그 무늬가 음화로 나타났다. 이 음화를 소금용액으로 정착시켜 또 다른 감광종이 위에 놓고 다시 노출시켰다. 적절히 노광을 시킨 후, 그는 실제와 동일한 양화의 이미지를 얻어낼 수 있었다. 1835년 이 양화-음화 방식(포지티브-네가티브 프로세스)을 사진에 적용시켰고, 실제로 자연의 풍경을 기록할 수 있었다.

탈보트는 이 사진을 칼로타입이라고 불렀고, 이는 그리스어로 '아름다운 인상'을 의미한다. 1839년 그가 다게르의 발명에 관한 소식을 들었을 때 서둘러 그의 작업을 제출하였으나, 그의 사진은 사람들에게 큰 감동을 주지 못했다. 탈보트는 1841년 그의 작업을 탈보타입으로 특허를 내서 다른 사람이 사용할 수 없도록 조치를 취했다.

1842년에 그는 최초로 사진으로 된 책, 24장의 다양한 주제의 칼로타입의 모음집인『자연의 연필 *Pencil of Nature*』을 출간했다. 탈보트의 사진은 네가티브 필름에서 포지티브 프린트를 얻는 일반적인 사진 프로세스를 제시했다는 점에서 역사적 의미를 찾을 수 있다. 비록 칼로타입이 다게레오타입에 비해 쉽고 싸게 제작할 수 있는 장점이 있었지만, 이미지의 선명도가 떨어져, 다게레오타입의 인기에 경쟁자가 되지는 못했다.

## 사진 프로세스의 발전

### 초기 프로세스들

19세기 초기 프로세스는 현재의 사진과는 무척 다른 모습이다. 그 중 가장 아름답고, 정밀한 사진이 다게레오타입이다. 다게레오타입은 동판 위에 은을 입혀 그 위에 이미지를 정착한 사진으로, 표면의 반짝임이 특별하다. '추억의 거울'이라는 별명을 가진 다게레오타입은 어떤 각도에서 보면 거울과 같고, 또 다른 각도에서 보면 이미지가 떠오르는 신비스러운 사진이었다. 또 다른 특징은, 복제가 불가능한 포지티브 이미지라는 점이다. 즉 한 번 찍어서 한 장의 판만을 얻을 수 있었다. 최초의 프로세스인 만큼 제작 과정도 수월치 않아, 그 당시 사람들은 영원히 기념될 초상화를 위해 가

▲다게레오타입과 케이스들, 그 당시 카메라 (The Robert W.Lisele Collection)

장 좋은 옷을 입고, 땡볕 아래서 거의 1분 동안을 움직이지 않아야 했다. 움직임을 방지하기 위해서 머리를 받쳐주는 기구가 있을 정도로 노출시간이 길었고, 그 결과 다게레오타입에서는 웃는 표정을 거의 찾아 볼 수 없다.

다게레오타입의 제작은 은도금된 동판에 옥소증기를 쐬어 옥화은층을 생기게 한다. 이것이 감광면이 되며, 카메라 옵스큐라에 넣고 사진을 찍는다(빛의 상태에 따라 노출시간이 몇 분 단위에서 한 시간이 걸리는 경우도 있었으며, 나중에는 1분 이내로 단축되었다). 일단 이 과정이 완료되면 감광된 은판을 수은증기를 쐬어 현상시킨다. 이 과정으로 상이 은회색으로 떠오르게 되고, 상을 정착시키는 과정으로 염화나트륨 용액이나, 황산염화나트륨 용액에 담가 두면 햇빛이 닿지 않은 부분의 옥소는 없어지며, 감광된 부분은 회색으로 남게 된다.

마지막으로 은판을 증류수로 잘 닦아주고 말린 다음, 유리를 덮어 케이스에 넣어준다. 다게레오타입에서는 밝은 부분은 얇고 불투명한 회색으로 나타나고, 어두운 부분은 맑게 남아 있다. 다게레오타입은 1860년대에 이르러 더 이상 사용되지 않았다.

이후에 나온 프로세스로는 알부민프린트, 앰브로타입, 틴타입 등을 들 수 있다. 알부민 프린트는 감광재료로 달걀흰자의 알부민을 사용한 인화지를 만들어 이름이 붙여진 프린트로, 이 재료가 한창 유행일 때는 사진관 옆에 항상 달걀이 수북이 쌓여 있었다고 한다. 이 프로세스 다음에 콜로디온 습판이 개발되었고, 이 재료는 1871년 젤라틴 건판이 나오기까지 사용되었다. 콜로디온 습판사진은 이전 프로세스의 장점을 가지고 있었다. 다게레오타입의 선명도와 칼로타입의 복제성을 겸비한 프로세스로, 광선에 대한 감도가 높아 노출시간이 5초 정도로 짧아졌다.

▲ "장시간 노출에 흔들림을 방지하기 위해 사용한 머리를 대는 기구" (철, 45x16 1/2inch)
(The Hess Improved Head Cramp 1880, The Robert W.Lisele Collection)

▲ "이동식 암실텐트", 1877(목판화)
(A History and Handbook of Photography, Metropolitan Museum of Art, NY, gift of Spencer Bickerton, 1938)

콜로디온 용액은 네가티브나 포지티브에 모두 사용되었으며, 유리판에 만들어진 네가티브는 알부민 프린트로 인화하거나, 유리판에 포지티브 이미지를 만드는 앰브로타입과 에나멜로 칠해진 금속에 이미지를 만드는 틴타입이 등장했다.

### 사진의 대중화

사진 프로세스의 급격한 발전은 젤라틴 유제와 롤필름 개발에 이르러서이다. 이전 콜로디온 습판 프로세스는 노출 후 판이 젖어 있는 상태에서 현상했기 때문에 큰 카메라와 삼각대와 함께 암실도 같이 운반해야 하는 어려움이 있었다.

1871년 영국의 과학자 매독스 Richard Leach Maddox가 콜로디온 대신 젤라틴의 사용을 제안함로써 건판의 시대가 열린다. 젤라틴 건판은 이전 습판과는 달리 마른 후에도 감광성이 유지되었을 뿐만 아니라, 노출시간을 줄일 수 있었다. 건판 개발 이후 사진가들은 암실을 이동하는 짐에서 벗어났지만, 여전히 감광판으로 유리를 사용하는 불편함이 있었다.

1887년 굿윈Hanibal Goodwin이 셀룰로이드를 소개함으로써 깨지기 쉬운 유리판에서 가볍고, 유연성 있는

▲작자 미상, "무제", c.1889 (kodak 사진기로 사진 찍는 모습이 그림자로 나와 있다.)
(gelatin silver print, 8.0diam., International Museum of Photography at George Eastman House, Gift of George P. Dryden)

재료로 개선할 수 있었다. 이러한 발명들은 더욱 발전되고 기계화되어 사진의 저변확대를 이루게 되는데, 이에 공헌한 사람이 미국의 이스트만 George Eastman이다.

로체스터시에서 은행원으로 근무하던 이스트만은 아마추어 사진가였다. 그 역시 콜로디온 습판사진을 작업하며, 여러 가지 불편함을 느끼게 되어 보다 편리한 프로세스 발명에 뜻을 두었다. 그는 1879년 기계로 칠해 주는 건판제법을 발명하여 특허를 얻고 1884년에는 최초로 종이로 된 롤필름도 개발하였다. 이스트만은 1888년에 이르러 투명한 롤필름의 특허를 얻은 후, 그해 사진기 '코닥Kodak'을 선보인다. 그것은 100장의 사진을 찍을 수 있는 롤필름이 내장된 작은 상자 모양의 사진기로, 사진이 전문가에 제한되지 않고 누구나 쉽게 즐기는 매체로 가능하게 했다.

이 당시 코닥의 슬로건이 "셔터만 누르십시오. 나머지는 우리가 맡겠습니다"였는데, 이는 사진 산업화의 시작을 잘 보여준다. 젤라틴 건판과 롤필름의 사용은 사진기의 소형화와 사진의 가격인하를 이루었다. 이스트만은 사진의 대중화를 현실적으로 가능하게 한 공로자이고, 이를 기리기 위해 사후 그의 저택에 설립된 박물관은 세계에서 가장 규모가 큰 조지 이스트만 하우스 국제사진필름박물관이다.

또 다른 발전은 1937년 컬러사진의 개발로, 코닥이 처음으로 코닥크롬Kodakchrome을, 아그파가 아그파컬러Agfacolor를 판매한 것이다.

이는 환등기에 비춰볼 수 있는 포지티브이미지의 슬라이드필름이며, 1949년에 이르러서 컬러 네가티브필름이 개발되었다. 컬러사진 이전에는 다게레오타입시대부터 단색(주로 흑백)사진에 염료를 이용해 색을 칠해 사용했다.

## 여러 반응들

### 에드가 알렌 포우와 샤를 보들레르

사진이 처음 나왔을 때 사회에서는 다양한 반응을 보였다. 세계적인 문호인 에드가 알렌 포우Edgar Allen Poe(1809~1849)와 샤를 보들레르 Charles Baudelaire(1821~1867)의 예가 그 당시 사진을 보는 대조적인 시각을 잘 대변해준다. 포우는 다게르의 발명에 대하여 현대 과학이 이룬 "특별한 업적"이라며 환호했다. 그는 사진의 제작 원리에 대해서도 잘 알고 있을 뿐만 아니라, 사진매체의 진보성에 관한 글을 두 편이나 쓸 정도로 사진의 발명에 큰 관심이 있었다.

1840년에 그가 쓴 글 「다게레오타입」을 보면 제작 절차에 대해서도

▲ "조지 이스트만 하우스 국제사진필름박물관", 1995 ⓒ홍미선
1947년 코닥회사의 창설자인 조지 이스트만의 저택을 개조해서 만든 이 박물관은 세계에서 가장 오래되고 규모가 큰 사진박물관이다. 사진 소장품으로는 50만 장의 프린트와 네가티브가 보존되어 있고, 최초의 사진가들인 다게르, 탈보트를 포함하여 8천 명이 넘는 세계적인 사진가들의 작품들이 소장되어 있다.

자세히 설명하고 있으며, 다게레오타입에 대하여 다음과 같은 찬사를 보내고 있다. "그 어떤 언어도 진실의 개념을 있는 그대로 정확하게 전달하기에는 부족하다. 그리고 이것은 그리 놀라운 일이 아니다. 이 경우 시각 자체의 근원이 그 시각을 구상하는 사람에게 있다는 것을 생각하면 말이다. 사물이 완벽한 거울에 반영될 때 보여주는 그 명확한 상태를 떠올린다면 우리는 그 어떤 매체를 이용할 때보다도 사실에 가까이 접근할 수 있을 것이다. 사실상 다게레오타입은 인간이 손으로 직접 그린 어떠한 그림보다도 무한히 더 정확하게 사물을 묘사하기 때문이다"라며 예술작품을 현미경으로 볼 때 자연스럽게 보는 것이 사라져버리는 것과 달리 사진은 가까이 보아도 절대적인 진실과 완벽한 동일성이 묘사되어 있으며 원근감의 단계적 변화까지 보여준다고 말한다. 그 글에서 사진술 덕분에 우리가 접근하기 어려운 고지들을 바로 확인할 수 있으리라 확신하며, 태양이나 달 같은 발광체의 광선이 기록되는 것이 확인되었으므로, 달이 지나가는 그림도 즉각적으로 얻으리라고 예견했다.

▲ "고종의 초상", 19세기(알부민 프린트 추정, 213×270mm, 성균관대학교 박물관 소장)

비록 포우와 보들레르는 서로 아끼고 좋아하는 관계지만, 포우와는 달리 보들레르는 사진에 대한 우려를 나타냈다. 그가 「1859년 살롱」 중에 쓴 글에서 사진은 필요악이라고 주장했다. "사진사업은 자칭 화가라고 말하는 사이비 화가들, 재능이 없거나 너무 게을러서 자신의 작품을 완성할 수 없는 모든 화가들의 도피처였기 때문에 대부분의 사람들이 이처럼 사진에 열중하는 것은 무지와 어리석음의 상징일 뿐만 아니라 복수를 하는 것처럼도 보인다. 잘못 응용된 사진술의 발전이 물질적이기만 한 다른 모든 것과 마찬가지로 지금도 부족한 프랑스의 예술적인 재능을 더욱 허약하게 만드는 데 크게 기여했다"라고 하며 사진이 정신적인 영역까지 표현한다면 이는 인간에게 해가 될 것임을 강조하고, 사진의 정밀함이 인간의 상상력을 사라지게 하며, 예술영역을 절대로 침범해서는 안 될 것이라고 경고했다. 이 두 사람의 시각처럼 사진의 발명이 가져올 많은 변화를 예견한 사람들과 점차 사진의 위력이 커감에 따라 인간의 상상력에 위협적인 요소로 생각하는 시각도 있었다.

참고로 우리나라의 경우 1884년 고종의 초상사진을 시작으로 사진이 점차 사회에서 받아들여지게 되었다. 이 당시 사용된 사진 프로세스는 초기 프로세스가 아닌 더 발전된 형태의 젤라틴 유제사진을 사용했고, 사진을 처음 찍을 당시 혼이 나간다고 하여 사진 찍기를 거부하기도 했다. 그 당시 우리나라는 유교적 관습 때문에 남녀가 내외를 했으므로, 여성을 위한 여성 사진가를 특별히 고용하였다.

**달라진 세상**

사진의 등장은 포우가 예견한 것처럼 세상을 달라지게 했다. 그 중에서도 보도분야, 과학분야, 그리고 예술분야의 발전이 이루어졌다. 첫째, 신문, 잡지, TV 에 등장한 사진은 멀리서 일어난 사건을 전세계 사람들이 똑같이 보고 알게 하였다. 이전 (문자)역사시대에서는 글을 읽을 줄 아는 사람과 그렇지 못한 사람들 간에 차이가 있었으나, 이미지시대에 들어서게 되면서, 모든 사람이 자신의 경험에 비추어서 누구나 볼 수 있게 됨으로써, 보다 평등한 기회가 대중에게 주어졌다. 반면에 사진은 그 이미지가 주는 사실성 때문에, 종종 국가나 상업주의 권력자들이 자신의 목적과 이익을 위해 사진을 선전도구로 사용하기도 했다.

둘째, 사진은 빠른 셔터나 느린 셔터로, 망원렌즈와 마이크로렌즈로 우리 눈이 보지 못했던 세계를 포착하여 보여주고 있다. 더 나아가 가시광선 이외에 적외선사진, x-ray사진, 천체사진 등으로 미지의 세계 속에 있었던 실체들을 우리의 현실 속으로 끌어내고 있다. 사진의 발전은 과학의

▲칼 마이던스(Carl Mydans), "1951", 〔gelatin silver print (Time Inc.)〕
1951년 겨울, 전쟁이 발발한 서울에서 짐과 아기를 업고 피난 가는 어머니

▲데이비드 스콧(David R.Scott), "달에서 On the moon," 1971(gelatin silver print(AP))

발전에도 크게 이바지하였다. 지난 1969년 인류가 달나라에 처음 도착했을 때 우주인 암스트롱이 행한 중요한 일 중의 하나도 달을 촬영해서 지구에 보낸 것이다. 이후 암스트롱을 포함한 많은 우주인들이 사진을 찍고 필름을 꺼낸 후, 사진기를 놓쳐 지금도 많은 사진기들이 우주를 떠돌고 있다고 한다.

 셋째, 사진은 예술매체로서도 큰 역할을 하고 있다. 보들레르의 우려와는 달리 사진을 포함한 영상매체는 현대 예술을 이끌고 있다. 또한 사진의 중요한 또 다른 업적으로는 사진의 연속적인 이미지를 빠르게 보여주어

▲닉우드(Huynh Cong "Nick" Ut), "전쟁의 공포Terror of War", 1972
gelatin silver print(AP) (베트남 전쟁의 참혹한 진상을 전 세계에 알림) ( South Vietnamese forces follow terrified children fleeing down Route1, near Trang Bang, South Vietnam, June 8, after an accidental aerial napalm strike. Girl at center had ripped off her burning clothes. )

움직이는 영상을 만들었다는 점이다. 사진 이전에도 눈의 잔상효과를 이용한 도구들로 영상의 움직임을 시도했으나 단순한 것이었고, 연속촬영이 가능해진 후에야 본격적인 동영상 제작이 가능해졌다. 1895년 프랑스의 뤼미에르 형제가 인류 최초로 카페에서 돈을 받고 영화를 상영한 것을 시작으로, 영화는 현재까지 인류에게 사랑받는 오락사업일 뿐 아니라 예술사업으로 성장하고 있다.

▲신디 셔먼(Cindy Sherman), "무제필름 시리즈 #48 Untitled film still#48", 1979

## 미래-디지털이미지시대

　모든 영상이미지의 기초를 이루고 있는 사진은 종전의 아날로그사진에서 디지털사진으로 바뀌어가고 있다. 즉 필름을 통해 사진을 얻었던 예전의 방법이 점차 사라져가고 있다. 디지털사진기로 찍은 장면은 메모리카드에 입력되고 그 정보가 모니터에 그대로 떠서 이미지를 볼 수 있으며 프린트도 할 수 있다. 디지털화된 이미지는 인터넷을 통해 동시에 동일한 질의 이미지로 세계 어느 장소에서나 공유되고 있다. 따라서 이전에 존재했던 원본과 복사본의 개념이 모호해지고 있다.

디지털이미지시대로 접어들면서, 정보공유의 양이 무한으로 늘어나고, 이와는 대조적으로 정보를 얻는 데 걸리는 시간은 무한으로 단축되었다. 앞으로 사진은 어느 매체에서나 기본 자료로 사용될 것이며, 정보를 전달하고 교류하는 데 사용될 것이다. 다만, 과거에는 흑백사진이나, 컬러사진, 잡지사진 등 프린트 형태의 이미지가 주로 공유되었다면, 현재는 모니터 상으로 많은 이미지들을 보고 있으며, 앞으로는 더욱 발전된 형태로 이미지들을 볼 수 있게 될 것이다. 이러한 변화는 이미지를 통한 인간의 상호작용과 교류를 가능하게 해주고 있으며 이는 대중들의 보다 적극적인 참여를 이끌고 있다.

반면에, 아날로그시대의 사진들, 다게레오타입, 틴타입, 흑백사진과 같은 예전에 유행했던 프로세스들은 예술가들과 애호가들에 의해 여전히 사랑받게 될 것이다. 개인적으로 사진이미지가 미래사회에 차지할 비중이 얼마나 커질지 궁금하고 우리사회가 이미지에 지배되는 것은 아닌가 하는 우려도 없지 않다. 영상의 끝없는 발전을 보고 있으면서, "현대 사회의 문맹은 사진을 모르는 자"라고 지적한 20세기 초에 사진의 잠재력을 강조한 라즐로 모홀리나기 Laszlo Moholy-Nagy의 말을 떠올려본다. 영상언어의 기본인 사진, 즉 빛으로 그려진 이미지는 우리가 생활하는 데 큰 부분을 차지할 것은 당연하며, 우리가 얼마나 이미지를 올바르게 이해하고, 창조적으로 사용할 것인가에 우리 미래의 행복과 불행이 달려 있을 것이다. 아울러 우리는 디지털기술의 발전과 함께 프린트로 제작된 사진들을 시대의 기록으로 보존하는 일에도 힘써야 할 것이다.

▲피에르와 질(Pierre & Gilles), "아담과 이브Adam & Eve", 1981
Eva Ionesco & Kevin Luzac

## 참고문헌

- 홍미선, 『최초의 사진』, Photonet vol.36(2002)
- 지젤 프로인트, 『사진과 사회』, 홍성사(1983)
- 바바라 런던 · 존 업톤 공저, 『사진학 강의』, 타임스페이스(1996)
- Robert W. Lisle, *Photography Remembered*, The Chrysler Museum(1990)
- Giovanni Chiaramonte, *The Story of Photography*, Aperture(1983)
- Richard Zakia · Leslie Stroebel, *The Focal Encyclopedia of Photography*, Focal Press(1993)
- Jane M. Rabb, *Literature and Photography*, the University of New Mexico Press(1995)

## 참고사이트

- http://www.imagepress.net
- http://www.eastman.org
- http://www.icp.org
- http://www.infocam.co.kr
- http://www.fotato.com
- http://www.kowpa.or.kr
- http://www.zoomin.co.kr
- http://www.photojournal.co.kr
- http://www.photonet21.com
- http://www.moonshin.or.kr

# 석유

### 풍요의 시대를 열어준 천혜의 선물

**1859 oil**

윤봉태  btyoon@lgcaltex.co.kr

서울대학교 화학공학과를 졸업하고, LG칼텍스정유 부사장과 상임고문을 거쳐 중곡 청도리동화공 사장을 역임했다. 현재 CEO 지식나눔 공동대표로 있다.

# 새로운 인식의 지평을 연 유전

## 석유의 기원 및 생산조건

석유는 여러 가지 제품으로 분리·생산된다. 날씨가 추울 때 사용하는 등유, 자동차나 트럭에 사용되는 휘발유나 경유, 발전소를 가동하거나 배를 움직이기 위해 사용되는 벙커유와 같은 기름은 모두 석유로부터 추출된 제품들이다. 심지어는 플라스틱이나 필름, 의류, 화장품 등도 상당수 석유로 만들어진다. 이와 같이 석유는 현대를 살아가는 인류에게 가장 중요한 자원 중의 하나로 사용되고 있다.

석유를 나타내는 페트롤리움Petroleum은 돌을 뜻하는 페트라Petra와 기름을 뜻하는 올리움Oleum이란 라틴어에서 유래하였다. 석유라고 하면 흔히 원유만을 생각하기 쉬우나 이는 원유와 천연가스를 모두 포함하는 단어이며 주로 탄소와 수소로 이뤄진 화합물이다.

석유는 주로 고대 바다의 단세포 유기체들인 수중식물과 동물의 잔해가 수백 만 년 동안 침전 및 퇴적을 거치면서 생성되었다. 고대 생물 중

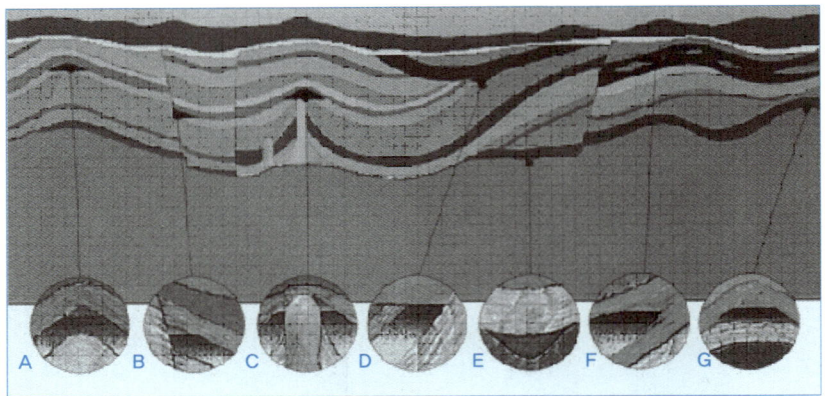

▲석유의 생성

석유는 퇴적암층에서 바다 속의 유기물질이 부니되어 생긴다. 그리고, 불투명 암층을 만나기까지 이동하다가 그곳에 괴어 매장된다. 보통 밀도의 차이로 물/석유/가스로 나뉘어 층상을 이루어 침투성 암반 사이에 괴어 있다. 석유를 함유하고 있는 지질구조에서 중요한 것은 배사구조(위의 그림A)이며, 80~90%의 확률로 석유가 발견되고 있다. 단층 (B), 암염(C)이나 부정합 지층(D)에서 이따금 발견되기도 한다.

특히 수중생물, 그것도 아주 작은 유기체들에 의해서만 석유가 생성되었다는 사실에 의아해할 사람들도 있겠지만 그것은 식물성, 또는 동물성 플랑크톤이 크기는 작아도 그 숫자는 상상할 수 없을 정도로 많으며 퇴적 및 보존이 큰 생물보다는 용이하기 때문이다.

중생대에 많이 살았던 공룡도 석유가 될 가능성은 매우 낮다. 육상환경에서는 산화작용을 쉽게 받아 빨리 분해되기 때문에 유기물로 보존되기는 어렵다. 유기물 잔해는 침전 및 퇴적이 진행된 이후 박테리아의 분해 활동(탈아미노화작용 및 환원작용)을 통하여 탄소와 수소가 풍부한 물질로 변화하는데 이를 불용성 고분자화합물인 '케로젠Kerogen'이라고 한다. 다시 많은 시간이 흐르면서 지층의 압력과 열을 통해 유기 잔류물이 증발된 뒤 생성된 석유는 근원암에 퇴적되며, 다시 상부 지층의 압력에 의해 근원암에서 저류암으로 이동하게 된다. 저류암은 압력을 받아도 공극이 그리

작아지지 않아야 한다. 여기에서 공극이란 암석 내의 곳곳에 비어 있는 부분으로서 석유가 실제로 저장되어 있는 곳이다. 따라서 공극이 많은 암석일수록 더 많은 석유를 저장할 수 있고 뽑아내기도 용이하다.

    석유성분이 잘 보존된 퇴적암을 이루기 위해서는 다음과 같은 세 가지 조건이 필요하다. 첫째, 생물의 유해는 공기와 접촉하면 산화되므로 석유 근원암이 퇴적되려면 산소가 차단된 환경이 필요하다. 이런 환경은 잔잔한 호수나 바다에서 발달하기 쉽다. 석유근원암은 주로 셰일과 같은 쇄설암이나 석회암, 백운암과 같은 탄산염암, 또는 사암으로 이뤄졌는데 이들 암석은 유기물과 산소의 접촉을 막는 환경에서 잘 퇴적된다. 둘째, 퇴적된 유기물이 석유가 되려면 열이 필요하다. 원유는 약 60~120도에서, 천연가스는 120~225도 사이에서 생성된다. 결국 원유와 천연가스는 생성되는 온도만 다를 뿐 성분은 같다. 만약 유기물이 퇴적된 지층의 온도가 250도를 넘으면 탄소만 남아 흑연이 된다. 셋째, 석유가 만들어지려면 유기물이 매몰된 후 일정한 기간이 지나야 한다. 지층 온도가 아무리 높아도 일정 기간이 경과되지 않으면 석유가 생성되지 않는다. 인류가 출현한 신생대 제4기층(200만 년 전 이후)에서 석유가 발견되지 않는 것은 좋은 보기이다. 일반적인 지질학자들의 학설에 의하면, 원유를 함유하고 있는 암석 중 가장 오래된 것은 6억 년이라고 한다. 그러나 인류가 생산하는 상업용 원유의 60퍼센트 이상은 신생대 3기(6500만 년~450만 년)에 형성된 것들이다. 평균 토사의 퇴적속도를 2cm/100년으로 가정하면 석유생성을 위한 소요시간은 500만 년 이상이 된다.

## 석유의 역사

인류의 역사에서 석유는 고대 이집트 및 메소포타미아 문명시기에도 사용기록이 있으나, 오늘날의 용도와는 매우 다르다. 살펴보면 약 5천 년 전, 유프라테스강 근처에 살던 수메르인, 아시리아인, 바빌론인들은 땅 위로 스며나온 석유를 접착제, 페인트 등으로 사용했다. 또한 고대 이집트인들은 석유를 상처에 바르거나 질병, 미라의 시체방부제로 사용했다. 그래서 이집트의 피라미드나 바빌론의 벽을 보면 석유를 사용한 흔적을 발견할 수 있다. 그 이후에도 페르시아인이나 인디언들은 이를 중풍치료약으로 사용했다. 아마 자연에서 나오는 검은 액체를 신이 내려주신 선물이라고 생각했던 것이다.

석유가 인류의 역사에 본격적으로 등장하여 가장 중요한 자원이 된 것은 자연과학이 발전한 19세기 이후였다. 석유를 이용한 등잔불이 유럽에 처음 전래된 것은 13세기 아랍인들이 스페인을 침공할 때인데 당시 석유를 구할 수 없었던 대다수의 유럽인들은 19세기 중반까지 고래기름으로 등잔불을 사용했다. 유럽에서의 석유 사용은 1853년에 발명된 케로신 램프의 대중화 이후이며, 선박의 대형화에 따른 수송수단의 발달로 석유는 산업혁명 이후의 석탄이나 증기와 같은 동력을 쉽게 대체해버린다. 처음에는 조명용으로만 사용되고 다른 가솔린이나 중유 성분들은 버려지던 것이, 내연기관의 발달 이후 가솔린이나 벙커씨유가 운송수단의 주요 원료로 사용됨으로써 생산범위가 확대된 것이다. 물론 석유 수요의 증대에 따라 유전 개발을 위한 연구 개발은 부단히 지속되었다. 오늘날에는 원유의 어떠한 성분도 버리지 않고(일부 가벼운 Gas는 증발하지만) 전 성분이 모두 사용되고 있다.

▲석유는 주로 백악기 및 쥬라기 지층에서 발견되는 것으로 보아 그 기원이 대략 100만~200만 년 전으로 추정.

▲구약성서에 의하면 노아의 방주를 위해 역청을 사용한 것으로 나타남.

▲BC. 3000년 수메르인이 아스팔트로 신상을 세움. 바빌로니아인들은 건축에 역청을 사용.

▲지하의 석유를 연료로 꺼지지 않는 등불을 밝힘.

▲르누아르가 만든 석탄가스 엔진. 석탄가스 엔진이 1800년 르누아르에 의해 발명됨. 1870년 미국 록펠러에 의해 오하이오스탠다드석유회사가 설립.

▲벤츠가 제작한 휘발유엔진자동차. 1879년 노벨 형제가 러시아의 바쿠에서 유전 발견. 1886년 독일의 벤츠사는 휘발유엔진 자동차를 생산.

▲1860년대 미국의 정유공장 1888년 일본은 미국으로부터 석유시추기를 도입하여 심저굴착에 성공.

    참고로 1859년 미국 펜실베이니아주 타이터스빌에서 드레이크 대령은 최초로 석유탐사 시추에 성공하였는데, 그는 생산된 석유를 무려 배럴당 20달러(0.13$ / $l$ )에 팔았다고 한다. 현대의 유가도 대략 20달러/BBL 정도가 적당하다고 하니 당시의 물가를 고려할 때 황금알을 낳는 거위였다고 할 수 있다.

    우리나라에서 처음 석유가 사용된 것은 1880년이다. 황현의 『매천야록梅泉野錄』을 보면 다음과 같이 쓰여 있다.

    석유는 바다 속에서 난다고 하고 석탄에서 만든다고도 하고, 돌을 삶아서 그 물을 받는다고도 해, 그 설이 다르다. 우리나라에서는 경진년庚辰年 처음으로 사용했는데 그 색깔이 불그스레하고 냄새가 심하나 한 홉이면 열흘 밤을 밝힐 수 있다.

    여기서 말한 경진년은 고종 17년(1880년)이다. 물론 그 이전에 사용된 적이 있었는지는 확인할 수 없다.

## 석유가 근·현대 사회에 미친 영향

유럽에서는 콜럼버스의 대발견 이후 금은과 같은 보석 및 원재료의 확보를 위해 신대륙 개척이 이루어지는데, 이들은 신대륙의 무한한 자원의 약탈을 통해 자국 경제성장을 쉽게 이룬다. 이는 귀족의 몰락, 절대왕정의 등장, 신지식층의 성장 등 정치적 발전 및 개혁의 원동력이 된다. 미국의 독립전쟁, 파리의 시민혁명 등의 서양사에서의 굵직한 사건들은 이러한 정치·경제·사회의 성장 순서에 따른 자연적 발생이었다고 볼 수 있다. 반면, 유럽 이외의 지역에서는 열강들이 총과 칼을 앞세우고 신대륙 및 식민지 점령에 더욱더 열을 올린다. 이러한 신대륙의 개척은 풍부한 자원의 확보를 바탕으로 유럽의 역사 발전에 지대한 공헌을 한다.

산업혁명 이후에는 공업의 발전과 더불어 지금은 우리에게 너무나 유명한 유럽 및 미국의 제조금융회사(GM, MORGAN, PHILIPPS, SHELL 등)들이 성장하게 된다. 또한 Exxon-Mobil, Shell, ChevronTexaco, BP, Total 등은 각 국가들이 해외 유전의 확보를 위해 성장시킨 기업들이다.

영화〈자이언트〉에서 제임스 딘이 맡았던 미국의 유명한 '록펠러'가 창설한 회사는 '스탠퍼드 오일'로 재작년에 다시 합병한 '엑슨모빌'의 원조이다. 이후 유전 개발 및 석유 확보는 현대사에서 가장 중요한 이슈가 되었으며, 위의 제국기업들은 산유국의 유전들을 헐값에 사들이거나 식민지 점령을 통해 석유를 손쉽게 확보하게 되었다. 우리가 살고 있는 현재에도 그들은 전세계 유전의 30퍼센트 이상을 장악하고 있고 세계석유수출국기구(OPEC)의 생산량이 전세계 생산량의 32퍼센트 정도를 차지하고 있으

▲사진은 2차 걸프 전쟁 시 미군에 끌려가는 이라크군 포로들과 뒤쪽에 불타고 있는 작은 유전들의 모습. 에너지 특히 석유자원은 각 나라의 중요한 정치적 문제이며 전쟁의 빌미가 되고 있다.

니 어느 정도인지 짐작할 수 있을 것이다.

지금도 그들은 그동안 축적한 자본을 바탕으로 하여 신규 유전개발이나 LNG(천연가스)개발사업 및 대체에너지 개발사업에 많은 투자를 한다. 대부분의 주요한 회사들은 자국 내의 유전에 비해 중동이나 서아프리카 및 동아시아, 중남미에 광대한 유전을 소유하고 있다.

그렇다면 석유의 생산량이 가장 많다고 하는 중동 국가들의 사정은 어떨까? 제1, 2차 석유파동과 연계하여 설명하면, 이들 국가도 처음에는 제국의 열강에 석유개발권을 값싸게 내어준다. 물론 석유의 중요성을 깨닫고 부의 국외 유출을 막으며 국가경제 발전을 위해 노력하기 위해, 중동 국가들은 1951년 이란의 국영석유회사의 설립을 필두로 유전국 유화사업을 추진한다. 1960년에는 5대 산유국인 사우디, 이란, 이라크, 쿠웨이트, 베네수엘라는 OPEC을 결성하여 회원국 간 석유정책 조정과 상호 기술·경제적 원조를 추진한다. 이후 리비아, 카타르, 알제리, 나이지리아, 아랍에미리트, 인도네시아를 회원국으로 받아들임으로써 현재는 이라크를 제외한 10개국이 OPEC의 회원국이 되었다.

OPEC은 1973년 중동전쟁 당시에 이스라엘을 지원한 서방 국가들에 대한 보복 및 그동안 주요 석유수출국들에 의한 원유가격 결정권의 장악을 위해 유가를 대폭 인상하여 제1차 석유파동을 유발한다. 1978년에는 이란이 국내 정치와 경제적인 혼란을 이유로 석유생산을 대폭 감축시키고 수출을 중단하여 다시 제2차 석유파동을 일으킨다. 소위 석유를 무기로 한 자원민족주의의 등장은 전세계의 경제에 커다란 충격을 가한다. 우리나라같이 석유생산이 전무한 국가들이 겪는 경제적인 타격은 엄청난 것이었다.

원자력 및 대체에너지의 개발로 인하여 최근의 석유소비는 전체 에너지 소비량의 약 55퍼센트 정도로 감소하였으나, 원유는 현대 산업 및 경제운용에 아직도 영향력이 가장 큰 자원이다. 따라서 석유를 둘러싼 국제적 분쟁과 대립은 19세기 말 이후 오늘날에 이르기까지 끊임없이 계속되고 있다. 제2차세계대전의 일본 참전, 제1, 2차 오일파동과 걸프전쟁, 현재의 중동사태와 체첸내전, 카스피해 연안국의 영유해 소유분쟁 등은 직·간접적으로 석유가 그 원인이 되었거나 중요한 요인으로 작용한 사례들이다.

유가의 움직임이 경제에 미치는 영향을 우리나라의 예로 들어보면, 원유 1배럴(원유 부피단위 : 158.984리터)당 유가가 연평균 1달러 오를 경우 소비자 물가가 0.15퍼센트 오르고, 무역수지가 7억 5천만 달러로 악화되는가 하면 경제성장률도 0.10퍼센트 떨어질 정도로 국민경제에 막대한 영향을 미친다. 따라서 한 해 유가가 배럴당 10달러 오르면 우리의 경제성장률은 자동으로 1퍼센트 감소하는 것이다.

▲정제 시설

사진은 LG-Caltex 정유의 RFCC공정 시설이다. RFCC(Residue Fluid Catalytic Cracking Unit)은 원유 중 무거운 성분인 중질유(BC유)를 투입한 후 촉매와 반응시켜 이를 분해하는 공정으로서 중질유 중 상당 부분을 경질유로 개질하는 고도 시설이다.

## 원유와 제품의 생산

 원유의 생산은 앞에 언급한 주요 석유수출국 및 OPEC 회원국들이 절대량을 생산하고 있다. 이외에 서아프리카 지역이 약 6퍼센트를 생산하고, 러시아 및 카스피해 연안국가들이 약 13퍼센트, 말레이시아 등의 동아시아 지역이 약 8퍼센트, 노르웨이를 중심으로 한 북유럽이 약 8퍼센트, 멕시코 등의 중남미 지역에서 약 10퍼센트를 생산하고 있다. 다만 미국, 캐나다, 영국, 중국 등의 국가는 생산량은 많으나 훨씬 더 많은 물량을 소비하고 있으므로 주요 수입국으로 분류된다. 주요 생산국들 중 후진국이나

▲원유선
원유선 중 VLCC는 약 270,000MT정도를 선적하며, 배의 길이는 330M 넓이는 약 33M 정도이다. 사진에서 앞의 원유선은 해저 유전에서 생산한 원유를 저장하는 장치(FSO)이며, 뒤의 원유선이 원유를 선적하고 있는 중이다.

개발도상국들은 대부분 석유수출이 가장 중요한 재원이다.

원유는 생성환경이나, 지층의 종류, 생성연대, 퇴적유기물의 성격에 따라 그 종류가 다양하다. 현재 상업화되어 있는 원유의 종류만도 300여 가지가 넘는다. 원유의 종류는 황 함량 정도에 따라 고유황, 중유황, 저유황 원유로 나뉘고 휘발유·등유 등의 성분이 많은 경질유, 벙커시유가 많이 생산되는 중질류로 분류하기도 한다. 아무튼 사용 용도에 따라 그 분류기준이 다양하게 나뉘어져 있다. 원유의 종류가 많기 때문에 각국의 정유회사는 생산규격에 맞고 가격경쟁력이 있는 원유들을 도입하기 위해 많은 노력을 하고 있다.

구매계약이 이루어지면 원유는 주로 VLCC, Very Large Crude Carrier라는 매우 큰 유조선(250,000~300,000MT)에 의해 소비지로 운송된다. 운송이 되면 탱크에 저장을 하는데 생산기준에 맞도록 여러 원유가 골고루 섞여 저장된다. 저장된 원유는 증류탑이라는 곳에 들어가 높은 열에 의해 끓여지는데 주전자에 물을 끓이는 것과 같다. 다만, 원유는 비중이 다른 제품들이 섞여 있기 때문에 끓는점(비등점)에 따라 각 제품을 따로 분류해낸다. 가장 가벼운 성분인 가스부터 나프타, 가솔린, 등유, 경유, 그리고 가장 무거운 벙커시유가 분리·생산되어 각 제품탱크에 저장된다. 물론 원유에는 황, 금속 등 유해성분이 포함되어 있으며, 또한 각 제품에 따라 까다로운 생산규격이 있기 때문에 각 규격에 맞도록 여러 단계의 정제 과정을 거쳐 제품으로 완성된다. 대부분의 유류제품은 액체이며 인화성이 높아 조심스럽게 다루어져야 한다. 따라서 정유회사들은 안전과 환경에 대단히 많은 노력을 기울인다.

석유의 황과 같은 유해성분은 환경오염의 주범이다. 따라서 각 국가들은 지속적으로 석유제품 생산규격을 강화하여 생산비용을 증대시킴으로써, 석유의 사용을 줄이려 노력하고 있다. 매장량 또한 무한하지 않기 때문이다. 그러나 아직은 가채보유량이 많고 사용 영역이 넓으며, 생산비용이 저렴하기 때문에 다른 에너지로 대체되기가 여간 어렵지 않다.

과학의 발달을 통한 석유의 발견과 생산은 인류의 역사 발전 기간을 크게 단축시켰다. 개인적으로 필자는 불의 발견, 농사의 시작 등과 같은 인류의 중요한 역사적 위치에 화약의 발명과 더불어 석유의 발견도 함께 자리매김하고 싶다. 석유가 현대 인류의 역사 발전에 기여한 공헌이 지대하기 때문이다. 이와 같이 과학이나 공학기술의 혁신은 그 이후의 경제·정치구조 및 인간의 사회활동을 결정한다.

현대의 과학자들은 원자력, 수소에너지, 태양열 등 석유를 대체할 수 있는 에너지 개발에 박차를 가하며 또 하나의 혁신을 이루기 위해 부단히 노력하고 있다. 많은 과학 또는 공학의 전공을 지망하는 현재의 젊은 인재들도 머지않아 이러한 연구에 동참할 것이다. 과학은 미래를 창조하는 학문이며, 공학은 미래를 발전시키는 학문이다. 급속히 발전하는 사회의 뒷면엔 항상 두 학문의 힘이 존재해야 함을 우리는 알아야 할 것이다. 서양문명의 전세계적 확산도 과학의 힘에 의해서 움직이기 때문이다.

## 참고문헌

- 정기종, 『석유 전쟁』, 매일경제신문사
- 이필렬, 『석유시대 어디까지 갈 것인가』, 녹색신문사
- 강주명, 『석유시추공학/석유공학개론』, 서울대학교 출판부
- 사미 마타르, 『석유화학 공정』, 인터비젼
- 앤써니 심슨, 『석유를 지배하는 자는 누구인가?』, 책갈피
- Paul Horsnell, *Oil Markets and Prices*, Oxford University Press

## 참고사이트

- http://www.Petroleum.or.kr
- http://www.knoc.co.kr
- http://www.lgcaltex.co.kr
- http://www.kogas.or.kr
- http://www.eia.doe.gov.

# 자동차

동그라미의 과학을 찾아서

1860
piston engine

김천욱   solid178@yonsei.ac.kr

서울대학교 공과대학 기계공학과를 졸업하고, 미국 플로리다 대학에서 공업력학 박사학위를 받았다. 대한기계학회회장, 한국공학기술학회회장을 역임하고, 현재 연세대학교 공과대학교 교수로 활동 중이다. 저서로『최신기계설계』,『신편재료역학』등이 있다.

# 만인의 꿈이 된 자동차 이야기

## 가볍고 강력한 원동기의 발명

인류에 농경사회가 정착되면서 도시가 생겨났고, 물화의 이동이 불가피하게 되어 수송수단이 발달하게 되었다. 처음에는 사람과 동물의 등으로 화물을 져날랐으나 점차 수레를 이용하게 되었다. 이후 농경사회에서 가장 편리한 수송수단은 마차였으며 정비된 도로 위를 비교적 빠른 속력으로 달리며 승객과 화물을 수송하였다. 그러나 마차는 동력원으로 말을 사용하였기 때문에 이용에 한계가 있었다.

18세기 증기동력이 발명되고 증기기관이 새로운 동력으로 대두되면서 수송기관에도 큰 변혁이 일어났다. 1825년 9월 27일 스티븐슨의 로코모션호 기관차는 600여 명의 승객을 태우고 19킬로미터를 달렸다. 같은 해 10월 6일 스티븐슨의 로켓호는 화물운반 시합에서 우승하여 상금 500파운드를 받으면서 증기기관차의 실용성을 입증하였다. 이후 철도의 경제성이 널리 인식되어 1833년까지 영국에서 생산되는 석탄의 대부분을 철도로 운반하였다.

1850년대에 들어와 미국은 대형 기관차의 왕국이 되었다. 기차의 발명은 영국보다 조금 뒤처졌으나 철도의 발전과 기관차의 개량에 있어서는 영국을 앞지르게 되었다. 특히 국토가 광대하기 때문에 고속의 기관차가 필요했으며 이 분야에서 세계를 리드하였다.

철도가 화물의 장거리 수송을 마차로부터 빼앗자 사람들은 곧 철로가 아닌 일반 도로에서 마차를 몰아내려는 노력을 계속하였다. 처음에는 증기기관을 작게 만들어 마차에 얹고 말 없는 마차를 만들어 이를 '자동차 automobile'라고 불렀다. 영국에서는 1850년 이전에 이미 최소 50대의 증기차가 제작되었다. 그러나 증기차는 크고 무거울 뿐 아니라 시내에 진입할 때 큰 소음과 도로에 대한 파손 때문에 마차를 대신하기에 적절하지 않았다.

독일의 오토는 1876년 가솔린을 연료로 하는 4사이클 엔진을 최초로 제작하고 특허를 얻었다. 그는 동료 랑겐과 함께 석탄가스를 연료로 하는 가스엔진을 제작하고 있었는데 가솔린을 구입하기 쉬워지자 이것을 연료로 하는 전혀 새로운 엔진을 발명한 것이다. 오토-랑겐의 가스엔진은 무게가 4,000파운드(약 2톤)였는데 반하여, 오토의 가솔린 엔진은 1,250파운드이면서도 같은 동력을 발생하였다. 1890년까지 약 50,000대의 오토엔진이 유럽과 미국에서 팔렸다.

## 가솔린엔진의 자동차

오토의 가솔린엔진이 널리 보급되자 많은 기술자들이 이 엔진을 개량하여 새로운 특허를 신청하는 건수가 증가하였다. 독일의 다임러는 오토

▲1888년 다임러가 제작한 4륜 자동차

이 자동차는 세계 최초의 자동차라고 할 수는 없으나 자전거에 엔진을 단 자동차를 만든 유럽의 전통을 잘 말해 주고 있다. 미국에서는 처음부터 자전거가 아닌 마차에 엔진을 실어 자동차를 만들었기 때문에 유럽식과 대조적이다.

와 함께 기술자로 일한 경력을 가지고 있었는데 따로 나와 슈투트가르트 근처에서 일하면서 조수 마이바하와 함께 고속 가솔린엔진을 제작하고 이것을 커다란 자전거 모양의 3륜차에 얹고 주행하였다. 그러나 그들은 자동차 제작보다는 자신들의 가솔린엔진을 판매하는 데 열심이었다. 1887년 다임러자동차회사는 프랑스의 P&L사에 엔진제작권을 허용하여 프랑스에서 다임러엔진이 생산되었다.

한편 독일의 만하임에서 벤츠는 대형 가스엔진을 제작하여 판매했다. 그러던 중 1886년 새 가솔린엔진을 제작하고 이를 큰 3륜차에 장착하여 주행에 성공하였다. 그의 첫 차는 1888년 2,000마르크(475달러)에 팔렸다. 이를 계기로 벤츠는 주로 자동차 개발에 전념하였다. 벤츠의 3륜차는

자동차

독일에서뿐 아니라 프랑스의 파리에도 진출하여 판매되었다. 벤츠는 1892년이 되어서야 비로소 4륜차를 생산하였는데 인기가 좋아 생산량이 급증하였다.

유럽의 자동차산업과 밀접하게 관계된 것은 자전거의 발명과 확산이었다. 자전거는 1860년대 프랑스에서 개발되어 영국에 건너가 크게 발전하였다. 이런 자전거의 확산이 직접 자동차에 연결되었다. 말을 타지 않고도 비교적 먼 곳까지 혼자서 다녀올 수 있었다. 또한 속도감도 즐길 수 있었기 때문에 개인주의적인 욕구가 분출되면서 19세기 말, 문명의 발달과 함께 개인사상에도 큰 영향을 주었다.

처음에는 자전거를 생산하다가 자동차생산으로 전업한 업체가 아주 많아졌다. 그중에서 성공한 대표적인 회사는 프랑스의 '푸조'와 독일의 '오펠'이다. 그들은 모두 대형 자전거를 만들고 가솔린엔진을 얹어서 자동차를 만들었다. 1890년대 중반부터 1913년까지는 프랑스가 유럽 자동차 생산의 리더였다.

미국은 광대한 국토를 가지고 있어서 특히 철도가 발달하였다. 1860년까지 대부분의 제조업체는 뉴욕과 필라델피아주에 있었다. 그러나 1880년이 되자 중서부가 제조업의 중심이 되어가고 있었으며 특히 미시간주의 디트로이트 지역에는 소규모 기계공업이 발달했다.

1880년대에 들어서자 대서양에 면한 동부지방에서는 다투어 증기자동차를 개발하고 축전지를 이용한 전기자동차도 선보이기 시작했다. 미국에서는 마차의 발달로 경쾌한 소형 2~4인승의 '런어바웃'이 규격제품으로 값싸게 팔리고 있었다. 전기자동차나 나중에 붐을 일으킨 가솔린자동차들도 처음에는 이 가벼운 4륜 차체에 원동기를 달았다.

미국에서 가솔린엔진을 장착한 자동차를 생산하는 회사가 설립된 것은 1895년으로 유럽에 비해서는 몇 년 뒤져 있었다. 그러나 미국식 자유분방함이 전국에 걸쳐 자동차 제작의 붐을 일으켰다. 1900년까지 미국에는 661개소의 자동차 제작소가 생겨났다가 그중 185개소가 남아 있었다. 이때 설립되어 아직까지 명맥을 잇고 있는 유일한 회사가 '올즈모빌'이다.

20세기 초의 10년 간은 미국 자동차공업의 진정한 형성기였다. 특히 1903년은 아직도 우리 입에 오르내리는 낯익은 이름인 포드, 뷰익, 캐딜락이 생산되기 시작한 해이다. 그러나 포드를 제외하고는 모두 회사가 커지면서 자본가의 손으로 넘어가 최초의 설립자는 회사를 떠나고 말았다.

1863년 미시간주의 농촌에서 태어난 포드는 15세에 디트로이트로 나와 기계공으로의 경력을 쌓기 시작했다. 1893년 크리스마스이브에 그는 아내와 함께 부엌 싱크대에 장착한 가솔린엔진에 시동을 걸었다. 1896년 여름, 포드는 그의 집 뒷마당에서 자동차를 조립하여 시운전하였는데 시속 20마일까지 낼 수 있었다. 그는 이 차를 200달러에 팔고 다시 새 차를 개발하기 시작했다. 그는 판매하려고 자동차를 조립한 것은 아니었으나 디트로이트의 자본가에게 알려져서 1899년 디트로이트자동차회사의 설립에 참여하여 공장장이 되었다.

1903년 6월 16일, 포드는 자신의 자동차회사인 '포드자동차회사'를 설립하였다. 그동안 포드는 경주용 자동차의 개발에 집착하여 상업용 자동차생산을 등한시하였으나 일단 자신의 자동차회사를 설립한 후에는 소형 승용차생산에 주력하였다. 포드 모델 A는 15개월 동안 1,700대가 조립되었고, 대당 750달러씩에 팔렸다. 이렇게 포드의 자동차가 많이 팔리자 '셀던Selden특허'에서 특허료를 청구하였다. 포드는 이에 굴복하지 않고 법정 투쟁을 벌여 1911년 1월 승소함으로써 일약 국민적 영웅이 되었고, 아울러 포드자동차의 우수성을 널리 홍보하였다.

## 자동차문화의 정착

20세기 초 미국의 자동차공업은 전국시대였다. 포드자동차의 유명한 모델 T가 나온 1908년 듀랜트는 포드자동차의 경쟁사인 뷰익자동차회사를 장악하고는 중소의 자동차회사들을 연합하여 미국의 자동차공업을 주도하려고 하였다. 듀랜트는 제너럴모터스를 지주회사로 하여 뷰익, 캐딜락, 올즈모빌, 포니악을 산하에 두는 거대 자동차회사를 탄생시켰다. 그러나 포드자동차는 모델 T의 순조 속에 독보적으로 회사를 운영하였고, 1913년 170,211대를 생산하여 시장점유율 35%로 올라섰으며, 1918년에는 642,750대를 생산하면서 54.9%의 시장점유율을 보였다. 이 생산 대수는 미국 이외의 전세계가 생산한 자동차 대수를 훨씬 능가하였다.

▲미국 자동차문명의 계기가 된 포드 모델 T
미국에서는 마차가 없이 걸어 다닌다는 것은 상상할 수 없었다. 처음에는 말 없는 마차의 개념으로 자동차가 만들어지다가 차츰 사치품이 되어 가격도 2,000달러 수준으로 매우 비쌌다. 포드는 농촌 출신으로 여유 있는 자작농을 위한 자동차를 생각하고 포드 T형을 개발하였다. 이 차는 우선 값이 싸고($500) 견고했으며 자신이 수리할 수 있는 간단한 구조였다. 결국 1925년 이후에는 너무 구식이어서 소멸되었으나 미국에 자동차문명을 가져온 명차였다.

포드자동차가 이렇게 엄청난 생산량을 유지할 수 있게 된 것은 포디즘으로 불리는 대량 생산방식을 채용하였기 때문이다. 이 방식은 철저한 공정의 단순화로 기능공의 숙련도를 낮추면서 모든 제품을 표준화하여 최종 조립을 차질 없게 하는 방식이었다. 이 대량 생산방식은 그 후 현대 생산방식의 표준이 되기에 이르렀다.

자동차가 대량으로 생산되면서 자동차회사의 규모도 커질 수밖에 없었다. 우선 자동차를 판매하고 애프터서비스를 하는 조직과 금융회사들도 생겨났다. 아무리 기술이 탁월하고 우수한 자동차를 생산하더라도 규모가 작으면 경쟁에서 탈락할 수밖에 없었다. 미국에는 중간 규모의 우수한 자동차회사가 많았으나 점차로 문을 닫고 결국엔 3개의 큰 회사만 남게 되고 나머지는 모두 흡수되거나 폐쇄되었다. 이 빅 3는 '제너럴모터스', '포드', 그리고 뒤늦게 진입에 성공한 '크라이슬러'이다.

자동차공업이 제일 먼저 발달하였던 프랑스에도 10여 개의 자동차회사가 난립하였으나 결국 르노, 푀조및 시트로엥만이 남았다. 시트로엥도 경영이 어려워지자 프랑스정부가 적극 개입하여 푸조에 인수시킴으로써 푸조시트로엥 PSA그룹이 탄생하였다.

산업혁명을 가장 먼저 정착시켰던 영국은 기술이 우수하였으나 오히려 그 우수한 기술력 때문에 증기자동차의 피해가 커져 적기령으로 자동차 개발을 지연시켰다. 때문에 20세기에 들어와서야 비로소 독일 다임러엔진의 기술을 도입한 영국에 다임러회사가 설립되었다. 미국의 포드자동차는 일찍이 1911년 영국에 진출하여 포드자동차를 생산하였고 GM도 복스홀을 매수하여 영국에 자리잡았다.

영국에서도 한때 자동차회사가 난립하여 다양한 소형차를 생산하였는데 대표적인 회사가 '오스틴'과 '모리스'였다. 이 두 회사는 아주 작고 깜직한 소형 승용차로 경쟁하였는데 결국 합병되고 말았다. 정부의 적극적인 개입이 있었으나 경쟁력을 확

### 셀던 특허

셀던은 1876년 필라델피아에서 개최된 미국 건국 100주년 기념 박람회에서 수입된 엔진을 보고는 이것을 마차에 장착하면 말이 없어도 달릴 수 있다고 생각하여 가솔린엔진을 이용한 말없는 마차를 특허로 제출하여 1895년 미국 특허를 받았다. 결국 그는 이것을 상품화시키지는 못하였으나 자동차회사를 설립한 윌리엄 휘트니가 매입하여 권리를 행사하면서 신규 자동차생산을 막았다. 뒤늦게 가솔린자동차를 조립한 헨리 포드는 이 특허는 이미 사문화되었다고 주장하며 법정싸움을 벌여 결국 승소함으로써 특허료 없이 자동차를 개발할 수 있는 권리를 되찾았다. 그래서 그는 일약 유명해졌고 그의 자동차 포드도 잘 팔리게 되었다.

### 포디즘

소위 '포드주의'라는 뜻인데 미국에서는 사용되지 않고 한때 유럽에서 풍미하였다. 내용은 기계의 각 부분을 정밀하게 따로 만들어 조립하는 대량 생산방식인데 포드가 발명한 것은 아니다. 그러나 그가 자동차 생산라인에 응용함으로써 일약 포드하면 대량 생산방식으로 통하게 되었다. 이 방식은 그 후 항공기, 선박, 가전제품 등의 생산방식에 응용되어 20세기 후반의 경제적인 풍요를 가져왔다.

▲ 포르쉐 박사가 설계한 꿈의 스포츠카 포르쉐 1
오스트리아 태생의 포르쉐 박사는 자동차 설계의 대가였다. 그가 직접 설계하고 제작한 스포츠카 포르쉐는 승용차 기술의 극치였다. 그 후 많은 자동차가 스포츠카라고 생산되고 있으나 아직 포르쉐를 따라가는 차는 없다.

보하지 못하고 로버Rover그룹으로 근근이 명맥을 잇고 있다.

독일과 일본에서도 제2차세계대전 후의 호황 속에 다수의 자동차회사들이 설립되었다가 합병되었다. 다임러와 벤츠는 1920년대에 이미 합병되었고, 오펠자동차는 GM에 매각되었으며, VW는 아우디를 인수하고 BMW는 전후에 그 세력을 확장하고 있다. 일본에서는 전통의 닛산과 도요타 외에 다수의 군소 회사가 있었으나 도요타에 흡수·합병이 진행되고 있으며 전후에 두각을 나타낸 혼다가 줄기차게 발전하고 있다.

이렇게 각국의 자동차생산이 증대되고 경쟁으로 차 값이 싸지자 자동차는 더 이상 부자들만의 것이 아니고 중산층도 소유할 수 있는 개인적인 수송수단이 되었다. 먼저 경제력이 우수한 미국에 모터리제이션이 오면서 자동차문화가 탄생되었다. 자동차는 미국인의 여가생활을 바꿔놓았고 지역주의를 감소시켰으며 기

> **제너럴모터스**
> 듀란트(William C. Durant)라는 걸출한 사업가가 조직한 자동차 지주회사이다. 그는 자본이 별로 없었으나 천재적인 말솜씨와 아이디어로 자본주를 끌어들여 당시 유망한 사업인 자동차회사를 창립하였다. 그는 우선 재정난에 봉착하고 기술자도 없는 뷰익자동차를 인수하고 그것을 바탕으로 하여 경영이 어려운 몇 개의 자동차회사를 연합하여 GM을 만들었다. 무리한 경영으로 회장에서 쫓겨났으나 세계 최대의 기업이고 자동차 메이커인 GM을 창설한 공로는 인정받고 있다.

▲고급 승용차의 대명사가 된 벤츠 5500

고급 승용차를 생산하는 벤츠자동차는 흔히 메르체데스로 알려지기도 하였다. 메르체데스는 벤츠자동차의 초기 작품으로 오스트리아의 외교관이 벤츠승용차를 대량 주문하면서 자신의 딸의 이름을 붙여달라고 한 데서 시작된 차종의 이름이다. 이 차가 선풍적 인기를 얻자 특히 일본에서는 메르쓰데스-벤츠로 알려지게 되었다.

업운영에 중요한 역할을 수행하였다.

　자동차가 미국인들에게 개인의 기동성을 부여함으로써 근로자의 대다수가 도시에 살지 않고 교외지대에 살게 되었다. 미국 어디를 가도 거의 똑같은 모양의 작은 타운이 꾸며지고 콘크리트로 포장된 넓은 교외가 발달하게 되었다. 이렇게 교외에 살게 되면서 쇼핑을 위하여 굳이 시내로 들어가지 않게 교외에 복합상점인 몰이 생겨나게 되었다. 그리고 이런 대형 쇼핑센터는 시민생활의 중심이 되었다.

　제2차세계대전이 끝나고 부흥기로 들어서자 먼저 영국과 프랑스에 자동차문명시대가 왔고 곧이어 독일에도 왔다. 전쟁 전에 히틀러는 독일 국민에게 근로자들이 모두 차를 가질 수 있는 꿈의 국민차 폴크스바겐을 약속했다. 그러나 전쟁이 발발하자 이 국민차 공장은 군수품 공장으로 바뀌었다가 전후에야 꽃을 피우게 되었다. 딱정벌레 beatle라는 별명의 이 작은 승용차

### 닛산과 도요타

닛산은 일본에서 가장 오래된 전통의 자동차회사이다. 그러나 역사가 오래되었다고 다 훌륭한 회사는 아니다. 도요타는 도쿄에서 멀리 떨어진 나고야 부근의 작은 도시에서 방직기계를 제작하던 기계회사였는데 섬유산업이 사양화되자 자동차사업으로 전업하면서 급속히 발전한 회사이다. 지금은 세계 제2의 자동차회사로써 규모나 기술적인 면에서 닛산자동차를 압도하고 있다.

▲히틀러의 구상으로 포르쉐 박사가 설계한 국민차 폴크스바겐 비틀
흔히 딱정벌레라고 알려진 독일의 유명한 자동차이다. 히틀러는 1924년 나치운동을 하다가 투옥된 기간에 포드의 『My Life and Work』을 읽고 독일 국민을 위해 값싼 승용차를 공급해야겠다고 결심하였다. 그가 정권을 잡자 그는 이 생각을 구체화시켜 1937년 포르쉐 박사의 설계를 제작하게 하였다. 그리고 독일 노동전선에 그 운영을 맡겼다. 결국 전쟁이 나고 이 공장은 군수품 공장으로 바뀌었지만 독일 국민 모두가 한 대씩 보유하도록 구상한 딱정벌레는 전세계의 사랑을 받는 명차로 다시 태어났다.

는 1960년대의 세계시장을 휩쓸면서 2천만 대 이상 팔렸다. 이제 후진국들도 돈만 벌면 차를 갖고 싶어 하는 사람들로 가득하게 되었다.

## 재앙으로 나타난 자동차

자동차가 꿈의 상품이 되자 거리에는 자동차 홍수가 일어났다. 출퇴근 시간대에는 자동차가 도로를 메워 거의 움직이지 못했으므로 '러시아워'라는 용어가 생겨났다. 도로에 가득한 자동차는 배기가스 공해로 시민의 건강을 위협하게 되었다. 드디어 인간이 그렇게 갈구하던 자동차가 인간의 건강을 해치는 독가스로 변하고 만 것이다.

한편 자동차가 고속으로 주행하자 미국에서는 차가 길가의 장애물과 충돌하는 사고가 빈발하고 유럽에서는 차끼리 충돌하는 사고가 급증하여 수많은 사람이 죽고 불구가 되었다. 세상에는 선천적인 불구자가 많이 있었으나 이제는 오히려 자동차 사고에 의한 후천적 불구자가 더 많게 되어 큰 사회문제가 되었다.

먼저 미국에서 자동차의 안전성에 대한 연방규제가 시작되었고 곧이어 세계 각국이 자동차 안전에 대한 법규를 제정하기 시작했다. 이 규제들은 시속 100킬로미터의 속도로 차가 장애물에 충돌하였을 때 운전자와 승객이 치명적 손상을 입지 않도록 차를 견고하게 만드는 것이었다. 1970년대에 들어오자 미국은 충돌 안전성에 대한 별표구분 체제를 만들어 소비자가 쉽게 안전성을 구분할 수 있게 했다. 즉 5스타이면 가장 안전한 차이고 3스타이면 안전하지 않은 차라는 것이었다. 이 제도가 정착되자 대부분의 승용차가 5스타 내지 4스타 차로 바뀌었다.

자동차의 배기가스 규제는 피해가 가장 심했던 미국 캘리포니아주가 1960년 자동차오염방지법을 발효시킴으로써 구체화되었다. 이 법으로 질소산화물과 탄산가스의 양이 극도로 제한되었다. 디젤자동차의 배기가스 규제는 먼저 경유의 유황 함유량을 제한함으로써 아황산가스의 배출을 줄이고 매연을 감소시키는 방향으로 추진되었다. 각국은 자기 나라의 자동차 산업이 감내할 수 있을 정도로 공해기준을 계속 강화하고 있다. 그래도 가솔린이나 디젤엔진을 자동차의 원동기로 사용하는 한 완전히 공해가 없는 자동차를 만들기는 불가능한 것으로 보인다.

## 미래 세계의 꿈으로

자동차엔진의 배기시스템에 정화장치를 달고 엔진 내에서의 연소상태를 개선하더라도 무공해 엔진을 만드는 것은 불가능하다. 그래서 전기를 축적하였다가 사용하는 축전지 전기자동차가 대두되었다. 이 자동차는 20세기 초 한때 상당한 대수가 가동되고 있었으나 가솔린 엔진의 강력한 성능에 밀려 도태되고 만 것이었다.

처음에는 납을 사용하는 축전지 대신 훨씬 성능이 좋은 축전지를 개발하려 했으나 경제성이 없어 중단되고 가솔린엔진과 축전지를 겸용하는 전기자동차인 '하이브리드차'가 개발되었다. 이 자동차는 자동차의 성능을 전기모터의 작동에 의존하므로 공해물질의 배출을 극히 억제하는 효과를 가질 수 있다. 그러나 아직 차 값이 비싸기 때문에 제한적으로 사용될 수밖에 없다.

그래서 결국 지난 130년 간 왕림했던 원동기인 엔진을 사용하지 않고 처음부터 전기를 사용하는 전기자동차가 미래의 자동차로 등장하고 있다. 축전지를 사용하는 전기자동차는 이미 성공하지 못하였으므로 전기공급을 축전지에 의존하지 않고 직접 생산하는 연료전지 전기자동차가 미래의 자동차가 될 것이다. 아직은 연료전지의 성능이 기존의 엔진만 못하지만 기술의 발전으로 경쟁력 있는 연료전지차가 탄생될 것으로 확신한다.

자동차는 현대 민주주의사회를 특징 짓는 개인주의 필수품이다. 자동차로 인하여 인간의 자유가 보장되고 개인의 프라이버시가 유지된다. 그러므로 대중교통 수단의 강화는 자가용의 피해를 제한하여 도시생활의 쾌적함을 향상시키지만 자동차를 모든 도시에서 몰아낼 수는 없다. 그래서 한국은 거의 마지막으로 자동차산업국이 되어 인류의 욕구에 부응하는 값싸고 질 좋은 자동차를 전세계에 수출하고 있는 것이다.

## 참고문헌

- 전국경제인연합회, 『한국의 자동차산업』(1996)
- 조동성, 주우진, 『한국의 자동차산업』, 서울대학교 출판부(1998)
- 김천욱, 『한국자동차산업론』(2002)
- James M. Laux, *The European Automobile Industry*, Twayne Publishers, New York(1992)
- John B. Rae, *American Automobile Manufacturers—The First Fourty Years*, Chilton Company—Book Division, New York(1958)
- Nick Georgano, *Britain's Motor Industry, The First Hudred Years*, G. T. Foulis & Company(1995)
- Peter Collier and David Horowitz, *The Fords—An American Epic*, Collins, London(1988)
- Paul Ingrassia and Joseph B. White, *Come Back—The Fall and Rise of the American Automobile Industry*, Simon & Schuter, New York, (1994)

## 참고사이트

- http://www.ieel.snu.ac.kr
- http://www.leelab.kaist.ac.kr
- http://www.engine.iae.re.kr
- http://www.mslab.skku.ac.kr

# 전기
## 보이지 않는, 그러나 강력한 힘

1879 electricity

홍성욱  Comenius@snu.ac.kr

서울대학교 물리학과를 졸업하고, 동 대학에서 과학사 및 과학철학 협동과정 석사·박사학위를 받았다. 토론토 대학교 종신교수를 역임하고, 현재 서울대학교 과학기술사 교수로 재직 중이다. 저서로 『생산력과 문화로서의 과학기술』, 『네트워크 혁명, 그 열림과 닫힘』, 『파놉티콘』 등이 있다.

# 정전기에서 끌어온 전기의 상업화

2003년 8월 14일 오후 4시, 미국 동부와 캐나다 중부에 갑자기 전기 공급이 중단되었다. 뉴욕이나 토론토와 같은 대도시 시민들은 전기가 곧 들어올 것이라고 생각했지만, 30분이 지나고 한 시간이 지나도 전기는 들어오지 않았다. 사무실에서 작업을 하던 컴퓨터가 꺼지고, 신호등이 마비되고, 지하철이 정지하고, 슈퍼마켓에 냉장고가 꺼지고, 방송국이 타격을 입고, 심지어 핸드폰마저 작동하지 않았다. 2~3일 동안 계속된 이 정전은 사람들로 하여금 우리가 얼마나 전기에 의존해서 살고 있는가를 잘 보여준 사건이었다.

이렇게 지금은 우리의 삶에 깊숙하게 자리잡은 전기의 역사는 크게 세 시기로 나누어 살펴볼 수 있다. 첫 번째 시기는 고대부터 18세기 말엽까지의 시기로 사람들에게 정전기(static electricity) 현상만이 알려졌던 시기이고, 두 번째 시기는 전류와 전자기(electromagnetism) 현상이 발견되었던 19세기이다. 마지막 시기는 전기가 상업적인 용도로 만들어지고 공급되기 시작한 시기로, 에디슨의 송전시스템이 탄생하던 19세기 말엽부터 지금까지의 시기라고 볼 수 있다. 이 글에서는 이 각각의 시기를 살펴보고, 마지막 결론에서는 지금 우리가 사용하는 전기의 미래를 간략하게 짚어보고자 한다.

## 정전기의 시대

정전기는 고대 그리스의 과학자들에게도 알려졌던 현상이었다. 철학의 아버지라 불리는 고대 그리스의 탈레스Thales는 보석의 일종인 호박琥珀을 고양이 털에 문질렀을 때 그것이 깃털을 끌어당기는 힘을 가지게 된다는 현상을 발견했다. 전기를 의미하는 영어 단어인 electricity는 그리스어 elektron에 어원을 가지고 있는데, 이 elektron이 바로 호박을 의미하던 단어였다.

18세기에 들어와서는 전기에 한 종류가 있는 것이 아니라 호박을 비볐을 때 나오는 '수지전기'(resinous electricity)와 유리를 비볐을 때 나오는 '유리전기'(vitreous electricity)의 두 가지 서로 다른 종류가 있음이 밝혀졌다. 후에 벤자민 프랭클린Benjamin Franklin에 의해서 수지전기는 음전기로 유리전기는 양전기로 불렸다. 이렇게 양전기와 음전기가 발견된 이래 과학자들은 전기가 한 가지인가 혹은 두 가지인가를 놓고 오랫동안 논쟁을 했다. 이 문제는 19세기 말엽에 영국의 물리학자 톰슨이 전자를 발견함으로써 도선을 흐르는 전기는 음전자의 흐

> **마찰 전기**
>
> 마찰 전기는 어떻게 생기는 것일까? 20세기 현대 물리에 의해 밝혀진 원자에 관한 중요한 사실은 원자는 원자핵과 그 주위를 도는 전자로 이루어졌으며, 원자핵은 양성자와 중성자로 구성된다는 것이다. 그리고 양성자(+전하)와 전자(−전하)는 서로 반대 전하를 띠고 있으며, 그 전하량이 같으므로 원자는 전기적으로 중성을 띠게 된다는 것이다. 그런데 두 물체를 마찰시킬 때, 한 물체는 전자를 잃어 양전하를 띠게 되고, 다른 물체는 전자를 얻어 음전하를 띠게 되는 것이다.

름이며, 이온은 양전기 혹은 음전기를 모두 띨 수 있음이 밝혀지면서 해결됐다.

17세기에는 전기와 관련해서 또 다른 중요한 발전이 있었는데, 그것은 마찰기계의 발명이었다. 마찰기계는 1660년에 독일의 폰 게리케 Otto von Guericke가 발명했다. 게리케의 기계는 한 손으로 황(黃, sulphur)으로 만든 구를 회전시키고 또 다른 한 손으로 전기를 모으는 원시적인 형태였다. 그렇지만 이 정전기 기계는 후대 과학자들에 의해서 개량되어 18세기 중엽이 되면 커다란 기계가 만들어 졌고 이를 이용해서 꽤 많은 정전기를 만들 수 있게 되었다.

▲마찰기계를 사용해서 전기를 일으킨 다음에 도체막대를 통해 전기를 전달해서 라이든 병에 이를 저장하는 모습

18세기 전반기에 영국의 과학자 그레이 Stephen Gray는 전기를 잘 전달하는 도체와 그렇지 못한 부도체를 구별했다. 그는 금속 도선을 이용해서 전기를 수십 미터 떨어진 곳까지 전달하곤 했다. 18세기 중엽에 네델란드의 무쉔브로크 Pieter van Musschenbroek는 정전기를 모을

▼대전된 소년이 종잇조각을 끌어당기는 그레이의 실험

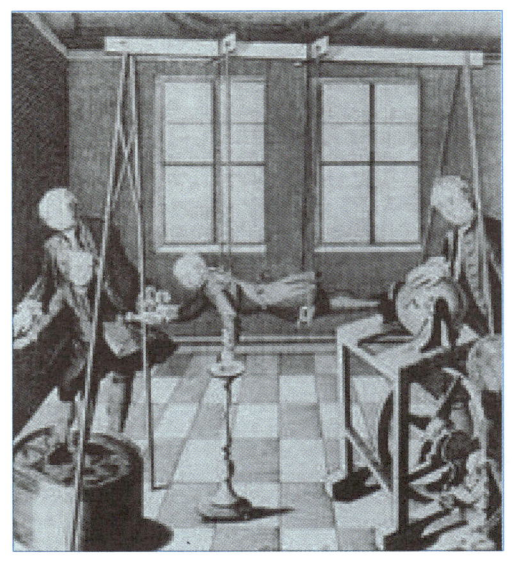

전기 | 235

▲벤자민 프랭클린이 철사로 만들어진 연줄을 이용해서 전기를 모으는 방법

▼볼타의 전지
아연판과 구리판을 묶은 황산용액에 담고 도선으로 연결하면 전자가 아연판에서 구리판으로 이동하여 전류가 흐르게 된다.

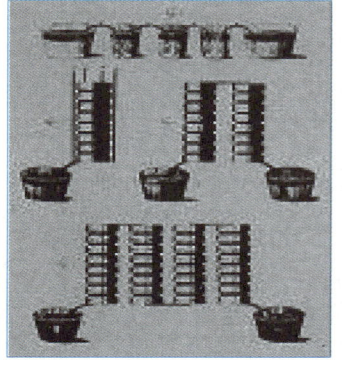

수 있는 축전지인 라이든 병(Leiden jar)을 발명했다. 과학자들은 이제 마찰기계에 의해 전기를 모으고 그것을 금속을 이용해서 전달하고, 또 라이든 병에 담아서 보관할 수 있었다.

전기 실험이 손쉬워 지면서 과학자들은 정전기를 이용해서 다양한 실험을 수행했다. 이 대부분은 사람들의 흥미를 끌기 위한 것이었다. 그레이 같은 과학자들은 소년을 줄에 매달아서 전기를 띄게 한 뒤에 종잇조각을 끌어올리는 실험을 시연하기도 했으며, 벤자민 프랭클린은 번개가 전기라는 것을 보이기 위해 연을 이용해서 구름의 전기를 라이든 병에 모으는 실험을 했다. 이 실험을 바탕으로 프랭클린은 피뢰침을 발명해서 전 세계적으로 유명해졌지만, 이를 실험하던 러시아의 물리학자 리치만은 그의 조수와 함께 감전되어 사망하는 사고를 당하기도 했다. 리치만은 전기의 비밀을 밝히는 실험을 하다 사망한 첫 번째 순교자였다.

## 전류와 전자기의 시대

정전기는 사람에게 흥미를 유발하는 실험을 할 수는 있었지만, 한번 스파크를 일으키면 다 소진되어 버렸다. 과학자들은 지속적으로 사용할 수 있는 전기의 원천을 발명하기 위해서 노력했는데, 이는 1800년에 이탈리아 물리학자인 볼타Alessandro Volta에 의해서 전지(cell)의 형태로 발명되었다. 볼타는 당시에 죽은 개구리 다리에 금속막대기를 대면 개구리 다리가 움찔하고 움추려드는 현상을 놓고 자연철학자인 갈바니Luigi Galvani와 논쟁을 벌이던 중이었는데, 생명체가 전기의 원천이라는 갈바니의 주장을 논박하기 위해서 화학적 반응만으로 전기를 만들 수 있음을 보여주기 위해서 전지를 고안해냈던 것이다. 그가 처음 발명한 전지는 아연과 구리판 사이에 소금물에 적신 종이를 끼워 넣은 형태의 것이었다.

전지의 발명은 전기의 실용화와 관련해서 두 가지 중요한 발전을 낳았다. 그 첫 번째는 전지 자체가 빠른 속도로 개량되었다는 것이다. 안정적으로 전기를 공급하는 전지는 1836년에 영국의 다니엘과 1868년에 프랑스의 르클랑세에 의해서 발명되었다. 르클랑세는 1877년에 건전지도 발명했다. 전기가 다 소모되면 다시 충전해서 사용할 수 있는 축전지는 프랑스의 플랑테G. Plante가 1859년에 발명했다. 전지가 지속적인 전류를 공급해 주면서 과학자와 기술자들은 전기를 이용해서 메시지를 보내는 방법에 대해 연구하기 시작했고, 이는 1830년대에 전신의 발명으로 꽃을 피웠다.

전지의 발명이 가져온 또 다른 혁명적인 변화는 전기와 자기가 결합하기 시작해서 전자기의 시대를 열었다는 것이다. 1820년에 덴마크의 물리학자 외르스테드는 전류가 흐르는 도선의 주변에 원형모양의 자기장이 형성한다는 사실을 처음 밝혀냈다. 그는 전기와 자기 사이에 모종의 관련이 있을 것이라는 신념을 가지고 오랫동안 실험을 한 결과 이를 밝혀냈던 것이다. 프랑스의 물리학자 암페어는 외르스테드의 발견을 곧 수학적으로 설명해서, 전류와 전류 사이에 작용하는 힘을 수학적인 형태로 표현하는

▲마이클 패러데이
전자기유도 현상의 발명자이다. 이 현상을 무시하는 당시 재무장관에게 엄청난 재화가 될 전기의 미래를 예언했다.

### 인간전지

사람은 전류가 흐를 수 있는 도체이다. 이온화경향이 다른 금속을 양손에 잡고 있는 사람은 전지역할을 한다. 알루미늄보다 이온화정도가 작은 강철은 전지의 (+)극이 되고, 알루미늄은 (-)극 역할을 한다. 즉, 이온화 정도가 다른 금속이 전해질 용액 속에 있게 되면 두 금속 사이에 전압차가 생겨 도선에 전류가 흐르는 것과 같은 이치이다.

데 성공했다. 그는 전류가 흐르는 도선 주위에서 자석의 방향이 바뀌는 이유를, 도선의 전류와 자석 속에서 흐르는 원자전류 사이의 상호작용으로 설명했다. 외르스테드의 발견이 있은 지 두해 만에 영국의 스터전은 이 원리를 이용해서 전자석을 발명했다. 전자석은 보통 자석으로는 할 수 없었던 무거운 쇠를 들어올리는 등, 전기의 새로운 응용 가능성을 낳았다.

영국의 과학자 패러데이 Michael Faraday는 전기와 자기와의 관계를 전기로만 환원했던 암페어의 설명에 만족하지 못했다. 따라서 패러데이는 외르스테드가 발견한 것의 정 반대 되는 현상, 즉 이번에는 자기가 전기를 만들어내는 현상을 발견하고자 마음먹었다. 그렇지만 수년 동안의 실험에도 불구하고 패러데이는 자기로부터 전기 현상을 만들어내지 못했다. 1831년의 어느 날, 그는 두 개의 코일을 근접시키고 한 쪽 코일(1차 코일)에는 전지를 연결해서 전자석을 만들어 자기장을 형성하고 다른 코일(2차 코일)이 자기장의 영향 하에 전류를 만드는지 실험을 하고 있었는데, 1차 코일의 스위치를 올리거나 내릴 때에 2차 코일에 순간적으로 전기가 유도됨을 발견했다. 이는 자기장에서 전류를 만들어낸 최초의 실험으로, 지금은 전자기유도(electromagnetic induction)로 불린다. 이 현상의 발견으로 우리는 자기장 속에서 도선을 회전운동시킴으로써

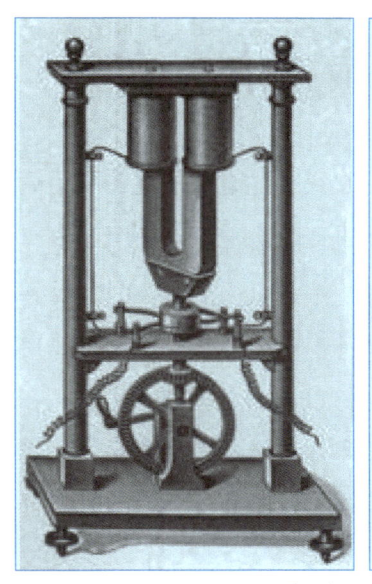 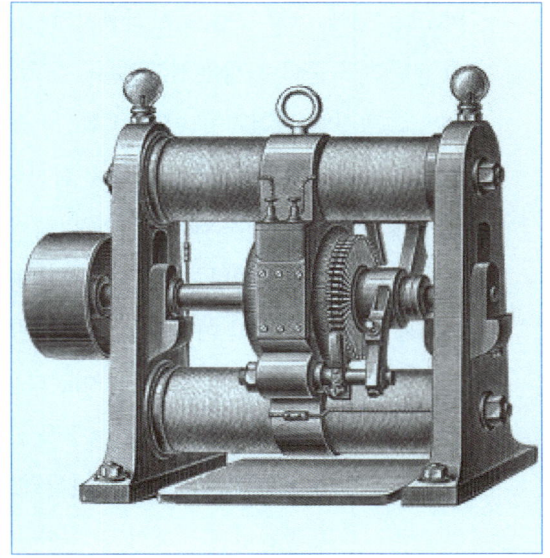

▲픽시의 발전기(1832)　　　　　　▲그램의 발전기(1874)

전류를 만들어낼 수 있게 되었던 것이다.

　패러데이는 자신이 발견한 전자기유도 현상을 당시 재무장관이었던 (그리고 나중에 영국의 저명한 수상이 되었던) 윌리엄 글래드스톤William Gladstone에게 시연했다. 패러데이의 설명과 장난감 같은 기계를 들여다 보던 글래드스톤은 지겨운 듯이 "대체 그것이 무슨 소용이 있단 말이요"라고 물었다. 패러데이는 전혀 화가난 기색이 없이 조용히 대답했다. "이것에 나중에 세금을 매길 날이 올 것입니다." 지금 각국 정부는 전기로부터 엄청난 세금을 걷고 있다.

　전자기유도가 발견되고 그 다음 해 프랑스의 발명가 픽시는 전기를 만들어내는 발전기를 최초로 제작했다. 픽시의 발전기는 말굽자석을 두 개의 코일 위에 놓고 수동으로 회전시켜서 전기를 일으키는 것이었지만, 거의 장난감 수준의 기계에 불과했다.

그렇지만 발전기는 이후 수십 년 동안 진화를 거듭했다. 영구 자석 대신에 전자석을 사용하고, 자석을 회전하는 대신 코일을 회전시키고, 코일에서 발생하는 열을 감소시키기 위해서 철판을 얇게 잘라 합쳐서 만든 철심을 사용하게 되었다. 그렇지만 가장 중요한 발견은 전자석에 흘려주는 전류를 외부의 전원이 아니라 발전기 내부에서 만들어 공급할 때 훨씬 더 효율적이고 강력한 발전기가 만들어진다는 것을 발견했던 것이었다. 이는 덴마크의 요르트와 독일의 지멘스가 발견했다. 이 발명 이후에 벨기에의 발명가 그램은 실용적인 발전기를 만들었고, 그램 발전기는 아크등과 같은 전등에 전류를 공급하기 위해서 널리 사용되었다.

## 전기의 상업화

발전기를 통해 전기가 만들어지는 것이 가능해지면서 엔지니어들은 전기를 상업적인 목적으로 사용할 생각을 하기 시작했다. 실제로 1860년대와 1870년대를 통해서 엔지니어들은 등대에 전깃불을 밝히는 용도로 발전기를 사용했다. 이때 사용된 전깃불은 아크등이었는데, 문제는 전력의 소모가 심했을 뿐만 아니라 여기에 사용된 탄소 막대기 전극들이 타들어가면서 점점 짧아지고 따라서 이 간격을 계속 일정하게 조절해주어야 했었다는 것이다. 그럼에도 불구하고 아크등은 등대나 가로등용으로는 쓸 만했다. 더 큰 문제는 이것이 보통 가정용 전등으로 쓰기에는 너무 밝았다는 것이었다. 따라서 1870년대 후반부터 엔지니어와 발명가들은 가정용 전등을 만드는 일에 총력을 기울였다. 우리가 잘 알다시피 이 치열했던 경주의 승자는 토머스 에디슨이었다.

　전구를 만드는 데에 가장 어려웠던 점은 빛을 내는 필라멘트가 용기 속의 공기와 반응하면서 금새 타버린다는 사실이었다. 1870년대 말엽에 미국의 에디슨과 영국의 스원은 탄소 필라멘트를 사용한 고진공 전구를 만들어 실용적인 전등을 개발했다. 에디슨은 가장 좋은 필라멘트의 재료를 구하기 위해서 전 세계에서 수집된 6천여 가지의 재질을 시험한 끝에 일본 대나무를 태워 만든 탄소 막대기를 채택했다. 에디슨과 스원은 거의 동시에 특허를 출원했는데, 이들은 '에디스원Ediswan'사라는 합작회사를 만들어 길고 지루한 특허 분쟁을 피할 수 있었다. 탄소 필라멘트 전등은 1910년대에 텅스텐 필라멘트가 개발되기 이전까지 모든 전구에 널리 사용되었다.

　에디슨은 단지 전구만을 발명한 것이 아니었다. 그는 1,000개가 넘는 전구를 동시에 밝힐 수 있는 거대한 발전기도 제작했고, 전기를 송전하는 방법도 고안했으며, 또 전기의 사용을 재는 계량기도 만들었다. 즉 전송시스템이라는 기술시스템 전체를 디자인했던 것이다. 에디슨은 1881년에 영국 런던 홀본 거리에 홀본발전소(Holborn Viaduct Central Station)를 지어서 전기가 가스등과 경쟁할 수 있는가를 테스트했고, 그 다음 해 뉴욕에 펄가 Pearl Street 발전소를 건설했다. 이로서 전기의 상업화시대가 도래했던 것이다.

　1880년대를 통해서 미국과 유럽 각국에서 발전소가 세워졌고 거리와 가정에 전력이 공급되었다. 이 초기 발전소들은 대부분 직류(DC)를 공급했는데, 이에는 여러 가지 이유가 있었다. 우선 직류 발전기(90%)가 교류(AC) 발전기(70%)에 비해서 더 효율이 높았다. 그리고 일찍 개발된 직류 모터에 비해서 교류 모터는 1880년대 말엽에나 발명되었다. 또 직류 발전기는 두 개를 병렬로 연결해서 쓰는 것이 가능했음에 비해서 교류 발전기를 병렬로 연결하는 것이 힘들었다.

그렇지만 직류 전송시스템에는 한 가지 치명적인 문제가 있었다. 직류는 전압을 올리거나 내리는 것이 힘들었기 때문에, 발전소에서 전송하는 전압이 가정에서 사용하는 전압인 110볼트와 같아야만 했다. 그런데 110볼트의 전기를 전송할 경우에 전력의 손실이 심각했다. 두꺼운 구리 도선을 사용하면 이 전력 손실을 어느 정도는 막을 수 있는데, 이럴 경우에는 비싼 구리 값 때문에 경제적으로 손해가 났다. 결국 유일한 방법은 전기를 전송할 수 있는 지역을 제한하는 것이었다. 직류를 쓸 경우에 발전소에서 전기를 공급하는 지역은 그 발전소를 중심으로 대략 반경 0.5킬로미터 내외의 지역에 국한되었다. 따라서 직류 발전소는 도심 이곳저곳에 위치해야 했다.

교류를 쓸 경우에는 이런 문제가 없었다. 교류는 변압기(transformer)를 사용해서 전압을 높였다 낮추었다 할 수 있기 때문에, 1만 볼트로 송전을 하고 변압기를 사용해서 이를 두어 번에 걸쳐서 110볼트로 낮추면 되었다. 영국에서는 페란티 Sebastian de Z. Ferranti가 런던 교외에 거대한 교류 발전소를 건설해서 런던에 전기를 공급했고, 미국에서는 웨스팅하우스사가 에디슨에 맞서서 교류 전송 시스템을 채택했다. 직류와 교류의 싸움은 흔히 "시스템의 전쟁"이라고 불릴 정도로 격렬했다. 에디슨은 교류가 높은 전압 때문에 위험하다는 것을 강조했다. 그는 사형선고를 받은 죄수를 전기사형시키는 데 교류를 사용하게 한 뒤에 이를 "처형자의 전류"라고 비난했다. 그렇지만 에디슨의 이러한 선전에도 불구하고 시스템의 전쟁은 1890년대 초엽에 교류의 승리로 끝났다. 1893년 웨스팅하우스사는 나이아가라 폭포에서 전력을 만들어내서 멀리 떨어진 미국 도시들에 공급하는 수력 발전을 시작했다.

전기가 가정, 공장, 거리에 보급되던 무렵에 전기의 본질에 대해서도 중요한 이해가 얻어졌다. 1897년에 전자가 발견되었고, 전자의 운동이 전자기파를 만들어낸다는 사실도 알려졌다. 1904년 영국의 과학자 플레밍은 음전하를 띤 전자의 흐름을 이용한 2극 진공관을 만들어냈고, 이는 곧이어 드포리스트의 3극 진공관으로 이어졌다. 3극 진공관은 정류, 발진, 검파를 가능하게 했으며, 20세기 후반에 반도체를 낳는 모태가 되었다.

전기를 통신에 이용한 것은 전신으로부터 시작했다. 19세기 후반에는 해저전신이 개발되었고, 1860년대에 영국과 북미대륙을 잇는 해저전신이 성공적으로 가설되었다. 19세기 말엽에 전신은 유럽과 유럽의 식민지 국가들을 연결하면서 전 세계를 거미줄처럼 덮고 있었다. 1878년에는 미국의 발명가 벨에 의해서 전화가 발명되었으며, 1897년에 마르코니 Guglielmo Marconi는 첫 무선전신 특허를 취득했다. 불과 4년 뒤인 1901년 12월, 마르코니는 무선전신을 이용해서 대서양 횡단 메시지를 송수신하는 데 성공했다. 전화 케이블이 대서양을 가로질러 가설된 것은 1956년이었다.

### 전기의 미래

20세기 전반까지만 해도 전기를 만드는 방법은 수력과 화력 두 가지밖에 없었다. 그러다 1950년대에 원자력 발전이 이에 가세했다. 원자력 발전은 처음에는 '원자의 시대'를 상징하는 발전으로 찬미되었다. 그렇지만 원자 에너지에 대한 공포가 증가하고 쓰리마일섬과 체르노빌 원자력 발전소 사고와 같은 끔직한 일들이 이어지면서, 원자력 발전에 대한 논란은 거의 모든 국가에서 매우 첨예한 이슈로 등장했다.

원자력 발전이 지금까지 우리에게 값싼 전기를 공급해주었기 때문에, 이것이 지금과 같은 형태로 미래에 계속되어야 한다고 생각하는 것은 바람직하지 않다. 낙후된 발전소의 해체, 핵폐기물 처리장의 건설, 전쟁이나 자연재해와 같은 극한 상황 속에서 안전문제 등이 계속 문제가 될 것이기 때문이다. 그렇다고 화석연료에 의존하는 비율을 무한정 높일 수도 없다. 화석연료 역시 고갈되고 있다는 사실은 잘 알려져 있기 때문이다. 결국 21세기에는 풍력, 조력, 태양력, 연료전지와 같은 대체 에너지원이 더욱 절실하게 요구될 것이며, 이러한 대체 에너지원은 20세기의 전력원처럼 중앙집중적이거나 환경파괴적인 것이 아니라 분산적이며 환경친화적인 것이 될 것이다.

## 참고문헌

- G.I. 브라운, 『발명의 역사』, 세종서적(2000)
- Thomas Hughes, *Networks of Power*, Johns Hopkins University Press(1983)
- Sungook Hong, *Wireless: From Marconi's Black-box to the Audion*, MIT Press(2001)
- J. A. Fleming, *Fifty Years of Electricity*, Wireless Press(1921)
- Edmund Whittaker, *A History of the Theories of Aether and Electricity*, Philosophical Library(1953)

## 참고사이트

- http://www.kepco.co.kr
- http://www.kesco.or.kr
- http://www.eesri.snu.ac.kr
- http://www.geojesi.com.ne.kr
- http://www.eduware.ismyweb.net

# 무선통신

### 소리와 빛으로 사로잡은 전파의 욕망

**1894 wireless communication**

진용옥  p3soolbong@naver.com

연세대학교 전자공학과를 졸업하고, 동 대학에서 석·박사학위를 받았다. 경희대학교 전자전파공학 명예교수이며, 현재 방통위 자체정책평가위원장을 맡고 있다. 저서로『봉화에서 텔레파시까지』,『통신시스템 이론과 원리』등이 있다.

# 무선통신에서 전파통신으로

### 줄 없는 전보

1899년 4월 11일 독립신문에는 〈줄 없는 전보〉라는 제목으로 아주 짤막한 기사가 보도되었다.

요사이 법국(프랑스) 롱뿔과 영국 포렌드 사이에 전선줄 없이 통신하는 기계를 새로 발명하였는데 매우 쉽고 편리하게 소식을 전한다고 한다.

이 기사는 마르코니의 영·불 해협 간 무선통신의 성공사실을 보도한 내용으로 'wireless telegraphy'란 말을 서재필 박사가 번역한 것이다. 지금 보아도 퍽이나 인상적인 단어의 선택이었으나, 이후에는 그 어디에도 이 말을 다시 찾아볼 수가 없다. 왜냐하면 줄 없는 전보를 무선통신이나 전파통신으로 부르게 되었기 때문이다. 무선은 줄이 없다는 뜻이고 전파란 전기적 파동이므로 이 둘을 합하면 '파동으로 전달되는 줄 없는 매체'란 뜻이다. 전파란 그 중간 전달매체라는 뜻이므로 이를 통해서 전보를 보내면 '줄 없는 전보'가 된다.

> 퐁당퐁당 돌을 던져라
> 누나 몰래 돌을 던져라
> 냇물아 퍼져라 멀리멀리 퍼져라
> 건너편에 앉아서 나물을 씻는
> 우리 누나 손등을 간질여주어라

이 동요에서 우리는 물결의 파동현상을 실감나게 관찰할 수 있을 것이다. 냇가에서 돌을 던지는 것은 운동에너지를 파동에너지로 변환시켜, 파동무늬(파문)를 그리게 하고, 냇물을 중간매질로 삼아 멀리 퍼져나간다. 건너편에 앉아 있는 누나의 손등은 수신 쪽의 감지기가 되는 셈이다. 그래서 돌과 냇물, 그리고 누나의 손등을 통해서 동생의 마음이 물결을 타고 누나에게 전달되었다. 마음에서 손등으로 전달된 것은 끈이 아니라 파동에 실린 것이다. 이처럼 마음과 손등을 이어 주는 끈이 바로 통신이며 중간에 선이 없으면 무선통신이고, 전파로 전달되면 전파통신이다. 그러나 전파는 파동이기는 하지만 물결처럼 손등을 간질여줄 수는 없다. 전파의 매질과 물결의 매질이 전혀 다르고, 이에 따라 파동의 성질이 다르기 때문이다. 과연 전파는 어떤 파동이고 어떻게 그 존재를 알아냈을까?

## 전자기학과 전자장론

전등불을 밝히고 모터를 돌리게 하는 전기는 도체에서만 흐르고 부도체에서는 흐르지 못한다. 이러한 흐름을 전류라 하며 폭포에서 쏟아지는 물처럼 높은 곳에서 낮은 곳으로 흐른다. 이와 반대로 전파는 도체에서는 전달되지 못하고, 부도체(유전체)주위의 전자장에서 나오는 파동이다. 전자장은 전기와 자기가 서로 직교하면서 형성되므로, 그 원천은 전기와 자기이고(돌을 던지는 운동에너지), 부도체에서만 형성되므로 그 중간매질은 유전체(냇물)이다. 유전체란 전기가 유도되는 물질이란 뜻으로 대부분 부도체의 성질을 가지고 있으며 도체는 유전체가 될 수 없다.

마치 파문이 냇물을 매개로 전파되듯(물결) 전파는 유전체를 매개로 전파된다. 그러나 도체는 유전체가 되지 못하므로 전파가 발생하지 못하고 다만 표피로 전류가 흐를 뿐이다. 또한 인체는 75%가 물로 이루어진 도체이므로 전파가 인체 내부에 도달할 수가 없다. 따라서 전파는 물결의 파동처럼 누나의 손등을 간질여줄 수도 없는 노릇이며, 인체 내부를 통과할 수 없으므로 절대로 인체에 해를 끼칠 수가 없다. 만약 해를 끼친다는 실험 결과가 나왔다면 그것은 다른 요인을 마치 전파작용이라고 착각하는 데서 오는 오해에 불과한 것이다.

### 전파의 존재를 알아내기까지

번개와 우뢰는 각각 빛과 소리로 인지되지만 사실은 둘 다 파동현상이다. 이중에서 번개는 대전된 구름 사이로 절연이 깨지면서 강한 전류가 흐르고 이틈에 전파와 광파가 함께 나타난다. 이때의 고열에 의하여 공기의 급팽창이 일어나면서 음파로 나타나는 것이 우뢰이다. 이러한 자연현상은 진작부터 인지되고 있었지만, 동양에서는 서양보다 먼저 자석을 나침판에 이용하였으며, 자석은 자철광이 발견된 소아시아의 '마그네트 지방의 광석'이란 뜻이다. 한편 전기는 호박에서 생기는 마찰전기에서 유래된 것을 관찰하였는데 길버트가 그리스어 호박에서 이름을 붙인 것이다. 그에 비해 한자의 '전電' 자는 비 오는 날 번개 치는 상형자이므로 동서양이 비슷한 관찰을 하였으나, (동서양에서 별로 차이가 없었지만)분석적인 측면은 서양에서 먼저 발전하기 시작한다.

　　1820년 덴마크의 외르스테드는 전류가 흐르는 도체 주위에 자기력이 존재한다는 사실을 자침의 실험으로 증명하였다. 인류 최초로 자기와 전기의 상관성을 규명한 것으로 이를 기념해서 자기의 CGS단위계로 외르텟트를 사용한다(실용적으로는 이의 만 배 '10의 4승'인 테슬라를 사용한다). 비슷한 시기에 앙페르는 자석의 근처에 있는 다른 도선에도 자기력이 미친다는 사실을 알았다. 이를 자기유도현상이라 말한다. 이어서 11년 후, 1831년 패러데이는 자기유도에 의하여 전기가 발생할 수 있다는 전자유도법칙을 발견하였다. 이로써 전기와 자기는 교직하면서 상호변환이 가능하다는 사실을 알게 되었다. 이러한 지식이 동양에 알려진 것은 1854년경이다.

## 실학자 최한기의 전기론

　　1854년 영국인 의사 벤자민 합신이 『박물신편』을 출간하면서부터다. 이 책은 당시의 발전된 전기지식과 서양의 최신 과학지식을 소개하는 책으로, 1866년에 최한기는 『신기천험』을 출간하는데 이 중에는 「전기론」이 기재되어 있다. 이 논문은 박물신편을 번안한 것이지만 단순한 번안은 아니었다. 즉 합신이 + 극과 − 극을 음극과 양극이라 번역한데 비해서, 최한기는 끄는 힘(인)과 미는 힘(추)이라고 정의함으로써 전기와 자기의 원천을 "원방에 미칠 수 있는 기운(에너지)"으로 정확히 설명하고 있다. 나아가 음극, 양극이라는 번역은 잘못되었음을 지적하고 있다. 참으로 탁견이었지만 불행히도 더 이상의 계승이나 발전이 없었으며 일본으로 전해지면서 음극과 양극으로 굳어지고 말았다.

## 패러데이와 맥스웰의 전자장론

맥스웰은 패러데이가 밝혀낸 장의 개념을 설명하기 위해서는 원방이론보다는 근방이론에 의한 연속조건을 찾아야 한다고 생각했다. 즉 콘덴서에도 도체처럼 전기가 통과하려면 양극판에 전기력선이 발생하고 이 주위에 자장이 발생하고 자장이 발생하면 전류가 흐를 것이라고 생각했다. 이 전류는 도선에서 흐르는 전류와는 성질이 다른 것이라고 생각하였다. 이를 변위전류라 했으며 지금까지의 전류는 전도전류라 하여 서로 구분하게 되었다. 즉 도체에는 전도전류가 흐른다면 부도체에는 변위전류가 통과하는 셈이다. 양자 간에는 흐름과 통과라는 의미상의 차이와 함께 에너지와 파동으로 갈라지게 된다. 이를 수학적 모델로 분석한 후, 1864년 전장과 자장의 상호관련성을 수식으로 증명하였다. 이어서 1871년에는 전자파의 진행속도는 빛의 속도와 같다는 빛의 전자파설을 발표하고 전파의 존재를 예언하게 되었다.

## 헤르츠의 전파실험

맥스웰이 죽은 지 10년 후 헤르츠는 도체봉 양 끝에 유도코일에 의한 고전압을 가하면서 스위치를 여닫는 진동자를 고안하고 조금 떨어진 곳에는 유도코일만 감긴 공진자를 설치하여 실험을 행하였다. 진동자에서 스위치를 여닫으면 스파크가 발생하고 조금 떨어진 공진자에도 도달하여 스파크가 튀는 것을 발견한 것이다. 맥스웰이 예언한 전자파의 존재가 확인되는 순간이었다. 이어서 진동자와 공진자를 바꾸어보고 포물면경을 사용하여 실험을 계속한 결과 전자파는 직진, 반사, 굴절, 회절과 간섭현상이 있음을 확인하였다. 이 실험으로 오늘날 화려한 전파시대를 여는 계기를 마련했으며, 지금까지 전기는 기(氣=에너지)의 실체라는 현상에서 전파라는 새로운 장(장 = wave)이 존재한다는 사실이 현실로 부각되었다. 국제전기통신연합(ITU)에서는 이를 기리기 위하여 주파수의 단위를 헤르츠㎐라 명명하였다.

　　헤르츠Heinrich Rudolf Hertz는 독일의 물리학자로서 1857년 함부르크에서 태어났다. 그의 조부는 중소상공인이었지만 자연과학에 흥미가 있어 어린 손자에게 실험실을 차려주고 물리와 화학실험을 하도록 배려해주었다. 어학에도 뛰어나 영어·불어·이탈리아어에도 능숙했다고 한다. 천재는 단명한다고 했던가? 오랜 지병 끝에 37세의 젊은 나이로 세상을 떠났으니 참으로 애석한 일이다.

## 마르코니의 무선통신 : 안테나와 동조기

　　1894년, 마르코니는 볼로냐 근처에 있는 아버지의 영지에서 간단한 도구로 실험을 시작했다. 그가 사용한 도구는 유도코일, 불꽃방전극 및 안테나였다. 이는 헤르츠의 양극형 방전기에 검파기와 안테나를 부가시킨 것이었다. 수신 쪽에는 동기검파기에 안테나가 부착되어 있었다. 마르코니의 최대 업적은 수직안테나를 사용해 신호의 통달범위를 증가시킬 수 있음을 보여주고, 1895년에는 2.4킬로미터까지 증가시켜 새로운 통신가능성을 열어준 것이다. 이때 수신이 되면 그 하인에게 권총소리로 연락한 것은 유명한 일화이다. 이를 기념하기 위하여 ITU에서는 전파의 날을 정하고 1995년에는 전파통신 100주년을 기념하였다.

그러나 그의 실험이 막상 이탈리아에서 별로 관심을 얻지 못하게 되자 1896년 어머니의 나라 런던으로 갔다. 영국체신부 기사장이었던 프리스경의 도움으로 세계 최초 무선통신 특허를 획득하였다. 이 실험에서는 기구와 연을 이용해서 안테나를 높게 만들었으며 솔즈베리평원에서 6.4킬로미터의 거리까지, 브리스톨해협을 통과해서 14.5킬로미터까지 신호를 보낼 수 있었다. 1897년 6월 마르코니는 라스페치아에서 지상 무선국을 설치하여 19킬로미터 거리의 이탈리아 전함과의 통신이 이루어졌으며 이는 이동통신에 이용된 최초의 사례이다. 그러나 여전히 회의적인 사람들이 많았고 그 방법을 개발하는 데 대한 관심이 없었다.

이런 상황에서 공학 기사로 활동하던 마르코니의 사촌 데이비스가 그의 특허를 재정적으로 뒷받침해주고 무선전신신호주식회사 설립을 도와주었다. 1899년에는 프랑스 위머로와 50킬로미터 거리의 영국 사우스폴랜드에 무선국을 설치하였다. 그해 4월 11일 우리나라의 《독립신문》에서 「줄 없는 전보」라는 제목으로 성공소식이 전해졌다. 1899년 영국전함들은 121킬로미터 거리에서 서로 소식을 교환할 수 있었으며, 1899년 9월 아메리카 컵요트경기의 진행상황을 뉴욕시에 있는 신문사로 보고하기 위해 2척의 미국 배에 장치했으며, 이것이 성공하자 전세계가 열광했다.

마르코니의 가장 큰 성공은 생의 후반에 가서 이루어졌다. 지구의 곡률반경 때문에 전파통신의 통달거리가 161~322킬로미터로 제한된다는 수학자들의 의견에도 불구하고, 1901년 12월 12일 잉글랜드 콘월의 폴두로부터 뉴펀들랜드 세인트존스에서 수신하는 데 성공했다. 대서양을 횡단한 것이다. 이 성공은 문명세계의 모든 지역에서 큰 선풍을 일으키는 반면,

해저전신사업계로부터는 심한 저항을 받았지만, 선박이동통신에는 독무대가 되었으며, 지금은 육상이동에서도 유선을 능가하는 계기가 되었다.

마르코니는 이탈리아 볼로냐에서 태어나 로마에서 사망하였으며 1909년 노벨 물리학상을 수상하였다. 맥스웰이 전파를 예언했다면 헤르츠는 실험으로 증명하였고, 마르코니는 안테나와 동조기를 무선통신에 이용하여 전파통신의 황금시대를 열어놓은 장본인으로 전파 3인방 중에서 으뜸을 꼽아야 할 것이다. 1919년에는 파리에서 열리는 평화회담에 전권대사로 파견되어 오스트리아·불가리아와 각각 평화협정을 체결했다. 1929년에 후작과 이탈리아 상원에 지명되었고, 1930년에는 왕립 이탈리아아카데미 의장으로 선출되기도 하였다. 이처럼 과학자 중에서는 드물게도 유복하고 조국 이탈리아에서도 성공한 편이었기 때문에 유독 그가 발명하고 실험했던 무선전신이 이탈리아에서는 성공하지 못하고 영국에서 꽃을 피운 것은 순전히 필요성의 산물이었다. 영국은 해양국가로서 이동 중 선박교신은 무선통신방식뿐이라고 절감했기 때문이지만 이탈리아는 상대적으로 무선통신의 필요성 인식에서 뒤졌기 때문이다.

1900년대 20세기 초엽의 마르코니의 무선통신은 1960년대 위성이 등장하면서 우주통신으로 그 범위를 넓혀갔으며, 광학망원경과는 다른 파장으로 우주를 살피는 전파망원경도 함께 우주시대를 대비하는 데 결정적인 기여를 하게 된다. 그리고 제2차세계대전을 거치면서 레이다와 전자파인체흡수율(SAR), 위성항법장치(GPS) 등이 등장하여 본격적인 전파무기가 등장하고 라디오, TV 방송, 그리고 마이크로파 오븐에 이르는 가전제품에까지 이용되어 인류가 만든 가장 요긴한 발명품이 되었다. 2000년대 이후에 등장할 성층권 고공전파통신은 지금까지의 지상과 우주공간의 모든 전파통신방송, 관측관찰, 이동통신, 고정통신을 집대성한 형태로 발전해나

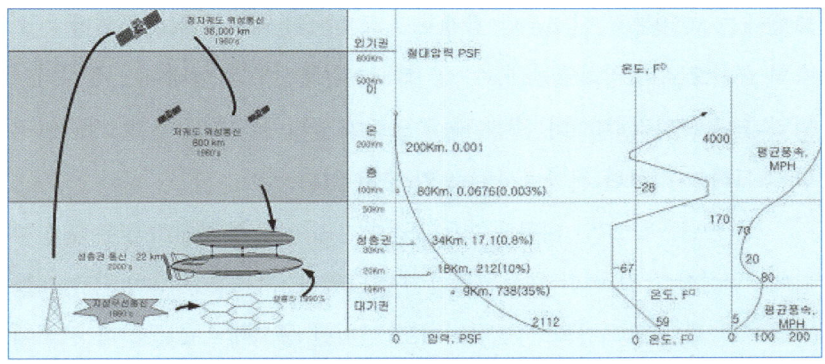

▲100년간의 전파 발달 상황

갈 것이다. 이는 마르코니의 지상 전파통신, 클라크의 위성통신에 이은 제3의 고공전파통신이 될 전망이다. 미국항공우주국(NASA)는 2006년부터 미사일방어관측용으로 사용할 예정이며, 민수용으로는 신기통신에서 주축 미디어가 될 전망이다.

 그러나 이 모든 것보다 더 값진 결과는 1980년대 이후 본격적으로 등장한 셀룰러이동통신으로 발전한 점이다. 무선통신은 이제 단순한 이동통신에서 벗어나 주축 미디어였던 유선전화를 능가하게 되었으며 자동차의 보급과 함께 새로운 정보유목시대를 열면서 컴퓨터를 앞지르게 되었다. 이러한 경이적인 발전에서 그 대표적인 나라가 바로 한국이다. 어떻게 이런 상황이 한국에서 가능하게 되었는지 참으로 궁금한 일이다.

### 한국의 전파통신 발달과 전파대국으로의 발돋움

 1903년 6월 인천의 월미도에서 등대가 점등되었고, 광파를 항로표지에 이용하게 되었다. 전파와는 다른 의미의 무선통신이다. 이어서 1904년

11월에는 1056톤급 신조군함 광제호가 도입되어 대한제국 군부해방국 소속의 군함으로 취역하였는데. 이 군함에는 건조시부터 안테나가 설치되어 있었다. 우리나라 최초의 선박이동국으로 오늘날 전파대국의 첫 작품이지만 공식적인 정확한 전파발사일은 알 수가 없다.

1905년 5월 27일 대한해협에서 벌어진 노·일 해전에서 일본측 신농환에서 '적함 발견'이란 무선전보가 수취되었다. 이는 러시아 발틱 함대를 궤멸시킨 세기적 해전의 신호탄이기도 했지만 동시에 무선통신이 전쟁에 이용된 세계 최초의 사례였다. 비록 일본에 의해 이루어진 것이지만 전파의 중요성을 일깨워주는 역사적 사실이라는 점을 유념할 필요가 있다.

1910년 9월 5일에는 월미도와 광제호 사이에 무선공중업무가 개시되었지만 이미 국권을 침탈당한 이후였고, 우리들의 독자적인 발전은 심히 뒤지게 되었다. 일제강점기의 긴 세월 끝에 광복이 되었지만 곧이어 전쟁을 치르고 난 이후부터는 아예 전파를 사용하지 않는 것이 애국적인 일이었다. 왜냐하면 이북으로 전파가 넘어가 결과적으로 이적행위가 되었기 때문이었다.

이런 질곡의 세월을 지나서 1989년 어느 날, 민관합동위원회(위원장 진용옥)에서는 이동통신방식을 CDMA(부호분활다중화방식)로 채택하고 39억 원을 연구개발비로 지원한다. 당시로는 파격적인 거금이었다. 당시의 모토롤라의 증폭기(AMP)나 북구의 차세대 이동통신방식(GSM)을 건너뛴 방식을 채택한 동기는 인구가 조밀한 산악국가인데다 전파가 이북으로 넘어가는 것을 방지하기 위해서는 도청이 어렵고 하나의 주파수로 여러 사람이 공유하는 방식이 필요했기 때문이었다. 그러나 아직은 지구상 어디에도 이 방식으로 상용화된 적이 없어 위험부담이 큰 것이었으나 달리 선택의 여지가 없었다. 때마침 국산개발에 성공한 시분할교환기(TDX)와 큰 성공

▲광제호

선미에 태극사진이 선명하다. 이 사진 이전에는 광제환이라 하였고 일장기가 걸려 있었다(신순성 함장의 후손 소장/1985년 진용옥 발굴). 1995년 『전파관리 50년사』 편찬 당시 가와사키 조선소 보관 사진에는 안테나와 급전선이 보다 선명하게 나타나 있다.

을 하게 되면서 한국은 최고의 전파 선진국으로 도약하는 '개구리 뜀박질'의 기틀을 만들어냈다. 불가능이 가능으로 돌변한 것이다.

한국의 성공은 마치 마르코니의 발명이 그의 조국 이탈리아에서는 받아들이지 못했지만 영국에서 성공했듯이, 미국의 가난한 벤처기업이 개발한 방식이 한국에서 성공한 경우와 매우 유사한 상황이다. 다만 발명자 마르코니 자신이 직접 영국으로 가져가고 모든 것을 혼자서 이룩해냈다면 한국의 경우는 자신이 스스로 선택하여 불러들임과 동시에 자립기반의 기술을 보유하고 있어 상호공생의 방안을 제시한 점이 다르다. 그러나 마르코니와 한국의 성공은 100년의 시차가 있고 경우는 약간 다르지만 필요성을 맞춰줘야 성공한다는 명제는 변함없는 진실이다.

## 참고사이트

- http://www.mic.go.kr
- http://www.most.go.kr
- http://infonet.mic.go.kr
- http://www.kcc.go.kr
- http://www.oftel.org

# 합성약

우연의 소산인 희망의 묘약

**1910** synthetic drug

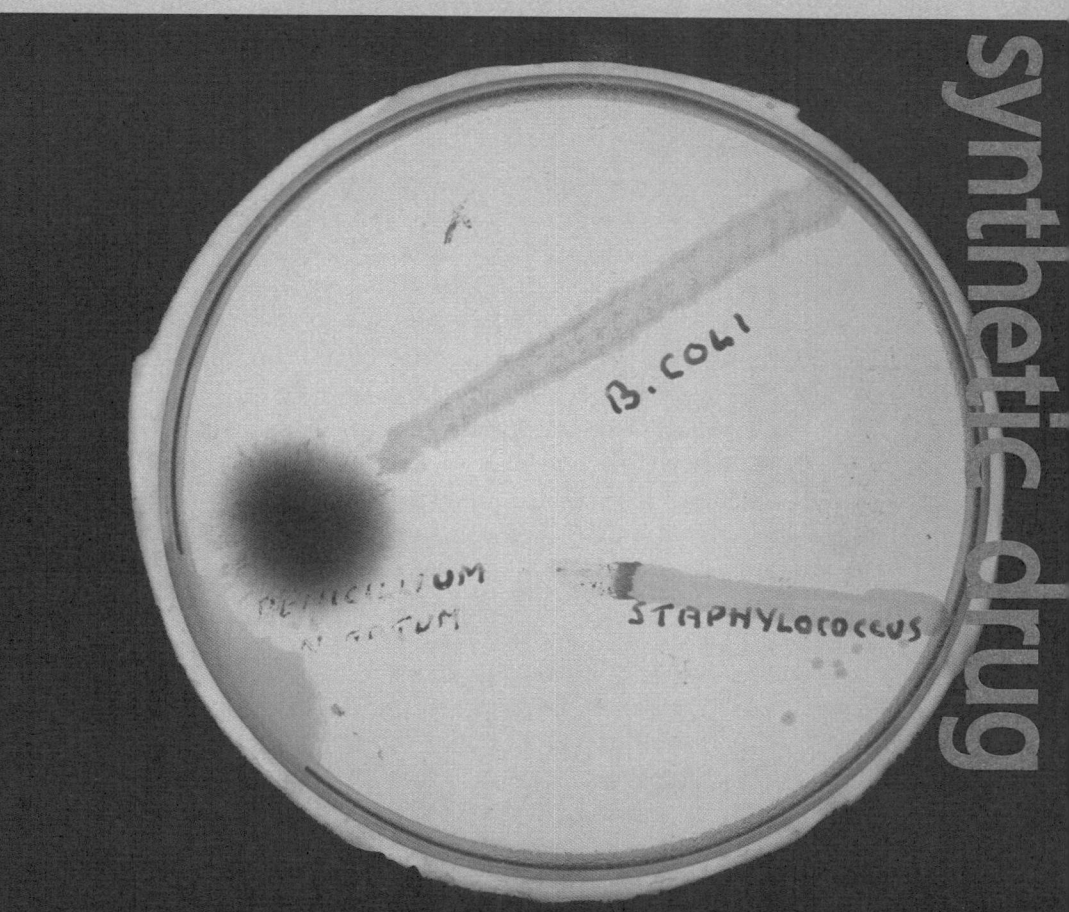

**황상익**  hwangsi@snu.ac.kr

서울대학교 의과대학 인문의학교실 교수. 서울대학교 의과대학을 졸업하고 동대학원에서 의학박사 학위를 받았다. 의학과 의술의 발전 과정, 질병의 변천과 그에 대한 대응, 북한의 보건의료, 환자−의사 관계, 문명 간의 교섭이 주된 관심 분야이다. 한국과학사학회, 대한의사학회, 한국생명윤리학회 회장을 지냈고 지금은 국제고려학회 한국지회 회장을 맡고 있다. 『핵전쟁과 인류』(1987), 『역사 속의 보건의료』(1991), 『첨단의학시대에는 역사시계가 멈추는가』(1999), 『인물로 보는 의학의 역사』(2004), 『1950년대 사회주의 건설기의 북한 보건의료』(2006), 『문명과 질병』(2008), 『근대의료의 풍경』(2013), 『콜럼버스의 교환 – 문명이 만든 질병, 질병이 만든 문명』(2014), 『역사와 의학이 만났을 때』(2015), 『한국 최초의 근대식 국립병원 제중원, 그 역사와 신화한국 최초의 근대식 국립병원 제중원, 그 역사와 신화』(2015) 등 20여 권의 저서와 번역서가 있다.

# 인류가 마법의 탄환을 발견하다

오늘날 임상에서 쓰이고 있는 약은 족히 몇 만 가지를 헤아릴 것이다. 또 한때 쓰였던 약을 포함하면 그 몇 배가 될 터이다. 그러한 약들은 대부분 20세기 이래 개발·제조된 것이며, 대부분 실험실에서 합성되거나 정제된 것이다. 현대는 실로 '제약製藥의 시대'라고 할 만큼 수많은 약이 개발·합성되어 환자들에게 희망을 주기도 하고, 또한 그 희망이 더 큰 실망으로 바뀐 역사가 되풀이되고 있다.

약의 역사는 바로 인류의 역사이자 의학의 역사라고 할 만하다. 그만큼 약은 역사가 길다는 말이며, 또한 의학과 밀접한 관련을 맺어 왔다는 뜻이기도 하다.

오늘날과 같이 고도로 발달한 약학이 존재하지는 않았지만, 원시시대에도 여러 가지 약이 사용되었다. 원시시대에는, 아니 그 뒤로도 오랜 동안 대부분의 약이 시행착오를 통해 우연히 발견되었다. 예컨대 상처가 났

▲약초를 손수 빻아서 합성한 만병통치약을 조제하는 약제사

을 때 상처부위를 맨손으로 누르거나 입으로 빠는 대신 근처에 있는 풀을 갖다댄 것이 약이 인류사에 등장한 최초의 사례일 것이다. 그러한 풀 가운데에는 지혈효과나 진통작용을 갖는 것도 있었다. 현대인이라면 그 풀과 효과 사이의 인과관계를 금방 알아차릴 수 있겠지만 원시인들은 여러 세대를 거쳐서야 풀(약초)의 작용을 알게 되었다. 매우 더디기는 했지만 그러한 과정이 몇 십만 년 동안 거듭되면서 인류가 문명을 형성할 즈음에는 제법 긴 약초 목록을 갖게 되었다.

인류역사 대부분의 시기 동안 약은 주로 약초와 생약生藥을 의미했다. 따라서 약의 역사는 농업의 역사와 밀접한 관계가 있다. 오랜 원시시대 동안 약은 채집(동물성의 경우는 수렵)의 대상이었지만, 농업이 시작되면서 인류는 약초도 재배하기 시작하였다. 역사시대 이래 동서고금을 막론하고 대부분의 문명권에서 약초원藥草園을 발견할 수 있으며, 로마제국시대의 갈레노스와 같이 유능한 의사들은 여러 지역의 약초를 구해 그 효과를 검증하고 재배하는 노력을 기울였다.

의학은 원시시대와 고대문명 초기의 주술적이며 종교적인 데에서 약을 다루는 전문인들의 소관으로 점차 변하게 되었다. 의학과 의술을 뜻하는 한자어가 무巫의 영역임을 뜻하는 의醫에서 술酒로 상징되는 약과 관련 있는 의醫로 바뀐 것이 좋은 증거이다. 그만큼 의학에서 약이 차지하는 비중이 문명의 발달에 비례하여 커진 것이다.

　동·서양을 막론하고 전통의학에서는 우리 몸을 구성하는 요소들의 조화와 균형을 중시하였다. 우리나라와 중국 등 동아시아에서는 음陰과 양陽의 조화 여부가 건강과 불건강을 결정짓는 요인이라고 생각하였다. 그와 비슷하게 서양에서는 혈액, 점액, 흑담즙, 황담즙 등 네 가지 체액體液의 균형이 유지되면 건강한 상태이며, 그것이 깨질 때 불건강 내지는 병적인 상태가 초래된다고 여겼다. 인도와 아랍권 등의 전통적인 의학사상도 기본적인 발상은 마찬가지다. 동·서양 공히 환자의 치료도 넘치는 것은 덜어내고 부족한 것은 채워주어 원래의 조화와 균형을 회복시키는 것이 가장 중요한 방법이었다. 약도 부족한 것을 보補한다는 보약補藥 중심이었다. 또한 사람마다 체액이나 음양의 상태가 각기 다르다고 여겨 약을 처방하는 데에 체질을 중시하였다. 다시 말해 질병관과 치료술, 그리고 약물학 모두 전인적全人的이고 전신적인 특징을 가지고 있었다.

　르네상스시대 이래 서유럽에서부터 발달해온 근대의학은 많은 점에서 동서양의 전통의학과 상이하지만 특히 질병관이 그러하다. 몸 전체의 조화나 균형이 무너지기 때문에 '병적인 상태'가 되는 것이 아니라 특정한 발병인자(예컨대 결핵균)가 특정한 장소(예컨대 폐)에 특정한 질병(예컨대 폐결핵)을 일으킨다는 고체병리학·국소병리학적이며 본체론本體論적인 질병관이 해부학과 해부병리학의 발달에 힘입어 확립되었다. 그러한 새로운 질병관에 따라 치료도 체액과 음양의 부족한 것을 보하고 넘치는 것을 뽑아瀉내는 비특이적인 방식이 아니라 질병의 원인이나 병소病巢를 약화시키거나 제거하는 식으로 변화하였다. 즉 특정한 질병의 원인과 병소에만 작용하는 '마법의 탄환magic bullet'을 찾아 나선 것이며 그 결과 항생제를 비롯한 여러 가지 '특효약'이 개발·합성되었고, 약의 의미도 달라지게 되었다. 그리고 전통시대 약(초)학의 발달에 농업과 식물(분류)학이 크게 기여하였듯이 현대의약의 발달에는 근대적 과학기술(특히 분석화학)과 그것에 바탕을 둔 (약품)공업의 공헌이 지대하였다.

의학사상과 질병관이 바뀌고 약의 생산방식도 농업적인 것에서 주로 공업적인 것으로 크게 변모하였다. 그러나 인류가 몇 십만 년 동안 축적해 온 개개 약(식물성, 동물성, 광물성)에 대한 지식이 여전히 유용하다는 사실은 오늘날 쓰이는 많은 약품이 전통적인 것들을 현대적으로 재가공하거나 그것을 바탕으로 합성한 것이라는 점을 보아도 확인된다. 역사는 단절된 듯 보이는 경우에도 끈끈히 연결되는 것이다.

국소적인 특징을 갖는 해부병리학과 더불어 현대의학의 발달에 커다란 영향을 미친 것은 세균학이다. 인류는 탄생 이래 수많은 질병에 시달림을 받아왔지만, 그 가운데에서도 인류를 가장 크게 괴롭혀온 것은 각종 전염병이다. 19세기까지도 인간의 평균 수명이 선진국이더라도 40이 채 안 되었고 "반타작이면 다행(영유아사망률이 매우 높았다.)"이라는 말이 공공연히 받아들여졌던 가장 큰 원인은 바로 전염병이었다. 그러한 전염병에 대해 의학은 무력하기만 하였다. 인류역사의 전 시기를 1년으로 잡는다면 12월 31일 밤 11시가 넘도록 인류는 전염병의 정체와 원인을 제대로 알지 못했고 따라서 그 대처에도 속수무책이었다.

전염병의 정체와 원인을 규명함으로써 적절한 대응책을 가능하도록 한 인물들 가운데에서도 첫손가락에 꼽히는 것은 물론 프랑스의 파스퇴르와 독일의 코흐이다. 파스퇴르는 근대과학적 방법을 이용하여 세균(박테리아)이 전염병을 일으키는 원인이라는 사실을 밝혔다. 코흐는 한걸음 더 나아가 '코흐의 공리公理'를 통해 어떤 세균이 어떤 전염병의 원인이라는 사실을 규명하기 위해서는 어떤 과정을 밟아야 하는지를 분명히하였다. 파스퇴르와 코흐의 사고방식과 방법으로 무장한 제1세대 세균학자들에 의해 19세기 말 불과 20여 년 사이에, 오랫 동안 인류를 괴롭혀온 수많은 전염병의 정체와 원인이 연이어 밝혀졌다.

세균학이 규명한 것은 예컨대 결핵균이 결핵이라는 '특정한' 병을 일으킨다는 사실이다. 다시 말해 결핵균이라는 '필요조건'이 없다면 결핵은 생기지 않는다. 이전까지 결핵의 원인으로 여겼던 심한 과로나 영양결핍에 빠지더라도 결핵균의 침입을 받지 않는 한 결코 결핵에는 걸리지 않는다는 것이다. 세균학과, 그 뒤 면역학이 더욱 발전하면서 시정되었지만 초기에는 병원균이 전염병의 필요조건일 뿐만 아니라 '충분조건'으로도 여겨졌다. '병원균=병'으로 인식되었던 것이다. 이렇듯 초기에 인식의 과도한 측면은 있었지만, 특정 병원균이 특정 전염병의 필요조건이라는 사실은 진리로 받아들여졌으며 또 질병에 대한 그러한 인식론은 모든 질병으로 확장되었다(최근 들어 의미 있는 변화가 일어나고 있다지만, 정신질환은 아직도 별도의 영역으로 남아 있다).

"특정한 원인이 특정한 질병을 일으킨다." 이 '특정병인론' 이야말로 현대의학의 가장 핵심적인 독트린이다. 100여 년 전 싹트기 시작한 특정병인론은 논리적 귀결로 '특효요법'이라는 개념을 낳았다. 병은 특정한 원인에 의해 생기는 바 그 특정 원인을 제거하거나 교정하는 '특별한 효과'가 있는 치료법이 있다는 것이다. 이는 전통시대의 '만병통치약(테리악 theriac)'이나 '보약'과는 완전히 대치되는 사고의 산물이다. 그러한 효과를 가진 약을 당시부터 '마법의 탄환'이라고 불러 왔다. 병과, 그 병을 일으키는 원인을 적군이라고 할 때, 아군인 우리 몸에는 아무런 해나 부작용을 일으키지 않고 특정한 적군들만을 공격하는 고성능 요격 미사일인 셈이다.

▲파울 에를리히
아닐린색소 응용실험에서 일정한 조직에 대한 일정한 색소의 친화성 상관관계를 밝혔다. 1908년 면역학에 대한 연구로 메치니코프와 함께 노벨 생리의학상을 받았고, 그가 저술한 『스피로헤타병의 실험화학요법』은 세균성질환 치료에 관한 화학요법의 기초가 되었다.

　마법의 탄환 개념을 구체화하고 실제로 그러한 약을 만들기 위해 노력한 대표적인 인물은 독일의 에를리히 Paul Ehrlich이다. 에를리히는 인간의 세포에는 손상을 주는 일 없이, 인체에 침입한 세균만을 죽이는 특효약을 찾으려고 노력하였다. 그리고 그는 600번이 넘는 실험과 시행착오를 거듭한 결과 마침내 1910년 매독 치료에 특효가 있는 '살바르산 606'(606번 째로 얻은 물질이라는 뜻)을 합성해내었다. 50대 이상의 사람이라면 누구나 이름 정도는 기억할 이 비소화합물은 페니실린이 보급될 때까지 40년 가까이 신비의 약으로 널리 쓰였다. 오늘날의 눈으로 보면 별로 대단한 것이 못 되지만, 이 약은 당시까지 쓰이던 수은제제에 비해서 약효가 뚜렷하고 독성이나 부작용이 적어 마법의 탄환으로 불릴 만하였다. 에를리히는 살바르산 606을 개발하여 수많은 매독 환자에게 희망의 빛을 던져 주었지만, 의학사적으로는 마법의 탄환이 상상 속에만 있는 것이 아니라 실제로 합성 가능하다는 사실을 확인한 업적으로 더욱 오래 기억될 듯하다.

　뒷날의 역사가들은 어떻게 평가할지 모르지만 필자의 생각으로는 현대의학이 만들어낸 합성약 가운데 가장 으뜸은 페니실린이다. 현대의학적 사고의 산물이라고 할 마법의 탄환, 즉 특효약의 범주에 진정으로 걸맞은 최초의 약일 뿐만 아니라 수많은 전염병을 치료함으로써 20세기 인류의 생명을 가장 많이 구하고 그들에게 삶에 대한 새로운 희망을 안겨준 약이 바로 페니실린이기 때문이다. 또 이 페니실린이 개발된 역사를 통해 현대의 수많은 합성약의 개발 과정을 이해할 수 있기 때문에 그 과정을 상세히 소개하도록 한다.

페니실린이 여러 가지 전염병에 특효가 있는 약으로 개발된 과정에서 첫 번째 주춧돌을 쌓은 것은, 재론할 필요도 없이 영국의 병리학자이자 세균학자인 플레밍Alexander Fleming이다. 런던의 세인트메리병원 의과대학에서 연구를 하던 플레밍은 1928년 어느 날 포도구균 계통의 화농균을 배양하고 있던 도중 한 개의 샬레에서 세균의 무리가 용균溶菌되어 있는 모습을 발견하였다. 그냥 재수 없는 일이라고 지나칠 수도 있는 일이었다. 그러나 플레밍은 그렇게 된 원인을 꼼꼼히 살펴서, 세균이 그 주변의 곰팡이 때문에 배양이 되지 못한 채 죽었다는 사실을 발견하였다. 당시 세균의 발육을 저지하는 물질, 즉 항생물질에 대해 관심을 가지고 있던 플레밍이었기에 가능했을지 모른다. 그렇다고 플레밍이 처음부터 곰팡이에 관심을 가졌던 것은 아니다. 부예맹과 웨슬링 등이 곰팡이의 항생작용에 대해 보고한 바가

▼알렉산더 플레밍
푸른곰팡이(페니실리움)에 포함된 유효물질이 바로 페니실린으로, 인간과 가축에 해롭지 않고 유해균 성장억제에 큰 효과가 있는 것을 밝혔고 이러한 공로로 플로리·체인과 함께 노벨 생리의학상을 받았다.

있었지만 별로 학자들의 관심을 끌지 못하던 터였다. 플레밍도 그때까지는 눈물이나 침에 들어 있는 라이조자임lysozyme에 대해 주로 연구하였지 곰팡이에는 주목하지 않았다. 그러나 새로운 사실을 발견한 플레밍은 종래의 연구에 집착하지 않았다.

플레밍은 그 문제의 곰팡이를 배양하였다. 그리고 배양된 곰팡이를 새로운 액체배지에 옮기고 다시 1주일이 지난 뒤 배양여액을 1000분의 1까지 희석했는데도 포도구균의 발육이 억제되었다. 이로써 곰팡이가 생산해내는 어떤 물질이 강력한 항균작용을 나타낸다는 점이 확실해졌다. 그 곰팡이는 페니실리움Penicillium속屬에 속하는 것이었으므로 그 이름을 따서 처음에는 배양여액, 뒤에는 곰팡이가 생산하는 물질 자체를 페니실린penicillin이라고 부르게 되었다. 계속된 연구를 통해 플레밍은 페니실리움 속에 속하는 곰팡이의 대부분은 페니실린을 만들지 않고, 단지 자신의 포도구균 배양을 억제하였던 페니실리움 노타툼Penicillium notatum만이 페니실린을 생산한다는 점도 알게 되었다.

플레밍은 이어서 페니실린이 여러 가지 종류의 세균에 대해 항균작용을 나타낸다는 사실을 입증하였다. 특히 폐렴균, 수막염균, 디프테리아균, 탄저균, 가스괴저균 등 인간과 가축들에게 무서운 전염병을 일으키는 병원균들에 효과가 크다는 점을 명백히하였다. 반면에 결핵균, 대장균, 인플루엔자균 등에는 거의 효과가 없다는 사실도 알아내었다. 이와 더불어 페니실린이 다른 약물들에는 대체로 취약한 백혈구에 전혀 해를 끼치지 않는다는 점과, 또 페니실린을 생쥐에 주사하여도 거의 해가 없다는 사실도 확인하였다. 에를리히 이래 학자들이 발견, 개발한 여러 항생물질은 세균의 성장과 발육에 억제효과를 가지는 동시에 고등동물의 세포에 대해서도 비슷한 작용을 나타낸다는 커다란 문제점이 있었다. 바로 그러한 문제점을 극복했다는 사실이 페니실린의 발견이 갖는 의의일 터이다. 진정한 의미의 마법의 탄환이 처음으로 세상에 모습을 드러낸 것이다. 그러나 이것은 페니실린 개발·합성 역사의 끝이 아니라 시작일 뿐이었다.

플레밍은 이듬해인 1929년에 자신의 연구 결과를 '영국 실험병리학회지'에 발표하였다. 페니실리움 노타툼의 항균작용, 즉 그 곰팡이가 몇 가지 세균의 성장을 억압해서 세균의 배양과 분리에 도움을 줄 수 있다는 것이 그 논문의 요지였다. 플레밍이 스스로 페니실린이라 이름 붙인 물질의 궁극적인 효용성에 대해 무엇을 생각하였건 간에, 그는 의아하게도 페니실린의 의학적 활용에 대해서는 이후에 아무런 시도를 벌이지 않았다.

설사 플레밍 자신이 페니실린을 임상적으로 사용하려 했더라도 당장 해결해야 할 문제들이 남아 있었다. 그것은 우선 페니실린을 순수하게 분리해내는 일이었다. 페니실리움 노타툼의 배양액 속에 페니실린이라고 이름 붙인 물질이 들어 있더라도 환자에게 안전하게 사용하기 위해서는 그 물질을 정제해야 하는 것이다. 1920년대 초, 밴팅과 베스트가 인슐린을 발견하고 추출하는 데 성공하였지만 제임스 콜립이 그 추출물을 정제해내지 못하였더라면 인슐린은 임상적 가치를 가지지 못했을 법한 것과 마찬가지다.

페니실린을 치료약으로 개발해내는 과정에서 콜립의 역할을 한 것은 옥스퍼드 대학의 병리학자 플로리Howard Walter Florey와 생화학자 체인Ernst Boris Chain이었다. 플로리와 체인은 플레밍과 함께 일한 적은 없었지만 학문적으로는 여러 면에서 플레밍의 업적을 계승하였다. 1935년 옥스퍼드대학의 병리학 교수로 발령을 받은 플로리는 곧 체인을 화학병리학 실험 강사로 채용하였다. 결과적으로 보아 플로리는 자신의 연구 파트너를 선택하는 데 놀라운 안목을 과시한 것이다.

플로리는 일찍부터 염증반응의 기초적 현상에 관심을 가지고 점액에

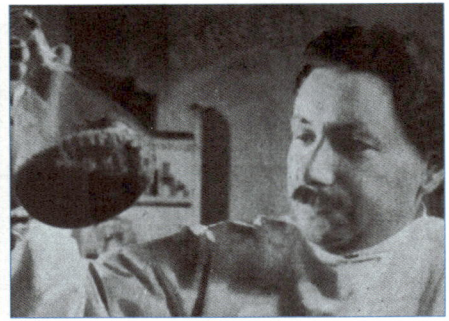

▲에른스트 보리스 체인
45년 공동연구자인 플로리·플레밍과 함께 노벨 생리·의학상을 받았고, 뱀의 독과 확산인자에 대한 연구로도 유명하다.

◀하워드 월터 플로리
플레밍이 발견한 후 방치되어 있던 페니실린의 인체에 대한 효능 및 제조를 연구하고, 미국 제약회사에 페니실린을 소개하여 대량 생산의 길을 열어주었다.

대해 연구하였다. 특히 눈물과 침 등 점액에 들어 있다고 하는 라이조자임에 관한 플레밍의 논문에 관심을 가지고 있었다. 플로리는 1937년 체인과 공동으로 라이조자임을 정제하는 데 성공하였으며, 1940년에는 이 효소의 작용을 받는 기질의 구조도 규명하였다. 그들은 라이조자임을 연구하는 동안 항균물질에 관한 논문을 많이 읽었는데, 특히 앞에서 언급한 플레밍의 1929년 논문에 주목하였다.

1939년 플로리와 체인은 미국의 록펠러재단에서 연구비를 받아 페니실린 연구에 착수하였다. 그리고 반년 동안의 노력 끝에 페니실린의 정제된 결정結晶을 얻는 데 성공하였다. 그들은 그 뒤 몇 차례의 동물실험을 거듭하여 1940년 8월 24일 《랜싯Lancet》지에 페니실린이 강력한 전염병 치료효과를 가지고 있다는 연구 결과를 발표하였다. 이렇듯 1년 남짓 되는 연구를 통해 그들은 플레밍에서 한 단계 더 나아갈 수 있었다. 즉 페니실린을 정제하였으며, 플레밍이 배양액과 시험관에서만 확인할 수 있었던 항생 효과를 자신들이 정제한 그 물질로 전염병에 걸린 실험동물들을 치료함으로써 더욱 분명히한 것이었다.

이제 남은 것은 인간 환자를 대상으로 한 임상시험이었다. 이듬해인 1941년 2월 12일 패혈증으로 회복 가능성이 전혀 없는 환자에게 최초로 페니실린 투여 실험이 행해졌다. 기대와 예상대로 환자의 병은 빠른 속도로 회복되기 시작하였다. 그러나 문제가 한 가지 더 남아 있었다. 플로리와 체인은 충분한 양의 정제된 페니실린을 확보하지 못하였던 것이다. 그리하여 불행하게도 이 최초의 환자는 완쾌에 이르지 못한 채 사망하고 말았다. 그 뒤 거듭된 동물실험과 임상시험을 통해 페니실린이 진정한 마법의 탄환이라는 점이 입증되었으며, 그와 더불어 페니실린의 양산量産이 최종적으로 해결되어야 할 과제라는 사실도 분명해졌다. 이 점에 대해 플레밍은 다음과 같이 겸손한 어조로 말하였다.

"페니실린 발견의 제1막은 순전히 우연의 소산이다. … 세상에는 몇 천 가지의 곰팡이가 있고 세균도 몇 천 종이 될 것이다. … 우선은 모든 조작을 시험관에서 수행했다. … 커다란 수조에서 곰팡이를 배양하는 방법을 고안하기 전에는 훌륭한 성과를 기대할 수 없다. 곰팡이는 수조의 표면에서만 자라기 때문에 배양 성적이 신통할 수 없는 것이다. 곰팡이들이 자라려면 공기가 많이 필요한데 따라서 공기를 수조 속으로 불어넣으면서 수조액을 휘저어주어야 한다. 이때 세균이 섞여 들어가면 좋지 않은데 그렇게 조작하기란 쉽지 않은 것이다. … 그것이 기술상 가장 까다로운 부분이었는데 마침내 그 문제가 해결되었다. 그러한 대량 생산은 미국인들이 이룬 여러 가지 성과 가운데 하나로써 몇 톤이나 되는 커다란 탱크에서 페니실린을 대량으로 만들어내게 된 것이다. 이렇게 하여 작업 과정도 단순화되고 그만큼 노동력도 덜 들게 되었으며 따라서 생산비도 낮출 수 있었다."

플로리와 체인은 자신들이 당면한 문제를 해결하기 위해 영국뿐만 아니라 미국의 학자들과 제약업자들에게 호소하였다. 당시는 제2차세계대전이 치열하게 벌어지던 때였다. 1차대전 때와는 달리 초기부터 참전한 미국의 정부와 군부는 전투에서 사상당하는 것보다도 병사들이 밀집한 전선에 창궐하는 전염병의 치료와 예방이 더욱 큰 문제라는 사실에 골치를 썩이고 있었다. 원자폭탄을 개발하는 맨해튼프로젝트에 비하면 아무것도 아닐 정도의 소액이지만 미국정부는 플로리와 체인의 호소에 부응하는 투자를 하였다. 그리하여 대량 생산에 성공한 페니실린은 1943년부터 전선에서, 1944년부터는 민간에서도 널리 사용되어 수많은 전염병 환자들의 생명과 건강을 지킬 수 있었다.

페니실린 개발 과정을 살펴보았지만, 20세기 들어 해열제·진통제·소염제, 중추신경억제제, 심순환계약물, 아드레날린 및 아세틸콜린, 화학요법제, 비타민, 호르몬, 항생물질, 항알레르기약물 및 항궤양제, 정신작용약물, 항암제 및 항바이러스제 등이 페니실린과 비슷한 실험과학적인 방법으로 개발·합성되어 인류의 건강 증진에 기여하고 있다. 아래의 약품 목록은 그 가운데 극히 일부일 따름이다.

현대 의학적인 방법으로 합성 또는 정제되어 쓰이는 주요한 약

| 약 이름 | 용 도 |
| --- | --- |
| 인슐린 insulin | 당뇨병 치료제 |
| 스테로이드 호르몬 steroid hormones | 애디슨 병, 생식 장애 치료제 |
| 메파크린 mepacrine | 말라리아 치료제 |
| 설파제 sulphonamides | 연쇄구균 감염증 치료제 |
| 페니실린 penicillin | 그람 양성균 감염증 치료제 |
| 스트렙토마이신 streptomycin | 결핵 치료제 |
| 클로로콰인 chloroquine | 말라리아 치료제 |
| 나이트로젠 머스타드 nitrogen mustard | 악성종양(암) 치료제 |
| 안티폴레이트 antifolates | 악성종양(암) 치료제 |
| 코티존 cortisone | 소염제 |
| 메토니움 methoniums | 고혈압 치료제 |
| 클로르프로마진 chlorpromazine | 불안신경증, 정신분열증 치료제 |
| 이소니아지드 isoniazid | 결핵 치료제 |
| 클로로타이자이드 chlorothiazide | 이뇨제 |
| 프로제스테론 progesterone | 피임약 |
| 모노아민옥시데이즈 억제제 monoamine oxidase inhibitors | 우울증 치료제 |
| 프로프라놀롤 propranolol | 협심증, 고혈압 치료제 |
| 알로퓨리놀 allopurinol | 통풍 치료제 |
| 사이메티딘 cimetidine | 소화성 궤양 치료제 |
| 에이사이클로비르 acyclovir | 헤르페스 바이러스 감염증 치료제 |

## 참고사이트

- http://www.kfda.go.kr
- http://www.nature4th.co.kr
- http://www.bric.postech.ac.kr
- http://www.chiroyun.com
- http://www.kisti.re.kr
- http://www.eurekalert.org

# 제트엔진과 로켓

### 새의 날개에서 얻은 힌트

**1930 / 1942**

**jet engine / v-2 rocket**

이동호 donghlee@snu.ac.kr

서울대학교 기계공학과를 졸업하고, 프랑스 Poitiers대학교 ENSMA에서 항공기계공학으로 공학박사학위를 받았다. 한국항공우주학회장, 초대 항공-철도사고조사위원장등을 역임하고 현재는 서울대학교 명예교수, 한국공학한림원 원로회원, 한국항공소년단 이사이며, 저서로는 『항공기 개념설계』, 『인공위성 시스템』, 『나는 하늘을 날고 싶다』 등이 있다.

# 동력비행 100년의 역사와 항공우주엔진

## 세계 최초 동력비행 성공 100년

사람들은 오랜 옛날부터 높고 푸른 하늘을 날고자 하는 욕망이 있었다. 희랍 신화의 다이달로스와 아들 이카로스는 감옥을 탈출하기 위해서 새털을 초로 녹여 붙여 날개를 만들어 하늘로 날아올랐다. 하지만 너무 높이 날아올라 태양열에 초가 녹아 바다에 떨어져 죽었다는 유명한 이야기가 있다. 그 이후에도 레오나르도 다빈치 등 수많은 과학기술자들이 푸른 하늘을 향해 생명을 내건 도전을 하였으며, 이러한 연구정신은 미국의 라이트 형제에까지 이어졌다.

라이트 형제는 원래 자전거를 다루는 기계엔지니어였으나 릴리엔탈의 무동력 글라이더비행에 자극을 받아 항공기에 관심을 갖게 되었다. 그들은 실물 글라이더를 이용한 천여 회의 무동력비행을 통하여 실제 비행 조종기술을 연마함과 동시에, 손수 제작한 실험용 풍동wind tunnel에서 축소모델을 이용한 실험을 실시하며 항공기 날개의 공기역학적 원리를 연구

**풍동**
공기의 흐름 현상이나 공기의 흐름이 물체에 미치는 힘을 조사하기 위해 인공적으로 공기가 흐르도록 만든 장치로서, 공기 중을 비행하는 항공기의 공기역학적 특성실험에 쓰이는 필수 실험장치이다.

하였다. 이러한 이론과 실험, 그리고 비행 조종기술을 바탕으로 라이트 형제는, 지금으로부터 100년 전인 1903년 12월 17일, 미국의 키티호크 호숫가의 모래벌판에서 마침내 세계 최초의 동력비행을 성공하였다.

## 제트엔진의 발명

최초의 동력비행에 성공한 라이트 형제의 플라이어 1호는 가솔린엔진 한 대로 두 개의 프로펠러를 돌리는 형식이었다. 이 엔진은 당시 막 꽃피우기 시작한 자동차용 엔진을 개조한 수냉식 피스톤형 내연기관으로 4기통에 12마력의 출력을 가지고 있었다. 무게가 약 90킬로그램으로 오늘날 최신 엔진보다 마력당 무게가 열 배 이상 무거운 저급 엔진이었다.

항공기의 주 임무는 사람이나 화물을 탑재하고 지상으로부터 공중으로 이륙하여 목적지까지 이동하는 것이다. 이러한 관점에서 항공기의 성능은 항공기 총 중량, 엔진단위 출력당 무게 등으로 판단하는 경우가 많다. 따라서 항공기 총 중량의 경량화를 위하여 항공기 동체, 날개 등의 구조물 재료로 알루미늄합금, 복합재료 등 최경량 신소재를 지속적으로 연구, 개발하고 있으며, 동체 구조물의 설계방식도 비행체 내부 골격만이 아니라 표피도 하중을 분담하는 모노코크(내부 골격과 일체형으로 만든 단일 구조형태)구조를 개발하여 사용하고 있다.

이러한 관점에서 볼 때 단위 출력당 무게가 가벼운 고성능엔진은 항공기 성능개선에 있어 핵심기술 중 하나이다. 산업화와 더불어 발달하고 있던 자동차 기술의 발달에 힘입어 피스톤방식의 내연기관은 단위 추력당 무게의 경량화, 고성능화되면서 저속 항공용 엔진으로서의 요구성능은 어

▲ 휘틀의 첫 시험비행 엔진

느 정도 만족시키게 되었다. 그러나 항공기술의 발달과 더불어 사람들은 시속 300킬로미터 정도의 속도에 만족하지 못하고 '더 빨리, 더 높이, 더 멀리'라는 목표를 향하여 끊임없이 돌진하였다.

근본적으로 피스톤방식 내연기관으로 프로펠러를 돌려 항공기의 추진력을 얻는 데는 두 가지 제약이 있다. 첫째는 엔진의 단위 출력당 엔진 자체 무게가 상대적으로 무거워 항공기의 고성능화 및 대형화에 큰 제약이 된다는 것이다. 둘째로, 프로펠러를 이용한 추진방식은 프로펠러의 회전속도가 공기역학적 이론에 의하여 음속 이하로 제한된다. 이러한 이유로 프로펠러 추진방식으로는 항공기의 속도가 시속 500~600킬로미터 이상으로 올라가는 게 불가능하였다.

그러나 위와 같은 문제를 동시에 해결한 기술이 제트엔진기술이다. 제트엔진기술은 '더 빨리, 더 높이, 더 멀리'라는 목표를 모두 만족시키는 항공기를 탄생시킴으로써 전세계를 하나의 생활권으로 엮는 데 크게 기여한, 인류역사상에 가장 빛나는 위대한 공학기술 중의 하나라고 할 수 있다.

당시 최고 속도 약 240km/h 최고 상승 고도 약 3000미터에 머물고 있는 항공기를 보다 더 빨리, 더 높이 날게 하기 위한 제트엔진의 개발은, 1930년 영국의 공군사관생도인 휘틀이 후방 노즐을 통하여 고속으로 연소가스를 분출하는 추진방식을 제안하며 시작되었다. 그러나 제트엔진의 핵심 구성요소인 전방 공기압축기 및 후방 터빈의 기계적 효율이 당시 기술로는 너무 낮고, 개발 자금의 부족으로 지지부진하다가, 특허 출원 9년 만인 1939년 6월 30일에 지상에서 16,000rpm의 실험용 제트엔진을 20분간 작동시키는 데 성공하였다. 이후 입증된 제트엔진기술에 대한 다양한 지원에 힘입어 1941년 5월 15일 휘틀엔진을 장착한 영국 최초의 제트추진항공기 '글로스터'가 비행을 성공하였다. 그러나 세계 최초의 제트항공기는 영국보다 3년 앞선 1938년 8월 27일 비행에 성공한 독일의 'Heinkel He 176기'이다. 독일의 괴팅겐 대학 항공공학 박사과정생 오하인Ohain은 피스톤 방식 왕복엔진의 진동문제, 소음문제 등을 해결하기 위한 방편으로 동일한 구동축에 의하여 회전, 작동되는 터보식 공기압축기 및 터빈으로 구성된 제트엔진의 기본 아이디어를 제시하였다. 이후 Ohain은 항공기 제작자인 하인켈Heinkel과 공동으로 연구를 수행하여 1937년 9월 세계 최초의 제트엔진 가동에 성공, 그 이듬해 세계 최초의 제트기 비행에도 성공하였다.

이 두 제트기는 실용화, 대량 생산은 하지 못하였으나, 이들 기술을 발판으로 독일은, 곧이어 일어난 제2차세계대전 중인 1941년 최대 속도가 시속 870킬로미터에 달하는 고성능전투기 Me 262 전투기를 최초의 실용화 제트전투기로 개발·성공하였고 이에 자극받은 미국, 이탈리아 등 세계 열강들이 경쟁적으로 제트전투기를 개발하면서 제트엔진 항공기시대가 본격적으로 개막되었다.

터빈엔진 원리와 고속분출제트 원리를 이용한 제트엔진의 도입은 항공분야에 가히 혁명적인 사건이라 해도 과언이 아닐 것이다. 왕복식 피스톤엔진에 비하여 엔진 무게당 출력이 수십 배에 달하는 터빈엔진은 항공기의 경량화를 통하여 초대형, 고성능 항공기를 가능케 하였으며 또한 고속 분출제트에 의한 추진방식은 프로펠러가 가지고 있는 속도제한을 무너트리고 음속의 벽인 시속 1100킬로미터가 넘는 초음속항공기(음속─시속 1200킬로미터보다 빠른 속도, 보통 음속에 대한 비로 나타나며 이 비 값을 마하수 Mach number라고 한다. 음속과 같을 때 마하수 1이라고 한다.)를 출현시켰다.

오늘날에 제트엔진은 항공기의 용도 및 속도 등에 따라 저속 항공용 터보프롭엔진, 고아음속 대형 여객용 터보팬엔진, 초음속 여객기 및 초음속 전투기 등에 사용되는 터보제트엔진과 극초음속 비행을 위한 램제트엔진 등으로 세분되어 발달되어 왔다.

일반적인 터보제트엔진의 작동 원리는 일렬로 연결된 개방식 원통 통로상에서 회전식 압축기에 의한 공기가 흡입·압축된 후 연결된 연소기 내로 유입되어 이곳에서 분사되는 연료와 혼합하여 연소된다. 고온·고압의 연소가스는 후방 배기노즐로 분출하기 직전에 일부 에너지를 사용하여 전방압축기를 돌리기 위한 터빈을 작동시키게 된다. 그러나 대부분의 연소가스 에너지는 노즐을 통한 외부 분출제트 에너지로 사용되며, 이러한 후방 분출제트의 반작용으로 추력을 얻게 된다.

이러한 열역학적 사이클에서 터보제트엔진의 효율을 향상시키기 위해서는 압축기와 터빈의 기계적 효율이 매우 중요하다. 이론적으로 엔진의 열역학적 효율은 연소기 이후에 나타나는 연소가스의 최대 온도에

### 제트엔진의 종류

**터보프롭엔진**
터보제트에 프로펠러를 단 기관으로서, 터빈으로 압축기와 프로펠러를 구동한다. 대부분의 추력은 프로펠러에 의해 발생한다.

**터보팬엔진**
터보제트에 팬을 단 기관으로서, 터빈으로 압축기와 팬을 구동한다. 팬으로 압축한 공기의 일부를 그대로 바이패스를 통하여 기관 뒤쪽으로 직접 분사시키고, 나머지 일부는 기관 내부로 이끌어 연료와 혼합해서 연소시킨다.

**램제트엔진**
압축기와 터빈이 없는 제트엔진으로서, 초음속 속도 영역에서 자동적으로 압축된 공기를 받아들여 연소하는 방식이다.

직접적으로 의존하게 된다. 그러나 연료의 완전 연소에 필요한 이론 공기 혼합비로 연소시킬 경우 연소가스온도가 너무 높아서 현재까지는 이 온도에 견딜 엔진용 구조재료가 없다. 이러한 문제를 해결하기 위하여 현재는, 이론적 필요공기보다 더 많은 공기를 섞어 희석함으로써 엔진 내부 최고 연소가스온도를 의도적으로 내려서 작동시키고 있는 실정이다. 따라서 작동온도를 높이기 위한 고온에 견디는 내열재료기술 및 내열설계기술 등은 엔진의 고효율과 직결된 매우 중요한 핵심기술 중의 하나이다. 또한 800도가 넘는 불꽃 같은 고온 연소가스가 돌리는 터빈 블레이드는 수만 rpm의 고속 회전력과 하중 하에서 작동되어야 하는 고난이도의 초정밀 초고속 회전 기계기술이기도 하다. 외부 공기를 흡입하여야 하는 제트엔진은 지상 이륙 시 저속에서부터 설계 비행속도인 초음속까지 비행속도에 따라 엔진으로 공기를 잘 흘려보내기 위한 공기흡입구의 공기역학적 설계기술과 분출제트의 속도를 조절하기 위한 후방 분출노즐의 가변 면적 설계기술 등도 필수적인 기술들이다.

전세계의 수만 대 고아음속 대·중·소형 항공기 엔진시장 전체를 장악하고 있는 터보팬엔진은 엔진코어로 흐르는 일차 가스흐름 주위에 대형 팬으로 대량의 2차 공기를 혼합시킴으로써 추진효율을 높이고 대형 추력을 가능케 하는 고바이패스(팬으로 압축되어 바이패스를 통해서 배출되는 공기와 기관 안에서 연소, 배기되는 가스와의 중량비를 바이패스비라고 하며, 5:1 이상일 경우 고바이패스라고 한다) 기술을 채택하고 있다. 오늘날 보잉사 B747, 에어버스 A300 등 대형 여객기에 장착되고 있는 초대형 터보팬엔진 하나의 추력은 수백 톤에 달한다. 그러나 항공기 외부에 장착된 터보팬엔진은 음속에 가까운 속도로 비행속도가 증가할 때 충격파의 발생과 급격한 공기저항 증가로 초음속 비행에는 부적합하다. 음속의 두 배인 시속 2,000

킬로미터로 나는 콩코드기나 초음속 전투기 등에 널리 쓰이는 터보제트엔진은 이러한 현상을 줄이기 위하여 몸통에 엔진을 내장하고 후방의 수축─확산노즐을 통하여 제트를 초음속으로 가속 배출함으로써 초음속 비행을 가능케 하고 있다.

> **수축─확산노즐**
> 액체 또는 기체를 고속으로 자유 공간에 분출시키기 위해 유로流路 끝에 다는 가는 관을 노즐이라고 하며, 관의 면적을 좁혔다 넓히면서 초음속 영역을 얻을 수 있도록 제작한 노즐이다.

## 로켓의 역사

일반적으로 제트엔진은 작동 원리상 주위 공기를 흡입하여 연료를 연소시키며 추력을 발생시키므로, 공기가 희박해지는 수십 킬로미터 이상의 더 높은 하늘은 물론 진공상태인 우주공간으로의 비행은 불가능한 것이다. 이러한 제트엔진의 한계를 넘어 우주공간으로 여행하고자 하는 인류의 꿈을 실현시켜준 것이 바로 로켓기술이다.

로켓은 원리상 외부로부터의 공기를 흡입할 필요 없이 자체가 필요한 연료와 이를 산화시키는 데 필요한 산화제를 모두 자체 내부에 탑재하고 이들을 연소시켜 발생한 연소가스를 후방노즐로 분출하며 추력을 발생하게 된다. 또한 이때 사용하는 추진제의 종류에 따라 화약 같은 고체연료를 사용하는 고체로켓과 액체연료(알코올, 액체수소, 가솔린 등)와 액체산소 등의 산화제를 사용하는 액체로켓 두 종류가 있으며, 초고 고도에 이르기 위해서 사용된 로켓의 일부 구조물 등을 버리기 위해서 다단로켓을 사용한다.

역사적으로 로켓의 기원은 850년대 중국의 축제행사 때 사용된 화약을 이용한 불꽃놀이이다. 원통 내부에 충전된 고체화약을 연소시키면 오색찬란한 연소가스를 원통 아래 노즐로 분사하며 반발력으로 상승하게 되는 것이다.

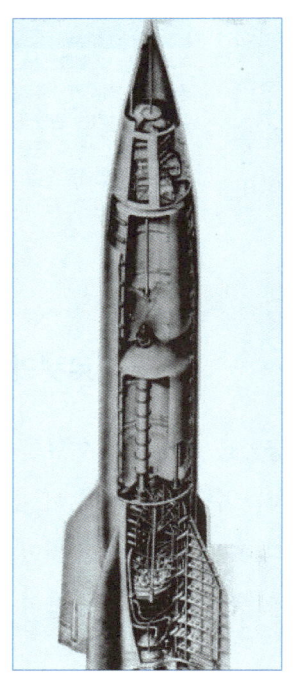 

▲V-2 rocket (Launch, Cutaway)

　　근대 로켓의 발달에 기여하며, 로켓을 이용한 우주 공간으로의 여행을 생각한 대표적인 과학자로는 러시아의 치올코프스키, 미국의 고더드, 그리고 독일의 오베르트 등이 유명하다. 러시아의 치올코프스키는 1903년 로켓의 반동력을 이용한 우주탐험에 관한 논문을 발표하였으며, 이 속에는 현재 대부분의 우주발사체들이 채택하고 있는 다단로켓(하나의 로켓 위에 여러 개의 로켓을 차례로 쌓아올린 것으로 연소가 끝난 로켓을 분리해버린다. 보통 3~4단으로 구성된다.)의 개념 등이 제시되었다. 또한 현대 로켓의 추진제로 대표되는 액체산소와 액체수소를 추진제로 검토하기도 하였다. 이러한 연구 성과는 1924년 그의 논문이 독일어로 번역되면서 전세계로 알려졌다. 이와 비슷한 시기인 1914년 미국 로켓의 아버지라 불리는 클라크대학 고더드 교수는 로켓연소실 노즐, 다단계 점화 등 액체로켓에 관한 여러 특허를 획득하였으며, 1919년 출판된 「극한 고도에 이르는 방법」이라는 논문에서는 로켓을 이용한 달로의 여행법을 수학적으로 연구, 제시하였다.

이와는 별도로 1923년 독일의 오베르트는 로켓을 이용한 우주여행 개념설계와 수소, 알코올 등 추진제 분석 등을 포함한 「혹성을 향한 로켓」이라는 논문을 발표하여 독일과학계에 커다란 충격을 주었으며, 이로 인해 1927년 독일우주여행협회가 결성되었다. 이후 독일에서는 액체로켓에 관한 다양한 실험은 물론, 로켓을 이용한 항공기, 로켓자동차 등의 연구가 수없이 실시되었다. 그러나 곧이어 일어날 제2차세계대전과 연계되어 독일은 육군 주도 하에 브라운 박사 등이 참여하여 액체산소—알코올을 추진제로 사용하는 액체로켓에 공격용 폭약을 장비한 자동 유도무기인 V-2를 개발하게 되었다. 제2차세계대전 말기 V-2는 유럽 대륙의 독일 기지에서 발사되어 바다 건너 200킬로미터 이상 떨어진 영국의 런던을 무차별 공격하여 세계를 놀라게 한 신형 무기였다. 종전 후 많은 독일의 로켓 과학자들이 소련 및 미국 등으로 이주하여 냉전시대 미국 및 소련이 사정거리가 수천 킬로미터에 이르는 대륙 간 탄도탄(ICBM) 등을 개발하는 데 주도적인 역할을 하였다.

군사적인 장거리 유도무기 개발의 핵심기술로 경이적인 기술개발을 이룬 로켓기술은, 1957년 소련이 인류 최초의 인공위성인 스푸트니크 Sputnik를 지구 주위의 궤도에 올림으로써 새로운 전기를 맞이하게 되었다. 물론 군사적인 목적을 부인할 수는 없지만 미·소 간의 치열한 우주경쟁은 1969년 미국의 암스트롱이 아폴로 달 탐사선을 이용하여 달

**탄도탄**
로켓이 연소하는 동안만 유도되고 연소의 최종 단계에서는 유도가 끝나 그 이후는 지구의 중력에 의하여 탄도(중력에 의한 비행체의 궤적)를 따라 비행하는 미사일이다.

표면에 착륙, 탐사 후 무사히 지구로 귀환함으로써 막을 내리게 되었다.

냉전기간 동안 주로 군사적 목적을 가진 지상관측위성, 통신위성 등은 물론, 저궤도위성으로 이루어진 GPS위성시스템(위성항법장치, 인공위성을 이용하여 자신의 위치를 알아낼 수 있는 장치) 등이 주로 미·소 양국에 의하여 수천 개씩 발사되었다. 이러한 위성을 지구 주위 궤도로 나르는 운반체인 로켓기술은 액체로켓, 고체부스터로켓, 다단로켓, 자세제어용 초소형 미세로켓(인공위성의 임무수행을 위해 위성의 미세한 움직임을 조절하는 소형 분사추진로켓) 등으로 화려하게 꽃피우게 되었으며, 미국의 대표적인 타이탄로켓은 초기 발사 중량이 1,000톤이 넘는 거대한 추력을 지닌 고체다단로켓이다.

이러한 로켓기술은 소련의 붕괴 이후에 오히려 군사적 우주기술의 민간적 응용으로 더욱더 발전되어 오늘날 수백 개의 초대형 통신위성, 방송위성, 기상위성 등을 발사하는 데 이용되고 있다. 우리는 날마다 위성통신을 이용하여 전세계와 통화할 수 있고, 위성방송으로 중계되는 전세계의 TV를 시청하고 있다. 또한 기상위성을 이용하여 현재 기상상태는 물론 향상된 일기예보 능력으로 커다란 기상재난을 예방할 수 있게 되었다. 자동차 여행 시에도 국내는 물론 세계 어디에서나 GPS위성을 이용한 차량위치 안내시스템(car-navigation)을 이용하여 편리하고 안전한 여행을 할 수 있고, 개인 휴대전화를 이용해서도 자기의 위치를 쉽게 알 수 있게 되었으니, 이들 위성이용 기술들이 일상생활에 끼친 기여는 이루 말할 수 없을 정도이다.

## 미래의 항공우주엔진 – 복합사이클엔진과 우주왕복선

지난 반세기 동안 이룬 지속적인 제트엔진과 로켓기술의 발달은 인류의 활동 영역을 시간적, 공간적으로 더욱 확장하게 하였다. 보다 멀리 위치한 지구 주위 궤도의 우주정류장이나 우주실험실 등에서 임무수행을 위한 우주인이나, 인공위성들을 실어 나르고 귀환하는, 재사용 가능한 우주왕복선이 미·소 양국에 의하여 개발되었다. 미국이 개발한 왕복선의 주 엔진은 비행체의 조정, 운전을 위하여 추력의 강도 조절 및 가동, 중단 등이 가능한 170톤급 2개의 액

▲우주왕복선(Space Shuttle)

체로켓이 사용되고 있다. 그러나 이륙 시 필요한 최대 추력이 3,500톤으로, 부족한 추력을 얻기 위하여 2개의 1,500톤급 추력증강용 고체로켓 부스터를 부착하여 사용한다. 이들은 연소종료 후 분리, 이탈되며 바다에 추락하면 회수하여 재사용한다. 그러나 현재 시스템보다 더 간편하고 신뢰성 있는 우주왕복선 개발을 위한 연구를 지속적으로 진행 중이다.

하루 수백만 명이 이용하는 항공여행에서 15시간 이상 걸리는 지루한 대륙 간 장거리비행은 필연적으로 보다 빠른 항공기의 출현을 요구하게 되었다. 현재 항공선진국에서는 음속의 두 배로 나르는 현재의 콩코드초음

속여객기보다 빠르고 쾌적한 미래의 초고속항공기를 개발하기 위한 연구에 착수하였다. 초고속항공기는 고속비행 시 급격하게 증가하는 공기항력을 최소화하기 위하여 대부분의 비행구간을 공기항력이 적은 성층권 밖에서 음속의 3~4배로 서울에서 뉴욕을 3시간 내에 비행하도록 하겠다는 계획이다.

이러한 비행에는 지상의 저속에서부터 공기가 매우 희박한 성층권 밖을 초음속은 물론, 음속의 4배 이상인 극초음속 비행속도에서 작동될 수 있는 새로운 개념의 항공기엔진이 필요한 것이다. 이러한 미래 신개념 항공기엔진 개발에는 초음속연소 램제트엔진기술, 대기권 안과 밖에서 별도로 작동되는 복합사이클엔진(두 가지 이상의 방식을 채택한 엔진, 보통 로켓과 제트엔진을 복합적으로 사용)기술, 초고온내열 신소재기술 등이 필수적으로 요구된다. 또한 장기적으로는 초고속 비행 시 가열되는 항공기 표면 냉각용으로 이용가능한 액체수소용엔진을 개발함으로써 성층권 비행 시 석유계 연료 사용으로 인한 성층권의 오존파괴 등을 피하며 인류의 생활 터전인 지구환경을 보존할 수 있는 미래 항공엔진 연구도 진행 중이다.

## 참고문헌

- 장영근, 이동호, 『인공위성 시스템 설계공학』, 경문사(1997)
- 한국항공우주학회, 『항공우주학개론』, 경문사(1998)
- 이동호 외, 『항공기 개념설계』(2판), 경문사(2001)
- 홍용식, 『가스터어빈 엔진』, 청문각(1983)
- 부준홍 외 3인, 『분사추진기관』, 청문각(2001)

## 참고사이트

- http://www.lerc.nasa.gov
- http://www.howstuffworks.com
- http://www.aircraftenginedesign.com
- http://www.aircraftenginedesign.com
- http://www.geocities.com
- http://www.spaceline.org

# 핵폭탄

파멸과 진보의 공존

1945 nuclear Bomb

박창규  ckpark8@naver.com

서울대학교 원자력공학과를 졸업하고 미국 MIT 원자력공학 석사, 미국 미시건 대학교에서 원자력공학 박사 학위를 받았다. 한국원자력연구원 원장과 국방과학연구소(ADD) 소장을 역임하고 현재는 포항공대 첨단원자력공학부 대우교수로 재직 중이다. 저서로는 『확률론적 안전성 평가』, 『깨끗한 에너지 원자력 세상』 등이 있다.

# 원자핵 속에 내재된 에너지의 비밀

### 멸망과 공존의 핵심

인간이 도구를 이용하여 생존의 영역을 넓혀온 이래 헤아릴 수 없을 만큼 많은 기술이 개발되었으며, 이들은 현대 과학문명의 초석을 이루고 있다. 20세기 인류가 이룩한 과학기술의 거대한 진보는 삶의 질을 향상시키는 데 결정적인 기여를 하였으나, 동시에 인간이 창조한 기술에 의해서 인류가 소멸되는 재앙을 초래할 수도 있다는 인식에까지 이르게 하였다. 유사 이래 처음으로 인류는 스스로의 힘에 의한 파멸을 우려하며 공존을 위한 지혜를 찾고 있고, 그 핵심에 핵폭탄이 자리잡고 있다.

물질의 구조를 밝히기 위해 노력해온 과학자들에 의해 모든 물질은 원자로 구성되어 있고, 그 원자는 중심의 원자핵과 원자핵의 주위를 도는 전자로 구성되어 있는 것이 밝혀졌다. 또한 아인슈타인에 의해 질량에너지 등가원리($E=mc^2$)가 제시되면서 원자핵의 분열에 의해 당시의 인간에게는 상상하기 어려운 양의 에너지가 나온다는 것이 알려졌다. 이러한 과학기술의 발견이 제2차세계대전이라는 당시의 정치 상황과 어울려서 원자탄이라는 가공할 무기를 탄생시키게 된다(초기 핵폭탄은 원자탄으로 불리었음). 최초의 원자탄은 일본의 히로시마와 나가사키에 투하되어 엄청난 인명 피해와 함께 일본이 무조건적인 항복을 하게 만들었다.

## 핵폭탄의 태동

원자핵의 분열현상에 기초한 원자탄의 태동은 20세기 초 원자물리학의 발전과 궤를 같이하고 있다. 19세기 말 베크렐이 발견하고 퀴리 등에 의해서 연구된 방사능현상은 원자의 구조에 대한 단초를 제공하였다. 이후 영국의 러더포드에 의해 원자핵의 존재가 확인되었고, 보어에 의해서 초기 원자모델이 제시되었다. 그러나 1900년대 당시 원자의 구조는 여전히 많은 부분이 수수께끼로 남아 있었다. 러더포드와 함께 토륨의 방사능현상을 연구했던 영국의 화학자 소디는 1903년에 발표한 논문에서 원자 속에 엄청난 에너지가 포함되어 있다고 주장하였다. 또한 그는 한 강의에서 "만일 원자 속에 내재된 에너지를 제어할 수 있다면 세계의 운명을 바꾸는 원인이 될 수 있을 것이다"라고 하여 원자탄의 탄생을 예견한 바 있다.

1932년 채드윅에 의한 중성자 발견은 원자핵의 구조를 보다 자세히 살펴볼 수 있는 도구를 제공했다는 점에서 핵물리학의 일대 전기를 마련하였다. 중성자는 전하를 띠지 않는 중성의 입자이기 때문에 원자핵의 전하에 의해서 영향을 받지 않고 쉽게 원자핵에 접근할 수 있는 특성을 갖고 있다. 이탈리아의 페르미는 물이나 파라핀에 의해서 감속된 중성자가 원자핵과 반응할 확률이 매우 크다는 사실을 발견하였고, 이를 이용하여 새로운 방사성원소를 만들 수 있다는 것을 확인하였다. 나중에 페르미는 CP-1이라는 세계 최초의 원자로를 이용하여 핵반응이 지속되는 연쇄반응을 성공적으로 보여주었다. 한편 1939년 독일의 한과 슈트라스만, 그리고 오스트리아의 물리학자 마이트너 등은 중성자를 흡수한 우라늄원자핵이 가벼운 두 개의 원자핵으로 분열된다는 사실을 처음으로 확인하였을 뿐만 아니라 이러한 우라늄핵의 분열 시 약 $2 \times 10^8$ eV($1eV=1.6 \times 10^{-19}$ J)의 에너지가 방출됨을 발견하였다. 중성자에 의한 우라늄핵의 분열은 당시의 과학자들에게는 충격적인 사실이었고, 이는 매우 빠르게 전세계에 알려졌다.

    독일 히틀러의 나치정권이 들어서면서, 유럽의 과학자들이 미국으로 이주하였다. 이들 중에는 아인슈타인, 질라드, 노이만, 위그너 등도 포함되어 있었다. 헝가리 태생의 질라드는 원자폭탄의 가능성에 대해서 제일 먼저 생각한 사람이었다. 질라드는 나치 독재 하의 독일이 원자폭탄을 손에 넣는 가능성을 매우 우려하였으며, 결국 그는 주저하는 아인슈타인을 설득하여 1939년 8월 미국의 루스벨트 대통령에게 원자폭탄의 개발 필요성을 역설하는 편지를 쓰게 하였다. 같은 해 9월 1일에 독일이 폴란드를 침공하면서 제2차세계대전이 일어났다. 아인슈타인의 편지는 철저한 조사를 건의하는 보고서를 낳았지만, 이 보고서는 1940년까지 서류철에 보관만 되어 있었다. 미국의 관료들은 원자폭탄의 가능성을 확신하지 못하고 있었던 것이다. 이후 아인슈타인은 원자탄 개발을 건의하는 편지를 두 번 더 보냈다.

▼세계 최초 원자로 CP-1

    과학자들의 연구는 계속됐고, 영국의 파이얼스는 천연우라늄 중에서 원자량

▲아인슈타인이 루스벨트에게 보낸 첫 번째 편지 일부
원자폭탄의 개발 필요성을 역설한 내용을 담고 있다.

이 235인 우라늄U-235 동위원소가 핵폭탄의 원료로서 매우 효과적이며, U-235를 생산할 수만 있다면 원자폭탄이 가능하다고 주장하였다. 또한 천연우라늄의 대부분을 차지하는 U-238이 중성자를 흡수하여 새로운 원소 플루토늄 Pu-239이 된다는 것이 시보그에 의해서 알려졌으며, Pu-239도 효과적으로 폭탄에 사용될 수 있음이 밝혀졌다. 이 시기에 독일의 하이젠베르그 또한 군부의 지원 아래 원자탄에 대한 검토를 하였으며, 그는 다량의 U-235를 생산한다면 원자폭탄 개발이 가능함을 독일 육군성에 보고하였다. 마침내 루스벨트 대통령은 미국의 원자탄 개발을 결정하였으며, 1942년 12월 6일 '맨해튼 계획'을 착수하였다.

## 꼬마와 뚱보

일단 원자탄 개발계획이 확정되자 미국은 국력을 총동원하여 세계 최초의 핵폭탄 개발을 추진하였다. 맨해튼 계획의 총 책임자는 그로우부 당시 육군 준장이었고, 기술분야의 총 책임자는 물리학자인 오펜하이머 박사였다. 오펜하이머는 탁월한 역량으로 라비 등 수많은 미국의 과학자와 유럽 과학자들을 뉴멕시코주의 로스알라모스연구소로 불러들였다.

맨해튼 계획에서 원자폭탄의 개발은 우라늄U-235탄과 플루토늄Pu-239탄 두 가지 형태로 추진되었다. 어떤 핵물질에서 핵분열 연쇄반응이 지속적으로 일어나는 데 필요한 양을 그 물질의 임계질량이라고 한다. 폭탄의 경우 핵분열 연쇄반응이 순간적으로 한꺼번에 일어나야 하기 때문에 소위 초임계 상태를 형성해야 한다. 초임계 상태는 임계질량보다 많은 핵물질을 사용하거나 임계질량에 가까운 핵물질의 밀도를 높이는 두 가지 방법을 통하여 얻을 수 있다. U-235의 임계질량은 약 8킬로그램이고, Pu-239의 경우는 이보다 약간 적은 약 6킬로그램이다. 물론 이 임계질량은 폭탄의 설계에 따라서 크게 달라질 수 있다.

> **핵연료주기**
> 핵연료가 원자로를 중심으로 순환 사용되는 과정을 말하며, 선행 핵주기와 후행 핵주기로 구분된다. 선행 핵주기는 연속적인 다단계의 공정을 거쳐 원전에 사용할 수 있는 형태로 연료를 가공하는 과정이며, 후행 핵주기는 사용 후 핵연료에 남아 있는 우라늄과 플루토늄을 분리·회수하여 재사용하고 폐기물은 처리·처분하는 과정을 말한다.

맨해튼 계획 초기에는 원자폭탄의 원리를 제외하곤 과학자들에게 준비된 것은 하나도 없었다. 맨 먼저 천연우라늄의 0.7퍼센트만을 차지하는 U-235를 천연우라늄으로부터 분리하여 농축해야 했고, 원자로를 이용하여 인공원소 플루토늄을 생산할 필요가 있었다. 우라늄폭탄의 경우 U-235의 성분이 90퍼센트 이상이 되어야 했다. 이를 위해서 과학자들은 가스확산법, 전자기분리법, 원심분리법 등을 개발·활용하였다. 플루토늄은 천연우라늄을 연료로 사용하는 흑연 감속 원자로를 이용하여 생산되었다. 원자로 속에서 U-238 핵종은 중성자를 흡수하여 Pu-239 핵종으로 변한다. 사용한 연료로부터 플루토늄만을 회수하기 위해서 재처리 기술이 개발되었고 폭탄에 필요한 다량의 Pu-239를 확보할 수 있었다.

우라늄으로 만들어진 원자탄은 소위 포신식으로 설계되었고, 그 구조가 매우 간단하다. 초임계 질량(약 42킬로그램 U-235)에 해당하는 우라늄을 둘로 갈라놓았다가 필요한 순간에 하나로 합치게 되면 폭발이 일어난다. 이 우라늄 폭탄은 '꼬마'라고 명명되었다. 플루토늄탄은 성능을 향상시키기 위해서 소위 내폭형 방식으로 개발되었다. 이 경우 속이 빈 플루토

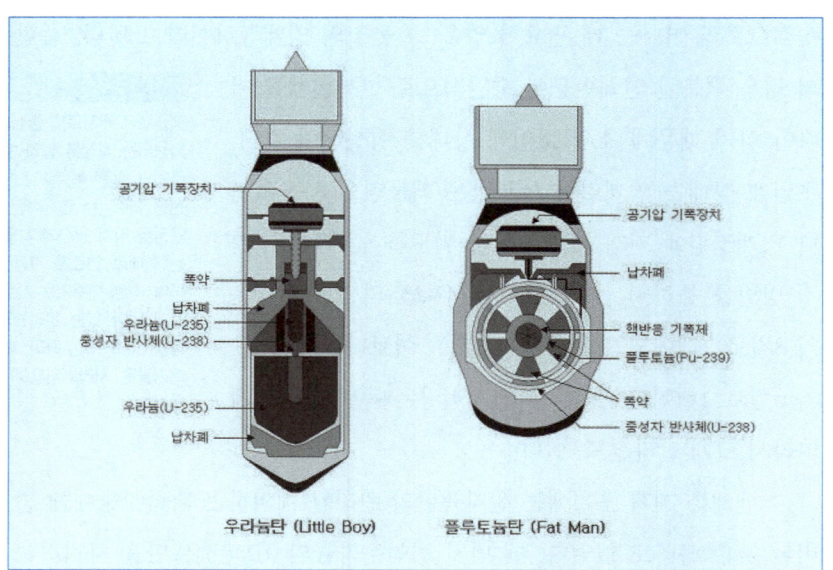

▲ 최초 핵폭탄 꼬마(Little Boy)와 뚱보(Fat Man)의 개략도

늄을 바깥쪽에 있는 고성능 폭약으로 감싸고 있는 형태인데, 순간적으로 밖에 있는 폭약이 안쪽으로 터지면서 플루토늄을 초고밀도로 만들어서 초임계에 도달시켜 폭발을 하게 된다. 이 플루토늄탄은 생김새가 통통하여 '뚱보'라고 불리었다. 두 폭탄 모두 임계질량을 줄이기 위해서 U-238을 중성자 반사체로 사용하였고, 핵반응 기폭재로서 베릴륨과 폴로늄을 사용하였다.

    폭탄 설계자들은 우라늄탄의 성공에 대해서는 확신했지만 플루토늄탄에 대해서는 직접적인 실험을 해야 했다. 이를 위해서 '삼위일체Trinity'라 명명된 장소에서 세계 최초의 핵폭탄 실험이 수행되었으며, 그 결과는 개발자들의 상상을 초월하는 것이었다. 라비 박사는 "우리가 존재한다고 이해하였던 자연의 힘이 이곳에서 나타났다"라고 하였으며, 오펜하이머

▲트리니티 Trinity 에서의 최초 원자탄 뚱보의 폭파 실험

박사는 동생으로부터 "이제 우리는 개자식이야"라는 인사를 받았다.

    제2차세계대전이 막바지로 치닫던 시점에서 미국정부는 전쟁의 빠른 종결을 위해, 일부 반대의견에도 불구하고, 원자탄을 일본에 사용하기로

▲핵폭탄 꼬마를 투하하기 전 히로시마 산업장려관 모습    ▲폭격 후의 모습. 현재 히로시마 평화기념공원의 원폭 돔이다.

결정한다. 먼저 '꼬마'가 1945년 8월 6일 일본의 히로시마에 투하되었고, 약 14만 명의 엄청난 희생자를 발생시켰다. 꼬마의 위력은 15KT(1 KT=1000톤)의 TNT에 해당하는 것이었다. 이어서 '뚱보'가 8월 9일 나가사키 상공에서 TNT 22 KT의 위력으로 폭발했으며, 7만 명 이상의 사망자를 발생시켰다. 일본은 무조건적인 항복을 하였고, 이로써 맨해튼 계획은 인간이 만든 과학기술의 빛과 그림자를 극명하게 보여주면서 대장정의 막을 내렸다.

## 보다 무서운 핵폭탄

최초의 핵폭탄이 사용된 후 과학자들 사이에서 원자탄의 개발 및 사용을 금지하라는 목소리가 높아졌다. 1946년 아인슈타인은 1945년 발족된 국제연합(UN)에 보낸 공개장에서 원자무기의 사용금지를 호소하였다. 그러나 각 나라에서는 자국의 안보와 핵 억지력이라는 명분을 내세워 보다 강력한 핵폭탄의 개발을 계속하였고, 결국 핵융합반응에 기초한 수소폭탄(열핵폭탄)을 개발하기에 이르렀다.

 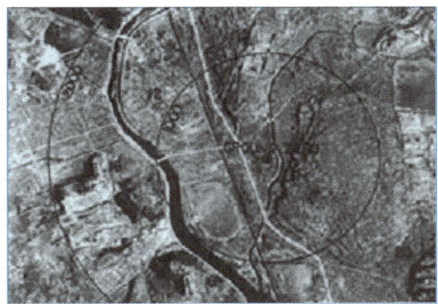

▲똥보 투하 이틀 전 나가사키 전경과 똥보 투하 3일 후 나가사키 전경

수소폭탄은 수소의 동위원소인 이중수소 H-2와 삼중수소 H-3의 핵이 융합할 때 방출되는 에너지를 이용하는 것이다. 이 개념은 헝가리 태생의 물리학자 텔러에 의해서 맨해튼 계획 기간 동안에 이미 구체화되었다. 이중수소와 삼중수소가 핵융합을 일으키기 위해서는 엄청난 고온과 고압이 필요한데, 이 조건은 기존의 원자탄을 폭발시켜 형성된다. 원자탄의 경우 핵폭발이 일어나더라도 사용된 핵물질의 많은 부분은 이용되지 않기 때문에 그 폭발력이 제한받는다. 그러나 수소폭탄의 경우 일단 핵융합조건이 만들어지면 투입된 수소 동위원소의 양에 비례하여 폭발력이 커질 수 있다. 이 때문에 수소폭탄의 위력은 설계에 따라서 기존 원자탄의 1000배 이상으로 커진다. 미국의 경우 텔러와 페르미를 주축으로 1952년에 수소폭탄의 개발에 성공하였으며, 그 위력은 TNT 15 MT(1 MT=TNT 백만톤)에 달했다.

기존 수소폭탄에서 기폭제인 원자폭탄을 일반 화학폭탄으로 대치한 중성자탄도 개발되었다. 중성자탄은 원자폭탄에 의해서 발생하는 방사성 물질('죽음의 재'라 불림)을 최소화하고 핵융합반응에서 발생하는 고에너지

**장주기 핵연료**
표준형 연료의 연소주기는 12개월 (연소 : 10개월, 연료교체 : 2개월)이나 이용율 제고를 위해 연소도를 높여 연소주기를 15개월, 18개월, 24개월 등으로 연장한 원자로를 말한다.

▲최초 수소폭탄 Mike 폭발장면

중성자의 생성을 극대화하여 건물의 파괴를 줄이면서도 인명살상을 크게 하고자 하는 목적으로 개발되었다. 이외에도 '핵분열/핵융합/핵분열'의 3단계 반응을 이용하여 방사성 물질을 다량 방출하는 소위 '더러운 수소폭탄'도 연구되었다.

오늘날 핵분열을 이용한 현대적인 핵폭탄은 최초 플루토늄탄과 같이 내폭 방식으로 만들어진다. 제2차세계대전 이후 폭약기술의 발달로 인해 현대의 원자폭탄은 보다 소형화·경량화되었지만 위력은 초기의 원자탄보다 훨씬 강력해졌다. 현재 U-235 약 15킬로그램, Pu-239 약 4킬로그램만 있으면 하나의 원자탄을 만들 수 있는 것으로 알려져 있다.

한편 미사일기술의 발달은 핵무기의 파괴력을 더욱 확대시켜, 다수의 핵탄두를 장착하고 장거리를 날아 상대국의 목표물을 파괴하는 대륙간탄도미사일(ICBM) 및 잠수함발사탄도미사일(SLBM)과 같은 전략 핵무기가 등장하였다. 이로 인해 소수의 ICBM을 이용해서 상대국에 대한 선제 핵공격이 가능하게 되었으며, 이는 전세계적인 핵전쟁의 위험을 한층 높이는 결과를 가져왔다.

## 핵무기 확산 그리고 규제를 위한 노력

맨해튼 계획에 참여했던 보어 박사는, 최초의 원자탄이 사용되기 전에 핵폭탄이 갖는 엄청난 사회적, 정치적 의미를 인식하고 세계가 다시는 과거와 같아질 수 없을 것이라고 했다. 그는 향후 미국과 구소련간의 핵무기 경쟁이 초래할 파국을 막기 위해서는 원자탄의 비밀을 공유하고 공동으로 관리할 것을 제안하였다. 그러나 이 제안은 당시 대부분의 정치가들에게는 너무 천진난만한 것이었으므로 거절 당했다. 그는 열린 상호보완적인 세계만이 핵무기로부터 인류를 보호할 수 있을 것이라고 통찰하고 있었다.

제2차세계대전이 끝나고 미국과 구소련을 주축으로 한 동·서간 냉전이 격화되면서 핵무기확산 경쟁이 시작되었다. 소련은 1949년에 원자폭탄을 실험하였으며, 이에 맞서 미국에서는 1952년 수소폭탄을 개발하였다. 곧이어 소련도 1953년에 수소폭탄을 개발하였고 영국 또한 1952년과 1957년에 원자폭탄과 수소폭탄을 각각 실험하였다. 뒤이어 프랑스와 중국이 원자폭탄과 수소폭탄의 보유국이 되었으며, 나중에 인도와 파키스탄도 원자폭탄을 개발하였다.

> **혼합산화물핵연료**
> 우라늄산화물($UO_2$)과 플루토늄산화물($PuO_2$)을 섞어 만든 핵연료로 사용 후 핵연료 재처리를 통해 얻어진 플루토늄을 원자로에서 재사용하기 위해 특수가공한 핵연료를 말한다.

핵무기의 확산은 전세계적인 핵전쟁이 인류가 구축한 문명을 한순간에 파괴할 수도 있다는 우려를 낳았다. 1978년에 열린 제1회 유엔군축특별총회 최종 문서는 "핵무기는 인류와 문명의 존속에 최대의 위험이 되고 있다"고 말하고 있으며, 1980년 통계에 따르면 전세계에 수만 발의 핵탄두가 축적되어 있는 것으로 알려졌다.

핵무기확산 방지를 위해서 국제사회는 1968년 7월 핵확산방지조약(NPT)을 체결하였으나, 기존 핵보유국에 대해서는 제약을 가하지 않는 관계로 그 실효성이 의심받고 있다. 핵무기 확산의 두 축인 미국과 구소련 간의 핵무기감축 노력은 전략무기 제한협정인 SALT I과 SALT II로 시작되었으며, 두 나라는 1982년에 전략무기 감축협정(START)을 개시하였고, 1993년에 미국과 러시아 사이에 START II가 체결되었다. 그 결과 미국·러시아 두 나라는 2007년까지 핵탄두 수를 각각 3,500기와 3,000기 정도까지 감축할 예정이다.

국제사회는 1957년 원자력의 평화적 이용을 촉진하기 위해서 국제원자력기구(IAEA)를 설립하였다. 국제원자력기구의 주요 활동은 원자력의 평화적 이용을 위한 물자 및 서비스 제공과 정보교환, 핵물질이 군사적 목적으로 전용되지 않도록 하는 보장조치 강구 등이며, 2002년 현재 134개국이 가입하고 있다. 최근 국제원자력기구는 핵무기감축으로 발생한 잉여 플루토늄의 상업용 원자로를 이용한 처리를 위하여 국제적인 공동 연구를 진행시키고 있다.

비록 국제사회가 핵무기 감축과 핵전쟁 방지를 위한 다양한 노력을 시도하고 있지만, 나라 간의 정치적, 경제적인 복잡한 이해 관계 때문에 여전히 가공할 위력을 가진 엄청난 양의 핵무기가 전세계에 쌓여 있다. 또한 몇 나라는 새로이 핵보유국이 되기 위해서 비밀리에 노력하고 있는 것으로 알려져 있으며, 이러한 시도는 앞으로도 계속될 가능성이 크다. 핵무기 한 개의 파괴력이 엄청나기 때문에 이제 핵무기의 개수는 파괴력 관점에서 큰 의미를 갖지 못하는 시대가 되었다. 특히 최근에는 국가 간의 경쟁뿐만 아니라 국제 테러리스트에 의한 핵무기의 사용 가능성이 매우 큰 위협으로 다가오고 있다.

## 인류 공존의 열린 세계 건설

지금까지 우리는 20세기 과학의 가장 큰 발견 중의 하나인 원자력에너지의 파괴적인 형태의 표출인 핵폭탄에 대해서 살펴보았다. 오늘날 전 인류는 언제 닥칠지 모르며 한순간에 인류의 모든 문명을 앗아갈 수도 있는 핵전쟁의 위험을 안고 살아가고 있다. 그러나 핵전쟁은 승자가 없으며, 오직 공멸만이 있을 뿐이라는 것을 알고 있다.

원자핵 속에 내재된 엄청난 에너지의 비밀은 이미 인간에게 충분할 정도로 알려져 있다. 이미 노출된 자연의 비밀은 더 이상 비밀일 수 없으며, 인류의 문명이 발달할수록 이러한 지식은 보다 넓은 사회로 확산될 것이다. 인류의 문명이 지속되는 한 현인류가 개방한 원자핵의 비밀은 감춰질 수 없을 것이다. 아니 어쩌면 미래에는 현재의 핵폭탄을 훨씬 능가하는 보다 강력한 새로운 에너지원이 등장할 가능성도 있다.

이제 인류는 많은 희생을 치르면서 생존을 위한 조건을 더디지만 조금씩 이해하기 시작했다. 오직 참다운 이성에 기초한 서로를 향해 열린 세계만이 인류 종말시계가 자정을 알리는 종을 치지 못하게 할 것이며, 인류의 공존을 허락한다는 것을 우리 인간은 마음속 깊이 인식해야 할 것이다.

### 약어해설

우라늄(U): Uranium
플루토늄(Pu): Plutonium
베릴륨(Be): Beryllium
폴로늄(Po): Polonium
TNT: TriNitroTolune
대륙간탄도미사일(ICBM): Intercontinental Ballistic Missile
잠수함발사탄도미사일(SLBM): Submarine-Launched Ballistic Missile
국제연합(UN): United Nation
핵확산금지조약(NPT): Non-Proliferation Treaty
전략무기제한협정(SALT): Strategic Arms Limitation Talks
전략무기감축협정(START): Strategic Arms Reduction Talks
국제원자력기구(IAEA): International Atomic Energy Agency

## 참고문헌

- 하영선, 『한반도의 핵무기와 세계질서』, 나남(1991)
- 홍영의 역, 『핵겨울: 제3차 세계대전후의 세계』, 팬더북(1991)
- 황상익 역, 『핵전쟁과 인류』, 미래사(1987)
- 리처드 로즈, 『원자폭탄 만들기』, 민음사(1995)
- 조셉 롯블랏, 『핵무기 없는 세계』, 지식공작소(1998)
- J. W. Kunetka, *City of Fire: Los Alamos and the Atomic Age*, 1943~1945, Univ. of New Mexico(1979)
- R. Rhodes, *The Making of the Atomic Bomb*, Simon and Schuster, New York(1986)
- L. Lamont, *Day of Trinity*, Atheneum(1985)
- S. R. Weart, *Nuclear Fear*, Harvard University Press(1988)

## 참고사이트

- http://www.atomicarchive.com
- http://www1.city.nagasaki.nagasaki.jp
- http://www.sirendipity.li/more/atomic.html
- http://www.mocie.go.kr
- http://www.nuke.co.kr
- http://www.kfem.or.kr
- http://www.moolynaru.knu.ac.kr
- http://www.buddhapia.com

# 에니악
### 세계 최초의 디지털컴퓨터

**1946 ENIAC**

이인식  inplant@hanmail.net

서울대학교 전자공학과를 졸업하고, 1980년 금성반도체 최연소 부장으로 승진, 서른일곱 살이 되던 해에 대성산업 상무이사가 되었지만, 현재 지식융합연구소 소장이며, 과학문화연구소장, 국가과학기술자문회의 위원, KAIST겸직교수를 역임했다.

저서로는 『지식의 대융합』, 『사람과 컴퓨터』, 『미래는 어떻게 존재하는가』, 『21세기 키워드』, 『제2의 창세기』, 『신화 상상 동물 백과사전』, 『미래신문』, 『현대 과학의 쟁점』, 『나노 기술이 미래를 바꾼다』, 『미래 과학의 세계로 떠나보자』, 『새로운 인문주의자는 경계를 넘어라』, 『미래 교양 사전』, 『유토피아 이야기』, 『짝짓기의 심리학』, 『이인식의 세계신화여행』 등 44종이 있다.

# 에니악, 1946
## _세계 최초의 디지털컴퓨터

1946년에 선보인 에니악(ENIAC: Electronic Numerical Integrator and Computer)은 최초의 디지털컴퓨터이다. 미국 육군이 수동으로 하던 탄도 계산시간을 단축하기 위하여 펜실베이니아 대학 연구진들이 3년간 50만 달러를 투입해 완성한 에니악은 1만 8000개의 진공관으로 구성되었으며, 그 무게가 30톤에 이르렀다.

그러나 엄밀히 말해서 에니악은 최초의 디지털컴퓨터가 아니다. 1943년 영국에서 개발된 콜로서스Colossus를 두고 하는 말이다. 콜로서스는 문자 그대로 거대한 크기 때문에 붙은 명칭이다. 제2차세계대전 당시 연합군은 콜로서스가 독일군의 암호를 신속히 해독해준 덕분에 노르망디 상륙작전에 성공할 수 있었다. 콜로서스가 세계 최초의 디지털컴퓨터임에도 불구하고 그 영예를 에니악에게 물려준 까닭은 비밀문서를 30년간 보존해온 영국정부의 방침에 따라 콜로서스의 실체가 1975년에야 뒤늦게 발

▲세계 최초의 디지털컴퓨터 에니악

표되었기 때문인 것으로 알려지고 있다.

## 튜링기계와 노이만 구조

컴퓨터의 역사는 적어도 17세기까지 거슬러 올라간다. 철학자이자 수학자인 독일의 고트프리트 빌헬름 라이프니츠(1646~1716)에 의해 기호논리학의 개념이 태동했기 때문이다. 라이프니츠는 인간의 사고작용을 기호에 의한 논리적인 계산으로 풀 수 있다고 생각하였다.

19세기 중반부터 인간의 추론 과정을 수행할 수 있는 기계의 개발이 시도되었다. 1833년 영국의 찰스 바베지(1792~1871)는 해석 엔진Analytical Engine이라고 불리는 계산기를 발명하였다. 해석 엔진은 톱니바퀴를 사용하여 간단한 형태의 프로그램 처리가 가능한 일종의 기계식컴퓨터이다.

1854년 영국 수학자인 조지 부울(1815~1864)은 『사고의 법칙 The Laws of Thought』을 출판하여 현대적 기호논리학의 탄생을 알렸다. 이 책에서 부울은 아무리 복잡한 논리식일지라도 두 종류의 기호, 곧 참을 의미하는 1과 거짓을 의미하는 0으로 표현될 수 있다고 제안했다. 인간의 추론이 예(1) 또는 아니오(0)의 연속체로 환원될 수 있다는

▲앨런 튜링(1912~1954)

부울의 아이디어는 현대 컴퓨터과학의 핵심 개념으로 자리잡았다.

20세기 들어 컴퓨터의 개발이 본격적으로 시도되었다. 1930년 미국 매사추세츠공대의 바네바 부시(1890~1974) 교수는 처음으로 전기장치를 사용하여 간단한 연산을 할 수 있는 아날로그컴퓨터를 발명하였다. 따라서 1930년을 컴퓨터의 시대가 열린 시점으로 자리매김하기도 한다.

1936년 영국의 수리논리학자인 앨런 튜링(1912~1954)은 인간의 모든 추론의 기초가 되는 형식기계에 대한 개념을 최초로 정립한 이론을 발표하였다. 튜링은 이러한 형식기계를 자동자automaton라 불렀다. 24세에 튜링이 발표한 자동자 이론은, 기계적 절차를 수행하는 형식기계는 기호 조작에 있어서 사람이 할 수 있는 것은 무엇이든지 해낼 수 있음을 보여주었다. 사람이 수효가 유한하고 완전하게 명시된 형식규칙에 의해 수행할 수 있는 계산은 무엇이든지 적합한 알고리즘algorithm을 가진 기계에 의해 수행될 수 있다는 의미이다. 기계적 절차를 명백히 기술해놓은 것을 알고

리즘이라고 한다. 오늘날 컴퓨터의 프로그램이 알고리즘의 대표적인 보기이다. 튜링의 형식기계는 훗날 튜링기계Turing Machine라고 명명된다. 튜링기계는 기호 조작에 있어서 사람이 할 수 있는 것은 무엇이든지 해낼 수 있기 때문에 오늘날 컴퓨터의 원형이 되었다. 요컨대 오늘날의 모든 컴퓨터는 본질적으로 튜링기계이다. 튜링은 제2차세계대전 중에 영국 외무성에 채용되어 콜로서스로 독일군 암호를 해독하는 일에 종사하였다. 1954년 튜링은 마흔두 살의 한창 나이에 자택에서 시체로 발견되었다. 요절한 천재의 사인은 아직까지 수수께끼로 남아 있다.

디지털컴퓨터의 이론적 모델을 창안한 인물이 튜링이라면, 오늘날 사용되고 있는 디지털컴퓨터의 논리적 구조를 확립한 장본인은 헝가리 출신의 수학자인 존 폰 노이만(1903~1957)이다. 노이만은 에니악 개발 소식에 자극을 받고 새로운 방식의 컴퓨터를 설계하였다. 에니악은 새로운 문제를 처리할 때마다 수천 개의 스위치를 며칠씩 걸려 다시 설정하지 않으면 안 되는 구조였기 때문이다. 1945년 노이만은 프로그램 내장식 컴퓨터의 논리 구조를 발표하였다. 이른바 노이만식 컴퓨터 구조는 중앙처리장치, 기억장치, 프로그램, 데이터로 구성된다. 프로그램 내장 방식이라고 불리는 까닭은 프로그램과 데이터를 모두 기억장치에 집어넣고 여기에서 프로그램과 데이터를 차례로 불러내 처리할 수 있기 때문이다. 노이만 방식은 훗날 디지털컴퓨터의 표준 구조가 되었다.

## 컴퓨터의 무한한 가능성

1947년 미국 IBM은 컴퓨터 사업에 투자를 하지 않기로 결정하였다. 세계 시장규모가 어림잡아 여섯 대의 컴퓨터만 설치하면 포화될 정도로 수

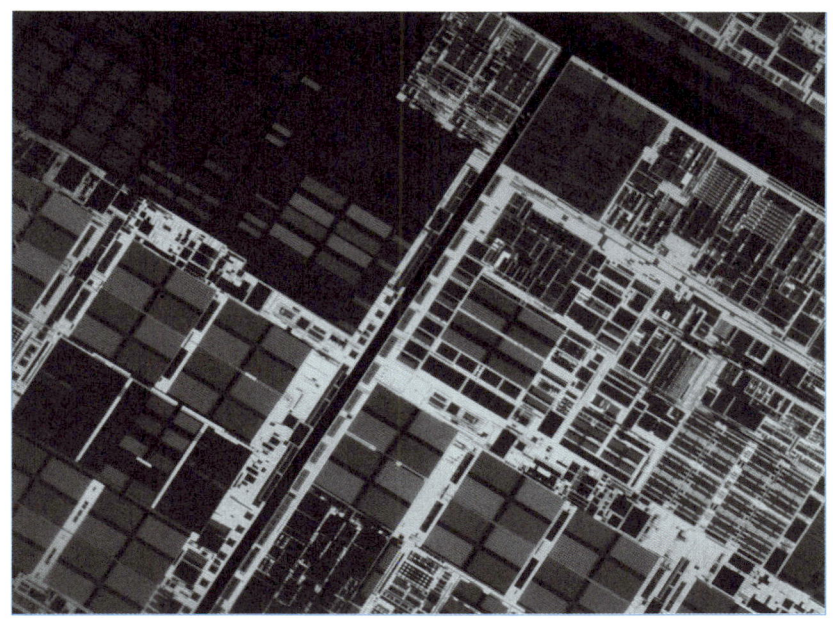

▲마이크로프로세서

익성이 없다고 판단했기 때문이다. 같은 해에 벨연구소에서는 트랜지스터가 발명되었다. 진공관을 대체하게 될 전자소자의 등장은 컴퓨터의 소형화가 시작되었음을 알리는 첫 번째 신호탄에 불과했다. 훗날 집적회로(IC)에 이어 마이크로프로세서가 발명됨에 따라 컴퓨터의 성능은 비약적인 발전을 거듭하게 된다.

1948년 컴퓨터기술 발전에 주춧돌을 놓은 이론이 잇따라 발표된다.

미국의 수학자 노버트 위너(1894~1964)는 『사이버네틱스 Cybernetics』를 펴냈다. 이 책의 부제는 '동물과 기계에서의 제어와 통신의 연구'이다. 동물과 기계, 곧 생물과 무생물에는 동일한 이론에 의하여 탐구될 수 있는 수준이 있으며, 그 수준은 제어 및 통신의 과정에 관련된다는 것이다. 생물과 무생물 모두에 대하여 제어와 통신의 과정을 사이버네틱스 이론으로 동일하게 고찰할 수 있다는 것이다.

사이버네틱스 이론의 극적인 발표에 따라 인간을 정보처리 체계로 간주하는 접근방법이 대두되었다. 이를테면 사고, 지각, 언어 등 다양한 인지기능을 모두 정보를 계산하는 활동으로 여기게 된 것이다. 이러한 정보처리적 접근방법에는 인간의 지능을 인공의 정보처리장치, 예컨대 컴퓨터에 의해 본뜰 수 있다는 의미가 함축되어 있다.

한편 벨연구소의 전기통신공학 전문가인 클로드 샤논(1916~2001)은 「통신의 수학적 이론」이라는 논문을 발표하였다. 이른바 정보 이론 information theory을 최초로 정립한 역사적인 논문이다. 샤논은 정보의 양을 측정하는 단위로 비트bit를 제안하고, 정보는 비트라는 정보단위에 의해 순전히 수량적으로 측정되는 것이라고 정의하였다. 정보에 대한 샤논의 기술적 정의에 의하여 정보가 비로소 과학의 대상이 된 것이다.

샤논의 정보 이론에서는 발신자와 수신자를 연결하는 경로를 통하여 전기적으로 전송하기 위해 이진 숫자(비트)로 부호화된 것은 무엇이든지 그것의 의미와 관계없이 정보로 간주되었다. 정보 이론에 의해 데이터 통신기술은 폭발적인 발전을 거듭하게 된다.

1952년 미국 대통령선거를 계기로 컴퓨터가 비로소 대중 앞에 화려하게 모습을 드러내게 된다. 유니백컴퓨터는 단지 5~7%가 개표된 상황에서 공화당 후보인 드와이트 아이젠하워 장군의 일방적인 승리를 일찌감치 예측했는데, 최종 개표결과와 1% 미만의 오차밖에 나지 않아 텔레비전 시청자들을 경악시켰다. 이 유니백컴퓨터는 5000개의 진공관을 사용한 메인프레임mainframe이다. 초창기의 컴퓨터는 방 한 칸을 차지할 만큼 본체가 컸기 때문에 메인프레임이라 불렸다. 메인프레임에 이어 등장한 소형 컴퓨터는 미니컴퓨터로 분류되었다.

　　메인프레임의 정보처리 능력은 기업의 눈길을 끌기에 충분하였다. 사무실에 근무하는 지식 노동자들의 생산성을 증대시키기 위해 기업체마다 커다란 메인프레임이 설치된 전산실을 꾸미고 업무전산화 작업에 나섰다. 먼저 급여 계산이나 재고 관리 등 사무직 업무를 기계화하는 전산처리시스템(EDPS)을 갖춘 뒤에 경영관리직의 계획 수립에 필요한 데이터를 제공하는 경영정보시스템(MIS)을 구축했다. 이러한 기업전산화 추세는 사회의 모든 부분에 확산되어 정보혁명에 불을 댕겼다.

　　한편 1954년 미국의 조지 데벌은 컴퓨터프로그램으로 제어되는 로봇에 대해 최초로 특허를 출원하였다. 1961년에는 최초의 산업용 로봇이 등장하여 제너럴모터스 공장에서 사람 대신 자동차 조립에 투입됨에 따라 로봇은 공장자동화(FA)의 총아로 각광을 받기 시작하였다.

## 유비컴시대가 온다

　　1958년 집적회로의 발명을 계기로 컴퓨터의 성능은 기하급수적으로 발전한다. 1965년 집적회로의 발명자이자 반도체회사인 인텔의 회장인 고든 무어는 실리콘 칩에 집적되는 전자소자의 수량이 해마다 두 배씩 증가할 것이라고 예측하였다. 훗날 무어는 24개월마다 두 배가 될 것이라고 수정한다. 어쨌든 그의 예상은 적중하여 1965년의 칩에는 트랜지스터가 겨우 64개 들어 있었으나, 1999년 제품에는 2,800만 개가 집적됐을 정도이다. 이른바 무어의 법칙은 지난 40년 동안 컴퓨터의 기하급수적인 성장을 설득력 있게 설명해준다.

　　1969년 정보기술(IT)을 획기적으로 발전시킨 두 가지 기술, 곧 마이

▲애플 리자

크로프로세서와 인터넷이 그 모습을 드러낸다. 인텔의 기술자인 마르시언 에드워드 호프(1937~) 박사는 인텔의 열두 번째 사원으로 들어간 초년병이었지만 1969년 칩 한 개에 컴퓨터 한 개가 들어가는 회로를 설계하였다. 최초의 마이크로프로세서가 도면 위에 탄생한 것이다. 1971년 인텔은 4비트인 '4004'의 생산을 개시함으로써 마이크로프로세서의 화려한 시대를 예고하였다. 4004는 크기가 성냥갑만 했지만 무게가 30톤에 이른 에니악과 성능이 엇비슷할 정도였다.

　　마이크로프로세서의 출현으로 무어의 법칙이 맞아떨어지면서 1983년 퍼스널컴퓨터(PC)가 등장한다. 1981년 IBM이 'PC'라는 상표로 출시한 제품은 진정한 의미의 퍼스널컴퓨터는 아니다. 1983년 발표된 애플사의 리자가 오늘날 통용되고 있는 구조, 이를테면 마우스와 그래픽 사용자

▲인터넷

인터페이스(GUI)를 채용한 최초의 퍼스널컴퓨터이기 때문이다. 물론 애플리자는 이러한 우수한 특성에도 불구하고 가격이 비싼 이유로 시장에서 IBM PC에게 선두를 빼앗겼다. 어쨌든 퍼스널컴퓨터는 메인프레임이나 미니컴퓨터와 달리 누구나 개인용으로 보유할 수 있으므로 폭발적으로 보급되었다.

한편 1969년 미국 국방성의 고등연구기획청(ARPA)은 당시 소련의 침략에도 파괴되지 않을 컴퓨터 네트워크를 연구하면서 몇몇 대학의 컴퓨터를 연결하는 아르파넷Arpanet을 구축하였다. 아르파넷이 세계적으로 접속 범위를 확대하면서 오늘날 지구 전체를 연결하는 컴퓨터 네트워크인 인터넷으로 발전하였다. 퍼스널컴퓨터가 대량 보급되면서 인터넷에 접속되는 컴퓨터는 기하급수적으로 늘어났다. 인터넷에 연결된 컴퓨터 사용자들은 인터넷 안에 형성된 가상 공간인 사이버스페이스cyberspace에서 또 다른 삶을 영위하고 있다.

인터넷 사용자의 폭증으로 인터넷의 성능이 저하됨에 따라 그 대안으로 제2의 인터넷이 개발되고 있다. 1996년부터 미국의 대학들이 공동개발중인 인터넷 2의 핵심 기능은 텔레－이머전tele-immersion이라 불리는 원격존재telepresence기술이다. 텔레－이머전은 가상현실과 화상회의를 결합시킨 새로운 미디어로서 수백 마일 떨어져 있는 사람들이 마치 같은 방 안에 있는 것처럼 자연스럽게 상호작용할 수 있다.

인터넷 2가 실용화되는 2010년쯤이면 메인프레임, 퍼스널컴퓨터에 이어 제3의 컴퓨터 물결로 간주되는 편재 컴퓨팅ubiquitous computing 시대에 접어든다. 편재 컴퓨팅(유비컴)은 말 그대로 컴퓨터가 우리 주변의 곳곳에 설치된다는 뜻이다. 편재 컴퓨팅이 실현되면 실로 천을 짜듯이 컴퓨터가 일상생활에 파고들기 때문에 사람들은 컴퓨터를 더 이상 컴퓨터로 생각하지 않게 된다. 요컨대 편재 컴퓨팅시대에는 컴퓨터가 도처에 존재하면서 동시에 보이지 않게 된다.

유비컴이 실현되면 주변의 모든 물건이 지능을 갖게 된다. 영리한 물건들은 스스로 생각하고 사람의 도움 없이 임무를 수행한다. 따라서 지능을 가진 물건과 사람 사이의 정보 교환이 무엇보다 중요하다. 서로 대화를 하려면 물건에 내장된 컴퓨터는 사람의 말을 이해해야 하며, 사람은 컴퓨터가 내장된 옷을 입어야 한다. 입는 컴퓨터wearable computer가 필요한 것이다.

편재 컴퓨팅은 미국 매사추세츠공대의 옥시전Oxygen 프로젝트, 마이크로소프트의 '보이지 않는 컴퓨팅invisible computing', IBM의 '스며드는 컴퓨팅pervasive computing' 등으로 다양하게 추진된다.

## 2050년 지구의 새 주인

컴퓨터의 출현으로 사람처럼 보고, 듣고, 말하고 생각하는 기계를 꿈꾸어온 인류의 숙원이 해결의 실마리를 찾게 되었다. 과학자들은 컴퓨터를 인간의 두뇌, 기호를 조작하는 프로그램을 인간의 마음으로 보게 된 것이다. 말하자면 컴퓨터의 하드웨어는 사람의 뇌, 소프트웨어는 사람의 마음에 해당되는 것으로 전제하였다.

이러한 가정 하에 1956년 발족한 학문은 인공지능(AI)이다. 인공지능은 사람이 경험과 지식을 바탕으로 하여 새로운 상황의 문제를 해결하는 능력, 시각 및 음성인식의 지각능력, 자연언어 이해능력, 자율적으로 움직이는 능력 등을 컴퓨터로 실현하는 기술이다. 한마디로 인공지능의 목표는 사람처럼 생각하는 기계를 개발하는 데 있다.

과학자들은 인공지능이 1960년대 중반까지 10년 가까운 여명기에 컴퓨터 프로그램으로 광범위한 종류의 문제해결을 모의simulation할 수 있을 것으로 기대하고, 인간의 지능을 가진 기계의 개발 가능성으로 들떠 있었다. 그러나 1960년대 후반에 초창기의 도취감에서 깨어났을 때에는 지능을 프로그램으로 생성시키는 작업이 생각보다 훨씬 벅찬 일임을 확인하게 된다. 거의 모든 사람들에 의해 일상적으로 수행되는 시각이나 음성인식과 같은 지각능력은 그 당시 인공지능 기술로는 엄두를 못 낼 일이었다. 더욱이 사람들이 매일 겪는 문제를 해결하는 상식추론 능력을 컴퓨터 프로그램으로 실현하는 일은 애당초 불가능했다. 1960년대 후반은 그야말로 인공지능이 실의와 좌절에 빠진 암흑기였다. 따라서 1970년대에는 1960년대의 접근방법을 반성하고 새로운 돌파구를 모색했다.

1970년대 말엽에 뒤늦게 깨달은 사실은 문제해결 능력이 프로그램에

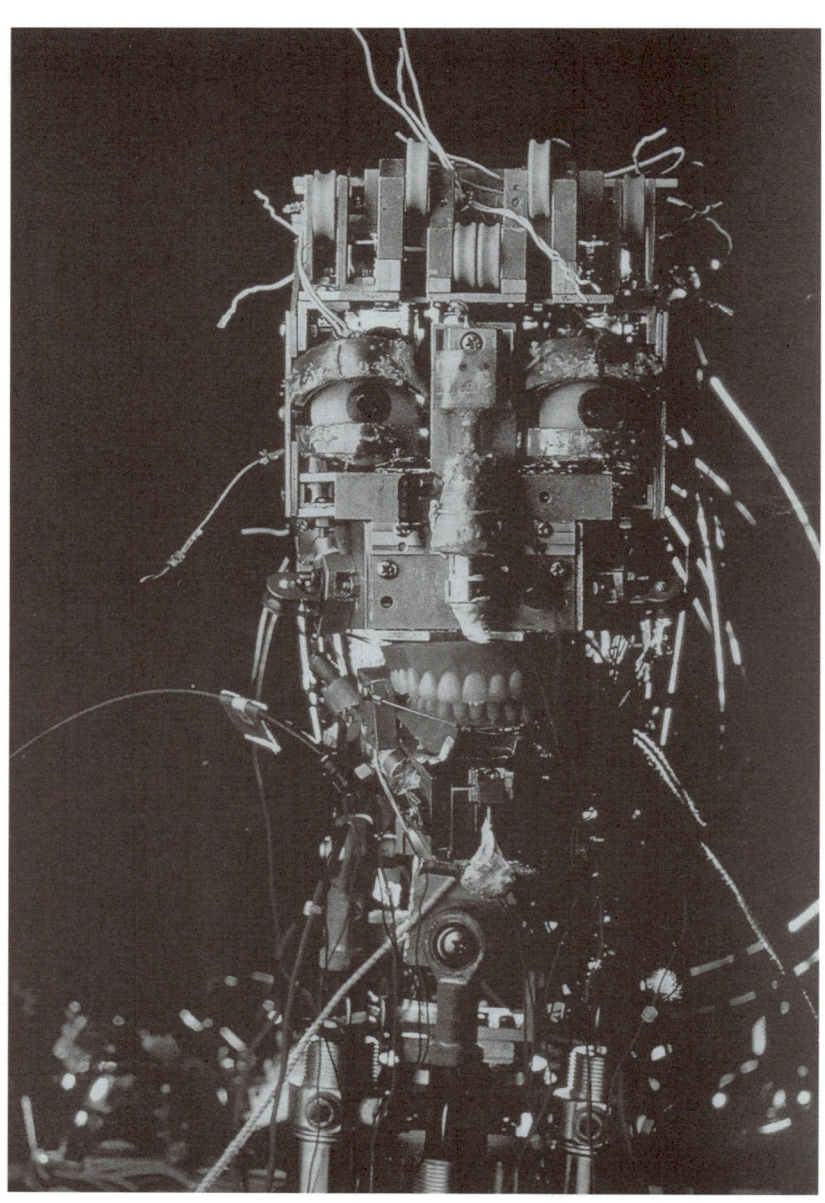

▲ 얼굴로봇(일본 도쿄 이과대학)

사용된 추론전략에서 나오는 것이 아니라, 프로그램이 보유하고 있는 지식의 양에 좌우된다는 것이었다. 다시 말해 프로그램이 좀더 지능적이기 위해서는 특정한 문제영역에 관한 지식과 정보를 가급적이면 많이 보유하고 있어야 한다는 것이다. 20년 가까운 시행착오 끝에 얻은 아주 값진 교훈이었다. 이러한 개념상의 방향 전환에 힘입어 성과를 거둔 것은 전문가 시스템expert system이다. 의사나 체스선수처럼 전문 분야의 문제해결 능력이 뛰어난 컴퓨터 프로그램이다.

전문가 시스템의 성공적인 개발로 인공지능은 1980년대 초반부터 활기를 되찾았으나 사람의 지각능력과 상식추론능력의 실현에는 여전히 한계를 드러냈다. 아무나 알 수 없는 것(전문지식)은 소프트웨어로 흉내내기 쉬운 반면에 누구나 알고 있는 것(상식)은 그렇지 않다는 사실이 확인된 셈이다. 그 이유는 자명하다. 전문지식은 단기간 훈련으로 습득이 가능하지만 상식은 살아가면서 경험을 통해 획득한 엄청난 규모의 지식과 정보를 차곡차곡 쌓아 놓은 것이기 때문이다.

인공지능의 가능성을 보여준 대표적인 전문가 시스템은 딥 블루Deep Blue라는 체스 프로그램이다. 1997년 딥 블루는 1500년 체스 역사상 최고의 선수로 평가 받은 러시아의 게리 카스파로프를 6전 2승 3무 1패로 물리쳐 온 세계를 놀라게 했다.

인공지능이 사람의 지각능력과 상식추론능력을 제대로 구현하지 못함에 따라 그 대안으로 신경망neural network 이론이 주목을 받았다. 1943년에 제안된 신경망은 사람 뇌의 신경세포(뉴런)가 정보를 처리하는 메커니즘을 본뜬 컴퓨터 구조이다. 그러나 우리가 아직 뇌를 완전히 이해하지 못하고 있기 때문에 신경망으로 뇌를 복제하는 기술은 아직 초보 수준에 머물러 있다.

한편 영국의 물리학자인 로저 펜로즈 등 일부 학자들은 컴퓨터로 사람의 마음을 본뜨는 일은 근본적으로 불가능하다고 주장하였다. 그럼에도 불구하고 인공지능의 장래를 낙관하는 전문가들은 장밋빛 미래를 펼쳐보였다.

로봇공학 전문가인 미국의 한스 모라벡은 화제작인 『마음의 아이들』(1988)에서 2050년 이후 지구의 주인이 인류에서 로봇으로 바뀐다는 대담한 논리를 전개하였다. 이 로봇은 소프트웨어로 만든 인류의 정신적 유산, 이를테면 지식·문화·가치관을 모두 물려받아 다음 세대로 넘겨줄 터이므로 우리들의 자식이라 할 수 있다고 주장하고, 이러한 로봇을 마음의 아이들mind children이라고 명명하였다.

인류의 미래가 사람의 몸에서 태어난 혈육보다는 사람의 마음을 물려받은 기계, 곧 마음의 아이들에 의해 계승될 것이라는 모라벡의 주장은 실로 충격적이지 않을 수 없다. 21세기 후반, 사람보다 훨씬 영리한 기계인 로보 사피엔스Robo sapiens가 지구의 새 주인 노릇을 하는 세상은 어떤 모습일까.

## 참고문헌

- 이인식, 『사람과 컴퓨터』, 까치 (1992)
- 이인식, 『21세기 키워드』, 김영사 (2000)
- 이인식, 『미래신문』, 김영사 (2004)
- 마이클 더투조스(이재규 역), 『21세기 오디세이』, 한국경제신문사 (1997)
- 레이 커즈와일(채윤기 역), 『21세기 호모 사피엔스』, 나노미디어 (1999)
- 브루스 매즐리시(김희봉 역), 『네번째 불연속』, 사이언스북스 (2001)
- 더글러스 호프스태터(박여성 역), 『괴델, 에셔, 바흐』, 까치(1999)
- 로저 펜로즈(박승수 역), 『황제의 새 마음』, 이화여대 출판부(1996)
- Raymond Kurzweil, *The Age of Intelligent Machine*, MIT Press(1990)
- Gerald Brock, *The Second Information Revolution*, Harvard University Press(2003)
- Peter Denning, *Invisible Future*, McGraw-Hill(2002)
- David Stork, *HAL's Legacy*, MIT Press(1997)

# 중합효소연쇄반응

### 생물에 담긴 유전정보의 총체

**1984**

**Polymerase Chain Reaction**

김남순  nskim37@kribb.re.kr

경북대학교 자연과학대학 미생물학과를 졸업하고, 일본 도쿄대학 의학부에서 박사학위를 받았다. 일본 사가미 중앙화학연구소 연구원, ㈜바이오니아 DNA연구소 책임연구원을 역임하고, 현재 한국생명공학연구원 유전체연구센터 선임연구원으로 재직 중이다.

# 내 손 안에 있는 인간 게놈

## PCR기술의 탄생

　20세기 생명공학연구 분야뿐만 아니라 과학사의 획기적인 기술 중의 하나로 인식되는 중합효소연쇄반응-PCR, polymerase chain reaction은 시험관 내에서 DNA의 특정 부분을 반복 합성하여 소량의 DNA에서 대량의 DNA를 인위적으로 합성할 수 있는 기술이다. 이것은 현재 생물학, 의학, 농업 등 생명관련 분야의 기초부터 응용까지 모든 분야에 활용되어 유전병의 진단, 병원 바이러스 및 세균의 검출, 인류진화 연구 등에 사용되고 있다. 이집트 미라에서 특정 DNA를 검출할 뿐만 아니라, 현장에 남겨진 머리카락 한 올 또는 피 한 방울에서 범인의 DNA를 추적할 수 있는 혁명적인 기술이다.

　중합효소연쇄반응은 지금으로부터 20년 전인 1983년 캘리포니아의 시터스생명공학회사에서 근무하던 화학자인 멀리스 박사에 의해 구체적으로 개념화되고 고안된 기술이다. 1972년 미국 버클리캘리포니아대학에서 생화학 박사학위를 받은 뮤리스 박사는, 1979년부터 7년 간 시터스회사에 재직하면서 DNA단편을 합성하는 일을 담당했고, 그 기간 중 어떻게 하면 좀더 긴 DNA를 합성할 수 있을까를 항상 생각했다. 운전을 하면서 번뜩이는 아이디어를 생각해내는 것을 매우 즐기던 그가 샌프란시스코에서 멘드시노까지 128번 고속도로를 야간 운전하던 중, 고속도로 맞은편에 꼬리에 꼬리를 물고 이어지는 자동차 행렬을 보고 PCR기술을 착안했다고 한다.

PCR기술의 기본개념은 세포 내에 존재하는 DNA의 복제기작(DNA replication mechanism)을 시험관 내에서 반복 실행함으로서 DNA 특정 부분을 대량으로 증폭시키는 것이다. 즉, 두 가닥의 DNA를 주형으로 짧은 DNA단편인 DNA프라이머를 시발점으로 하여 DNA중합효소반응에 의해 각각의 주형에 상보적인 네 종류의 데옥시리보뉴클레오타이드가 첨가되어 새로운 DNA가닥이 합성되고 이러한 과정이 스무 번 이상만 반복 진행되어도 한 개의 DNA에서 백만 개 이상의 증폭된 DNA단편을 얻게 된다.

이러한 과정에서 가장 중요한 구성요소는 DNA중합효소로, 일반적인 생물체의 DNA중합효소는 37도에서 최적의 활성을 유지하며 고온에서는 효소의 활성을 잃게 된다. 멀리스 박사가 초기에 사용한 효소도 박테리아에서 유래한 전형적인 DNA중합효소로, 고온에서는 활성을 잃는 효소였다. 그러나 DNA단편을 증폭하기 위한 PCR반응에서는 복제된 두 가닥의 DNA에서 새로운 DNA를 복제하기 위해서는 이중가닥의 DNA에서 외가닥의 DNA로 분리되어야 하며 이때 높은 온도로부터 열에너지를 필요로 하게 된다. 그러나 초기에 사용한 박테리아 DNA중합효소는 높은 온도에서 효소 활성을 잃어버리게 되므로 PCR반

**유전자란?**
사람의 몸에는 약 1백조 개의 세포가 있으며 각 세포에는 46개의 염색체가 있다. 각각의 염색체에는 이중 나선구조로 된 DNA가닥이 압축되어 있다. DNA가닥에는 아데닌(A), 구아닌(G), 시토신(C), 티민(T), 등 4개의 염기가 쌍의 형태로 30억 개 존재한다. DNA가운데에는 단백질을 합성하는 DNA엑손과 단백질 합성과 무관한 DNA인트론이 있다. 좁은 의미에서는 엑손을, 넓은 의미에선 엑손과 인트론 모두를 유전자라 부른다.

응의 매 단계마다 신선한 효소를 첨가 했다. 또한 각 반응의 최적 온도의 각기 다른 온도의 반응수조로 복제시료를 옮겨야 하는 번거로움이 있었다. 그러나 약 30년 전 미국 위스콘신대학의 생물학과 교수였던 브록 박사가 발견한 고온에서 최적의 활성을 갖는 Taq DNA 중합효소를 PCR기술에 적용함으로써 본 기술은 한층 더 완성 단계에 근접하게 된다. Taq DNA중합효소는 미국의 옐로스톤국립공원에 서식하는 미생물 중, 100도에 가까운 온천에서 살고 있는 Thermus aquaticus 라는 미생물에서 추출 분리한 것으로 높은 온도에서 매우 안정적이고 효율적인 활성을 지닌다. 이와 더불어 각기 다른 온도에서의 중합효소연쇄반응을 자동적으로 수행할 수 있는 기계인 PCR cycler를 개발, 적용함으로써 PCR기술은 생명공학 관련 과학기술에 있어서 획기적인 기술로 자리매김하게 된다.

> **인간 유전자 수는 얼마?**
>
> 인간게놈프로젝트 연구팀은 DNA 염기서열 30억 쌍 중 27억 쌍을 공개했다. 그러나 인간 게놈, 즉 30억의 염기쌍에 몇 개의 유전자가 존재하는지는 알지 못한다. 특정 염기쌍으로 배열되는 유전자는 3만 개에서 15만 개에 이르기까지 다양하게 추정되고 있다. 일부 과학자들은 99년 12월과 지난 5월 염기서열을 해독한 21번과 22번 염색체(인간 게놈 크기의 2퍼센트)에서 770개의 유전자를 찾은 점에 착안, 인간 게놈의 총 유전자 수를 3만 8천여 개로 추정하기도 했다.
> 다른 과학자들은 이보다 적은 2만 7천 700개. 또 다른 과학자들은 최대 15만 개 이상이라고 주장하고 있다.

실제로 PCR기술의 기본 개념은 1971년 위스콘신대학의 코라나 H.G. Khorana가 발표한 논문에 이미 서술되어 있었으나, 그 당시의 과학적 지식과 기술의 진보가 충분하지 못하여 구체화되지 못했다가, 그로부터 10년 후 멀리스 박사에 의해 내열성 Taq DNA중합효소의 사용과 자동화 기계의 적용 등으로 실용화되었다. 멀리스 박사는 1986년에 이 혁신적인 DNA증폭기법을 콜드스프링하버연구소에서 개최한 심포지움에서 처음으로 보고하였다. 그 후 PCR기술은 분자생물학, 의학 등의 폭넓은 여러 분야에 활용되어 모든 생명과학연구 분야의 발전을 이끌어낸 혁명적인 기술로 인정되어 1993년에 노벨 화학상을 위시한 수많은 권위 있는 국제상을 수상하게 된다.

## 똑같은 DNA가 만들어지는 방법

PCR기술의 원리는 DNA의 양쪽 가닥을 주형으로 특정 영역의 DNA에 DNA 합성의 시발체인 두 개의 프라이머가 붙고 DNA중합효소반응에 의해 새로운 DNA가 신장, 반복됨으로써 시발체 사이의 DNA단편을 증폭하는 것을 말한다. (그림1) DNA 합성을 시작하기 위해서는 외가닥 DNA가 있어야 하므로 이중가닥으로 되어 있는 주형 DNA를 고온(95도)에서 변성시켜야 한다. 그 후, 변성된 외가닥 DNA의 양 끝에 상보적으로 결합할 수 있는 작은 DNA조각을 첨가하여 낮은 온도(50~65도)에서 결합시킨다. 새로운 DNA가 합성될 수 있도록 72도에서 TaqDNA중합효소를 반응시킨다. 이렇게 '변성→결합→신장'의 과정이 수회 내지 수십 회 반복 수행되어 특정 부위의 DNA가 증폭된다. (그림2) 30회를 반복하여 증폭시킬 경우에는 $2^{30}$수만큼 증폭된 DNA단편을 얻게 된다. PCR을 이용한 DNA증폭효율은 아래의 여러 요인에 의해 영향을 받게 된다.

### 1) 각 단계의 반응 온도와 시간

열변성조건으로는 94도, 30초에서 1분을 표준으로 하며 PCR반응액의 양이나 원하는 DNA서열의 GC함량(DNA구성 성분인 AGTC 중에서 GC가 포함된 량)에 따라 온도와 시간에 변화를 줄 수 있다. 실제 극소량을 이용한 일반적인 반응에서는 1분의 변성시간으로 충분하다. 외가닥의 DNA에 상보서열인 프라이머의 결합은 각 프라이머의 해리온도(Tm)에 따라 설정하며 통상 1분이 적당하다. 비정상적인 결합이 많은 경우에는 온도를 일정한 간격으로 올리고 반대로 결합이 되지 않는 경우에는 온도를 내려서 특이적인 결합을 유도하기도 한다.

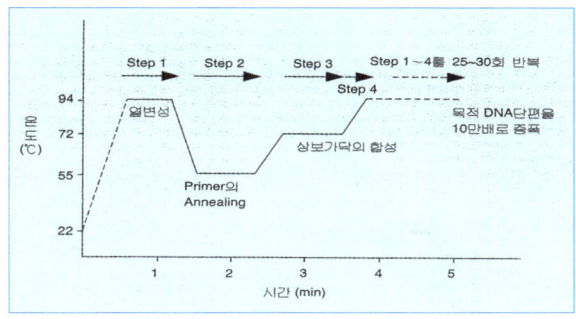

▲그림 2. PCR법에 의한 DNA 증폭 과정

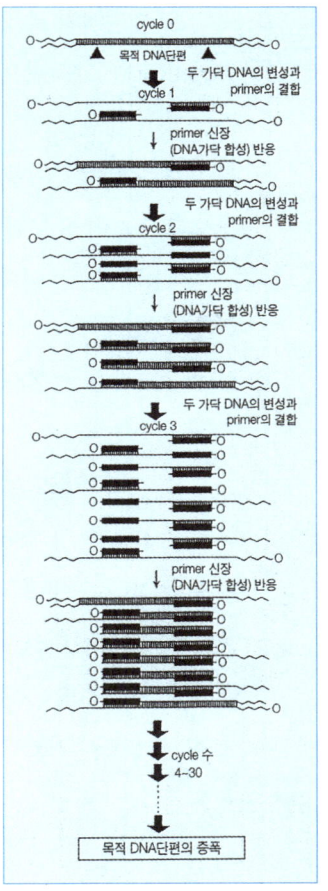

신장반응의 경우는 통상 72도에서 반응하며 목적 DNA단편의 길이에 따라 시간이 정해지며 1kb(1킬로베이스=1000개 염기수) 이하의 길이에는 1분으로 충분하며 Taq중합효소를 사용할 경우 길어야 3분에서 5분을 넘기지 않는다. 그러나 목적 DNA단편이 수십 kb에 해당하는 PCR반응의 경우에는 10분 이상의 시간을 수행하기도 한다.

## 2) Cycle(회전 수)

▲그림 1. PCR법의 원리

실제 PCR을 이용한 목적 DNA의 증폭은 n회의 cycle로 반응을 할 경우 $2^n$배가 되지만 그만큼의 효율을 나타내지는 못한다. 목적 DNA의 용도에 따라 증폭되는 양을 결정하는 cycle 수는 수회에서 수십 회로 그 범위가 넓으며 일반적으로 25에서 30cycle 이면 충분하다.

### 3) 반응액의 조성

PCR반응에 필요한 조성 성분에는 DNA중합효소, 시발체(프라이머), 주형DNA 또는 RNA, 기질인 dNTP(DNA구성 화합물), $Mg^{2+}$(마그네슘) 이온 외에도 반응첨가물 등이 있는데 이들 조성 성분들은 반응에 따라 최적 농도나 조건이 요구된다. PCR반응에 사용되는 주형 DNA의 제조원으로는 조직배양세포로부터 한 가닥의 머리털, 혈액, 그리고 포르말린으로 고정된 파라핀포리조직 등 다양하다. 최근 법의학 분석에서 전혈이나 머리털로부터 PCR반응을 시행하고 있다고 한다.

### 4) 프라이머의 설계

PCR로 특정 영역의 유전자를 증폭하려면 시발체가 되는 2종의 합성 외가닥 DNA가 필요하며 이를 프라이머라고 한다. 실제 프라이머의 길이, 상보성, GC함량, 프라이머 내의 2차 구조 형성, 해리온도(Tm)값 및 사용 농도 등을 고려한 프라이머의 설계가 PCR의 성패를 좌우하는 중요한 요인 중 하나이다. 현재는 다양한 프라이머 설계용 컴퓨터프로그램들이 제공되고 있다.

### 5) DNA중합효소

PCR기술의 자동화에 있어서 핵심 요소로 여러 생명관련회사에서 다양한 종류의 내열성 DNA중합효소를 시판하고 있으며 실험 목적에 따라 맞는 적당한 DNA중합효소를 선택하게 된다.

PCR반응에 의해 증폭된 DNA단편은 아가로우스겔 전기영동법과 폴리아크릴아미드겔 전기영동법상에서 확인되며 특히, 폴리아크릴아미드겔 전기영동법은 저분자 DNA 해석에 유용하여 DNA염기서열분석이나

DNA의 2차 구조를 확인할 수 있는 SSCPsingle strand conformational polymorphism(단본쇄배열다형체)등에 사용되고 있다.

## PCR법을 응용한 기술과 연구 분야

PCR방법에는, 사용되는 주형에 따라 크게 두 가지로 나뉜다. 즉, DNA를 주형으로 하여 특정 DNA 부분을 증폭하는 PCR방법과 RNA(리보핵산)를 주형으로 하여 이에 상응하는 cDNA, complementary DNA(RNA에 상보적인 DNA)를 합성한 다음 이로부터 특정 DNA 부분을 증폭하는 역전사 중합효소연쇄반응RT-PCR, reverse transcription polymerase chain reaction이 있다.

PCR을 응용하여 개발된 방법에는 세포 내 RNA와 DNA의 양을 측정할 수 있는 quantitative PCR정량법, 세포 간 다르게 발현되는 전사물을 검출할 수 있는 DD RT-PCR법, 유전자의 특정 부위를 클로닝할 수 있는 RACE법, DNA의 특정 부위의 변이를 검출할 수 있는 SSCP법, 생체에서 직접 DNA를 검출할 수 있는 in situ PCR세포 내 PCR반응법 등이 있으며, 현재에도 여러 분야에 적용하기 위한 다양한 종류의 새로운 기술들이 고안되고 있다.

### 1) 역전사 중합효소연쇄반응

RT-PCR : reverse transcription polymerase chain reaction

본 방법은 RNA 추출, 역전사 효소reverse transcriptase 및 mRNA의 3´ 말단에 존재하는 poly (A$^+$)를 이용하여 RNA로부터 cDNA를 제조하는 과정과 cDNA를 이용하여 특정 부위를 증폭시키는 과정으로 구성되어 있

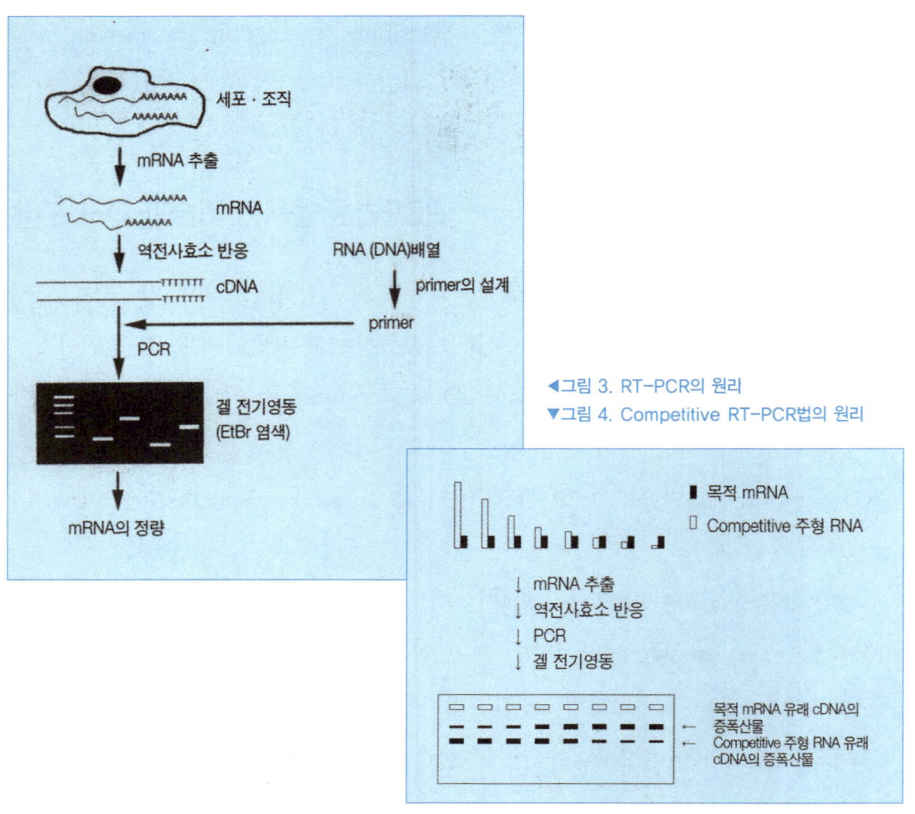

◀그림 3. RT-PCR의 원리
▼그림 4. Competitive RT-PCR법의 원리

다(그림3). 본 방법은 RNA의 분석에 일반적으로 사용되는 Northern blot hybridization(RNA검출혼성화법) 방법보다 실험 방법이 간단할 뿐 만 아니라 소량의 RNA에서도 각종 분석이 가능하기 때문에 RNA로부터 특정 유전자의 클로닝 및 RNA정량 실험에 많이 적용, 활용되고 있다. 특히 미량으로 존재하는 여러 종류의 시료를 동시에 해석하는 임상 진단에 폭넓게 응용되고 있다.

## 2) 정량적 중합효소연쇄반응 Quantitative PCR

PCR법을 이용하여 DNA 또는 RNA의 양을 측정하기 위한 방법으로 경쟁적competitive PCR법과 실시간real-time PCR법이 있다.

### ① 경쟁적 중합효소연쇄반응 competitive PCR

'DNA competitor'라고 하는 DNA 단편을 인위적으로 PCR 반응액에 첨가하여 목적 target DNA와 동시에 증폭시키고 난 뒤, 이미 양을 알고 있는 DNA(competitor)에서 증폭된 DNA의 산물을 대조군으로 하여 목적 DNA의 양을 추정하는 방법이다(그림 4). DNA competitor는 일반적으로 목적 DNA의 중간 부분이 제거된 DNA단편으로 목적DNA와 동일한 프라이머가 붙을 수 있도록 설계되기 때문에 PCR반응시 목적DNA와 거의 동일한 조건에서 증폭되나, 증폭된 PCR산물인 DNA의 길이가 서로 다르기 때문에 목적DNA와 competitorDNA에서 증폭된 DNA는 구별될 수 있다. competitivePCR법을 mRNA 정량에 응용한 것이 competitive RT-PCR이며, DNA 정량에 응용한 것이 일반적인 'competitive PCR법'이다.

### ② 실시간 중합효소연쇄반응 Real-time PCR

Real-time PCR법은 형광 물질로 표식한 PCR 산물의 증폭량을 실시간으로 신속하게 확인하면서 해석하는 방법으로 전기영동에 의한 PCR산물의 확인이 필요 없이 핵산의 초기량을 정확히 정량해낼 수 있는 방법이다. 시료의 마개를 열지 않고도 반응산물의 농도를 바로 알 수 있기 때문에 실험실을 PCR산물로 오염시키지 않아도 되는 장점도 가진다. Real-time PCR법에서는 전체 반응을 추적하기 위해 형광 표지물질을 사용하며, 이러한 형광 물질은 증폭의 매 주기마다 산물이 축적됨에 따라 비례하여 증가하게 된다. 증폭의 초기에는 형광의 증가가 감지되지 않으나 일정 cycle이 지나면서 축적된 형광량이 기기에 감지되고, 감지되는 시점의 cycle수를 감지 시작 주기 threshold cycle이라고 한다. 주형Template 초기량의 log 값과 threshold cycle 사이에는 직선적으로 비례하는 관계를 가지기 때문에, 초기량을 아는 핵산을 이용하여 초기량의 log값과 그에 해당하는 threshold cycle를 이용하여 표준 검량곡선을 얻을 수 있고, 이 표준 검량 곡선을 이용하면 미지 시료에 대한 초기량을 정확하게 계산해낼 수 있다. 본 방법에서는 형광 표지물질을 사용하므로 일반적인 PCR기계에 요구되는 thermal cycle과 분광형광광도계를 일체화시킨 장치가 요구된다.

### 3) 발현차 검출 역전사 중합효소연쇄반응

DD RT-PCR:differential display reverse transcription-polymerase chain reaction

고등동물에서는 약 3만 개~5만 개 정도의 유전자가 발현되고 있으며, 그중 일부가 특정 조직, 특정 시기에 선택, 발현되어 위 또는 간과 같은 특정 조직의 특징 및 기능을 보유하게 된다. DD RT-PCR법은 특정 세포 및 특정 시기에 특이적으로 발현되는 특정 유전자들을 찾아낼 수 있는 방법이다. 즉, 서로 다른 세포로부터 분리한 RNA로부터 cDNA를 합성한 후, 여러 특정 부위를 합성할 수 있는 다종의 프라이머 혼합물을 사용하여 cDNA로부터 각종 특정 부위를 증폭시키고, 증폭된 다종의 PCR 산물을 비교함으로써 세포 간 증폭된 PCR 산물의 차이를 확인하는 방법이다 (그림 5).

본 방법은 특정 세포에서 특이적으로 발현되는 유전자를 검출할 수 있는 일반적인 방법인 subtractive hybridization(공통유전자 제거 혼성화법) 법 또는 differential hybridization(특이유전자 검출 혼성화법) 방법보다 훨씬 간단하지만, 실험의 감도와 특이성 등은 개선해야 할 부분이 남아 있다.

### 4) cDNA 말단의 급속 증폭법 RACE :rapid amplification of cDNA ends

본 방법은 cDNA의 양 말단을 클로닝하기 위한 방법으로 일반적인 cDNA cloning 미수정란의 핵을 체세포의 핵으로 바꿔놓아 유전적으로 똑같은 생물을 얻는 기술방법인 cDNA library screening방법에 의해서는 클로닝하기 어려운 cDNA의 5'말단의 클로닝에 특히 강력한 방법이다. 일부 염기서열을 알고 있는 cDNA의 부분에서 합성한 유전자 특이 프라이머와 공통적으로 사용할 수 있는 다른 하나의 프라이머를 사용하여 5' 말단 혹은 3' 말단까지의 DNA를 증폭함으로써 특정 유전자의 말단을 클로닝 할 수 있다. 3' 말단 RACE에서는 mRNA의 3' 말단에 존재하는 poly($A^+$)에 상보적인

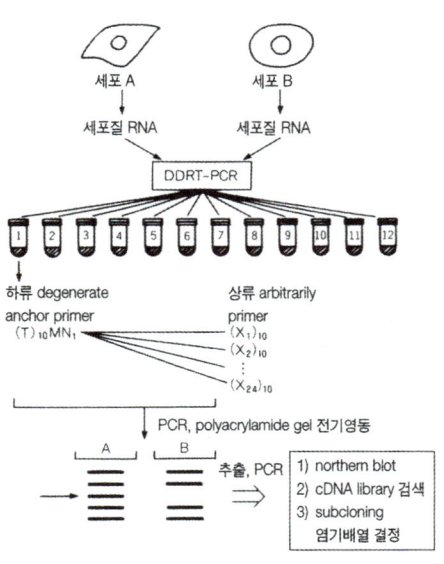

▲그림 5. DD RT-PCR의 원리

▼그림 6. RACE법에 의한 cDNA 5'말단의 증폭

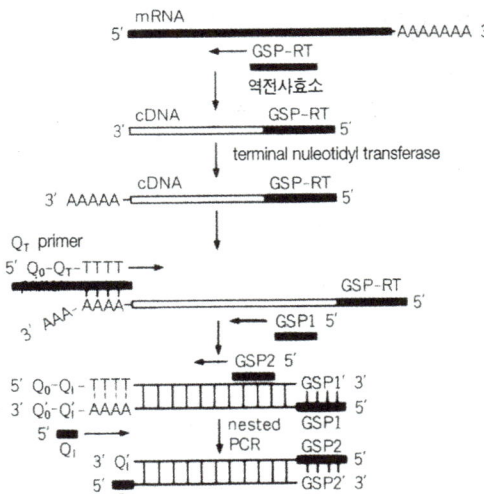

oligo-(dT) 프라이머를 공통 프라이머로 사용하고, 5' 말단 RACE 경우에는 말단 뉴클레오티드 전이효소(TdT :terminal deoxynucleotidyl transferase)를 사용하여 1st single strand cDNA의 말단에 poly($A^+$) 혹은 poly($C^+$) tail을 인위적으로 합성한 후 여기에 상보적인 DNA를 공통 프라이머로 사용한다 (그림 6).

본 방법은 미량으로 존재하는 유전자 또는 길이가 긴 유전자의 양 말단을 클로닝 할 경우에 효율적으로 사용할 수 있는 방법이다.

### 5) PCR산물의 단본쇄 배열 다형체 분석법
PCR-SSCP: PCR-Single Strand Conformational Polymorphism

SSCP법은 1989년 오리타 등에 의해 고안된 것으로 유전자의 돌연변이를 검색하는 데 유용한 방법이다. 외가닥의 단본쇄 DNA는 single-stranded DNA 비변성조건non-denaturing condition 하에서 DNA의 염기서열에 의해 분자 특유의 2차 구조가 형성되고, 이는 전기장 내에서의 분자 고유의 이동 속도를 갖게 한다. 그래서 만약 DNA염기서열 중 하나의 염기서열 변화가 발생해도 전기영동상에서 분자의 이동 거리 차이가 발생되어 원래의 유전자와 변이된 유전자가 구별된다(그림 7). 이와 같은 원리를 PCR산물에 적용한 것이 PCR-SSCP법이다. 최근에는 방사성 동위원소 대신 은염색법을 사용하여 단시간에 방사성 동위원소와 같은 정도의 민감도로 PCR산물을 분석할 수 있어 더욱 편리하고 안전하게 유전자의 돌연변이 실험에 사용되고 있다.

### 6) 세포 내 중합효소연쇄반응
ISPCR: in situ polymerase chain reaction

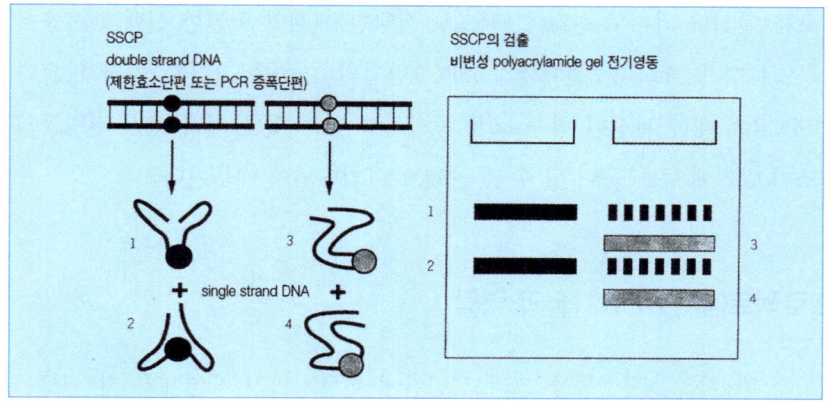

▲그림 7. SSCP의 원리

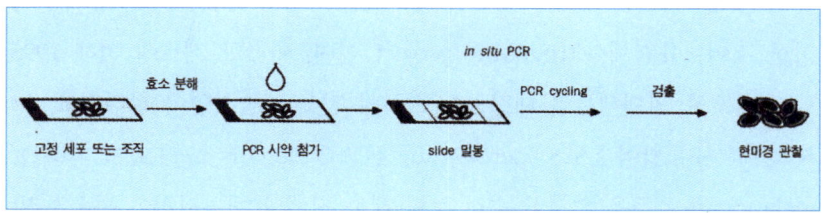

▲그림 8. in situ PCR법의 원리

    ISPCR은 PCR법과 ISH, in situ hybidization의 장점을 혼합하여 응용한 방법으로서 PCR의 감도와 ISH의 특이성을 골고루 갖추고 있다(그림 8). 즉, 본 방법에 의해 세포나 조직상에서 극미량으로 존재하는 DNA 및 RNA를 검출할 수 있다. ISPCR의 실험 원리는 일반적인 PCR방법과 같으나, 세포상에서 target DNA를 증폭시켜야 하기 때문에 세포막을 통해 여러 물질(예: PCR 용액에 들어 있는 salt 등)들이 쉽게 이동할 수 있도록 세포막을 HCl, proteinase K 또는 Triton X-100 등으로 처리해주는 과정을 거쳐야 한다. 이 과정에 이상이 생기면 세포가 손상되거나 파괴되는 수가 있으므로 PCR이 끝난 후에 세포 안에서 증폭된 PCR산물이 세포 밖으로 빠져나오는 원인이 되기도 한다. 그러므로 적당한 세제의 적절한 선택과 사용이 무엇보다 중요하다. 현재까지 ISPCR방법의 효율은 그다지 높지 않으나 ISPCR에 대한 관심이 최근 크게 증가하고 있는 것은 여러 가지 질병들의 조기 발견에 큰 도움이 될 수 있을 것으로 기대되기 때문이다.

## 게놈프로젝트에서 PCR기술의 역할

미생물, 식물, 동물 그리고 인간에 이르기까지 생명체가 지닌 모든 유전정보의 서열을 분석하고 그것에 내재된 생명의 비밀을 밝혀내고자 시작한 것이 '유전체사업 genome project'이며, 이 프로젝트에 의해 1995년 처음으로 원핵생물인 대장균 E. coli 의 전체 게놈서열이 밝혀졌고, 그 후 지금까지 발아효모 S. cerevisiae, 선충 C.elegans 그리고 초파리 D. melanogaster 등을 위시한 수십 종의 생물 전체의 게놈서열이 속속히 밝혀지고 있다. 인간의 유전체서열을 밝히는 인간 게놈프로젝트는 30억 달러라는 엄청난 액수의 연구비를 사용하여 10년이 넘는 연구 끝에 2001년 2월에 마침내 인간유전체염기서열의 초안이 발표되고, 분자생물학 발전의 모태가 된 왓슨과 크릭에 의해 규명된 DNA나선구조 규명의 해인 1953년의 50주년을 기념하기 위해 2003년 5월에 99.9퍼센트의 정확도를 갖는 인간유전체염기서열이 세상에 보고되었다. 이는 인간의 달 착륙에 버금가는 20세기 최고의 과학적 업적이라 일컬어지고 있으며, 이러한 게놈프로젝트를 가능하게 한 중요한 기술은 DNA염기서열결정기술 및 형광을 이용한 자동화된 DNA염기서열 분석기계개발이 그것이다. DNA서열결정기술에 있어서 가장 기본이며 중요한 기술이 PCR기술이다. 즉, Sanger법의 염기서열 결정기술에 PCR기술을 적용하여 소량의 시료에서 DNA의 염기서열

결정을 가능하게 하였다. 또한, 게놈 연구의 다른 영구 부분인 여러 생물체에서 발현되는 대량의 유전자발굴 연구 Expressed Sequence Taq collection, 유전자의 발현양상 연구에 사용되는 DNA chip의 제조, 개체 간의 차이를 발굴하여 맞춤 의학을 실현하고자 하는 일염기다형체 연구 SNP, Single Nucleotide Polymorphysm 등의 연구에도 PCR기술은 가장 기본적으로 사용되는 필수불가결한 기술이다.

현재에도 선진국들은 국가적 자존심을 걸고 각종 고등동물의 유전체뿐만 아니라 각국의 대표 식량인 식물유전체 분석에 박차를 가하고 있다. 이는 21세기 생명공학연구 및 산업의 근간이 될 것이며, 새로운 연구에 활용되기 위해 한층 새로운 방법으로 발전 보충될 것이다.

## 생명관련 연구분야에서 PCR기술의 역할

PCR기술이 가장 많은 역할을 하고 영향력을 미친 분야는 의학적 응용분야로서 인간 개체 간의 특이성을 결정하는 HLA형의 결정, 암과 관련한 각종 질병을 진단하기 위한 유전자의 검출, 감염성 질환의 진단을 위한 바이러스나 각종 병원균의 검출, 돌연변이 분석 등의 연구와 진단에 실제 활용되고 있다. 또한, 친자 확인 및 범인 식별 등의 특정인 유전자의 검출을 이용한 법의학적 응용, 진화와 밀접한 관련이 있는 계통 생물학에서의 응용 및 각종 농업·임업·수산업과 관련한 생물체들의 각종 질병의 규명과 예방 및 새로운 종자육종, 개발에 가장 기본적이며 필수적인 기술로 활용되어 이들 연구에 큰 기여를 하고 있다.

## PCR기술의 앞으로의 발전 방향과 기대 효과

1983년 멀리스 박사에 의해 고안된 PCR기술이 생명관련 모든 연구 분야의 기본 기술로서 이 기술이 사용되지 않는 생명관련연구분야는 없다고 말해도 과언이 아닐 정도로 활용범위가 넓어진다고는 그 당시 그 누구도 예상치 못한 일이었다. 또한 앞으로의 활용범위를 그 누구도 정확히 말할 수 없는 것이 또한 사실이다. 현재 각 연구실마다 PCR기계 한 두 대씩은 보유하고 있으며, 개인별 한 대씩의 개인 PCR기계시대에 접어드는 것과 같이 PCR기계는 실험실의 기본 연구장비이며, PCR기술은 보편적인 필수 기술로 인식되고 있다. 이와 더불어 생명관련산업분야에서 한 가지의 기술에 의해 이렇게 막대한 산업적, 경제적 가치가 도출된 것으로 지금까지 PCR기술에 대적할 만한 기술은 없을 것이다. 이 또한 PCR기술 특허권을 3억 달러에 호프만-로쉬회사에 판 시터스회사를 비롯한 그 당시의 과학자들도 예상치 못한 일이었다.

게놈프로젝트의 결과 각종 생물들의 대량 게놈정보, 대량 유전자정보, 다양한 질환에 관여하는 각종 유전자의 정보 등이 홍수처럼 보고되고 있고, 이와 더불어 어떤 형질이나 질병에 관여하는 유전자의 기능 연구를 수행하는 포스트게놈 post-genome시대에 접어들면서 우리는 바야흐로 생물공학 시대인 'BT 시대'를 살고 있다.

PCR기술이 BT시대를 도출하는 데 있어 원동력이 되었던 것과 같이, 앞으로도 기능유전체 연구를 위시한 전반적인 생물학적 연구에 PCR기술이 지속적인 근간 기술로서 제공될 것은 틀림없는 사실이다. 현재와 같이 질병의 원인 유전자나 기능성 유전자들의 발굴, 진단 및 치료제개발 연구에 PCR기술은 계속 활용될 것이며, 이러한 연구 영역의 진보와 함께 PCR

기술 또한 다양하게 사용될 수 있게 개선, 발전될 것으로 예상된다. 또한 이와 더불어 농업·임업·수산업 등과 같이 실제 생활과 밀접한 분야에서 인류의 복지와 삶의 질을 높이는 데 PCR기술이 한층 더 활용될 것이며, 그것에 의해 파생되는 연구분야의 진보와 산업계에서의 경제적 파급효과는 우리의 예상을 훨씬 능가할 것이라고 예상한다.

## 참고문헌

- 다카라코리아연구지원사업부, 《백전백승 PCR 가이드》, TaKaRa(2002)
- 세키야 강남, 「PCR법 최전선」, 《단백질핵산효소잡지》(1996)
- Michael A. Innis (editor), et al, *PCR applications*, Academic press(1990)

## 참고사이트

- http://www.amc.seoul.kr
- http://www.amcgenetics.or.kr
- http://www.biokr.com
- http://my.dreamwiz.com/ghdvy/frame1.htm
- http://user.chollian.net/~biohj/HGP/HGPexp.htm

## 세계를 바꾼 20가지 공학기술

초판 1쇄 발행

**지은이** 이인식 외
**펴낸이** 이은휘
**편 집** 김보성
**마케팅** 백남휘

**펴낸곳** 글램북스
**출판등록** 제2014-000068호
**주소** 서울시 마포구 포은로 107, 2층
**전화** 02-3144-0117    **팩스** 02-3144-0277
**홈페이지** www.glambooks.co.kr
**이메일** glambooks@hanmail.net
**페이스북** www.facebook.com/glambooks100

ISBN

이 책은 해동과학문화재단의 지원을 받아
NAEK 한국공학한림원과 글램북스가 발간합니다